铁路职业教育铁道部规划教材

柴油机构造与应用

杨贺军　毛必显　编

程　立　审

中国铁道出版社有限公司

2020年·北京

内 容 简 介

本书重点介绍了道依茨风冷柴油机的构造与应用。全书共分为十三章，分别介绍道依茨风冷柴油机的概述、机体组件、曲柄连杆机构、配气机构、传动机构、燃油供给系统、润滑系统、冷却系统、启动装置、柴油机的操作使用、柴油机的维护保养、柴油机常见故障分析与处理。

本书可作为高等学校大型养路机械专业和车辆工程、内燃机工程专业本科生教材，也可供相关技术人员参考。

图书在版编目(CIP)数据

柴油机构造与应用/杨贺军，毛必显编. —北京：中国铁道出版社，2009.2(2020.9重印)

铁路职业教育铁道部规划教材

ISBN 978-7-113-09642-7

Ⅰ.柴… Ⅱ.①杨…②毛… Ⅲ.柴油机-职业教育-教材 Ⅳ.TK42

中国版本图书馆 CIP 数据核字(2009)第 015129 号

书　　名：柴油机构造与应用
作　　者：杨贺军　毛必显

责任编辑：金　锋　　**电话**：(010)51873125　　**电子信箱**：jinfeng88428@163.com
封面设计：陈东山
封面校对：张玉华
责任印制：樊启鹏

出版发行：中国铁道出版社有限公司（100054，北京市西城区右安门西街8号）
网　　址：http://www.tdpress.com
印　　刷：北京虎彩文化传播有限公司
版　　次：2009年2月第1版　　2020年9月第3次印刷
开　　本：787 mm×1 092 mm　1/16　印张：12　字数：298千
书　　号：ISBN 978-7-113-09642-7
定　　价：32.00元

前言

本书由铁道部教材开发小组统一规划，为铁路职业教育规划教材。本书是根据铁路职业教育铁道工程(大型养路机械)专业教学计划“柴油机构造与应用”课程教学大纲编写的，由铁路职业教育铁道工程(大型养路机械)专业教学指导委员会组织，并经铁路职业教育铁道工程(大型养路机械)专业教材编审组审定。

随着我国经济的快速发展，铁路在国民经济中的作用愈显突出，进入新世纪以来，我国铁路进入了大发展的快车道，伴随着六次大面积提速，铁路的技术装备和管理水平进入世界先进行列，铁路线路维修也进入了机械化时代。

自从 1984 年从国外引进大型养路机械进行线路维修、大修以来，铁路工务系统的作业方式和维修体制已经发生了根本性的变革，线路养护修理的质量、效率得到极大地提高，施工与运行的矛盾得到很大程度的缓解，施工生产中的事故明显减少。特别是在铁路的六次大提速工程中，大型养路机械更是发挥了不可替代的作用，已成为确保线路质量，提高既有线路效能，保证高速、重载、大密度铁路运输必不可少的现代化装备。

目前，铁路大型养路机械设备的品种和装备数量快速增加，大型养路机械使用人员的队伍正不断壮大。大型养路机械是资源密集、技术密集的现代化设备，具有结构复杂、生产率高、价格昂贵等特点，并且大型养路机械使用集运行、施工、检修于一身，所以，大型养路机械的运用人员必须具有较高的综合素质和技术业务水平，并通过专业培训和岗位学习使自身的能力得到不断提高。

鉴于此，铁道部教材开发小组统一规划组织了《全断面道砟清筛机》、《配砟整形车》、《抄平起拨道捣固车》、《钢轨打磨列车》、《轨道动力稳定车》、《大型养路机械运用管理》等一系列铁道工程(大型养路机械)专业教材，满足大型养路机械运用人员学习和培训的需要。

本书为铁路职业教育铁道工程(大型养路机械)专业的专业基础课教材，重点介绍了柴油机的构造与应用，由于大型养路机械普遍采用的是道依茨(德国道依茨公司)风冷、高速、V形、多缸、四冲程柴油机，所以多以德国道依茨公司的柴油机为例进行介绍。全书共分为十三章，分别介绍了柴油机的基本构造和工作原理、道依茨风冷柴油机的概述、机体组件、曲柄连杆机构、配气机构、传动机构、燃油供给系统、润滑系统、冷却系统、启动装置、柴油机的操作使用、柴油机的维护保养、柴油机常见故障分析与处理。

本书由包头铁道职业技术学院杨贺军、铁路大型养路机械培训中心毛必显编，由昆明中铁大型养路机械集团有限公司程立审。在编审的过程中得到了铁道部劳卫司职工教育处的指导和帮助，还得到了铁路大型养路机械培训中心提供有关资料及技术文献等参数，得到了昆明中铁大型养路机械集团有限公司、铁路大型养路机械培训中心许多同仁的支持和帮助，在此表示感谢。

限于编者的知识水平和实践能力，书中难免有纰漏和错误，恳请专家和读者批评指正。

编　者

2008 年 12 月

目 录

第一章

柴油机的基本构造和工作原理

内燃机是一种将燃料化学能转化为热能，再经气体膨胀过程把热能直接转化为机械能的动力装置。由于能量的释放与转化过程是在气缸内部进行的，所以称为内燃机，以柴油为燃料的内燃机称柴油机。

由于大型养路机械普遍采用的是道依茨（德国道依茨公司）风冷、高速、V形、多缸、四冲程柴油机，所以本书多以德国道依茨公司的柴油机为例进行介绍。

柴油机的种类很多，按气缸冷却方式分为水冷柴油机和风冷柴油机；按完成一个工作循环来分，有四冲程柴油机和二冲程柴油机；按机体结构形式分为单缸柴油机和多缸柴油机；按气缸排列方式分为单列式柴油机和多列式柴油机，多列式又有双列、三列、四列、星形、V形、H形等；按进气方式分为自然吸入式（非增压式）柴油机和强制吸入式（增压式）柴油机；按额定转速分为高速柴油机（1 000 r/min以上）、中速柴油机（600～1 000 r/min）和低速柴油机（600 r/min以下）。

第一节　柴油机的基本构造

柴油机是由许多机构和系统组成的复杂的整体，这些机构和系统共同保证柴油机良好地进行工作循环，实现能量转换，并使其连续正常地工作。虽然柴油机的结构形式很多，具体结构也各不相同，但其总体构造通常由下列机构和系统组成：

一、机体组件

机体组件是整个柴油机的基础和骨架，所有的运动机构与系统都由它支承和定位，借以形成完整的柴油机。机体组件包括机体、气缸套、气缸盖和油底壳等。

二、曲柄连杆机构

曲柄连杆机构是柴油机借以产生并传递动力的机构，通过它把活塞在气缸中的直线往复运动（推力）和曲轴的旋转运动（扭矩）有机地联系起来，并由此向外输出动力。曲柄连杆机构包括活塞组、连杆组、曲轴飞轮组等。

三、配气机构

配气机构是根据柴油机气缸的工作次序，定时地开启和关闭进、排气门，以保证气缸及时排出废气和吸进新鲜空气。配气机构主要包括气门组、气门传动组、进排气系统、增压器等。

四、燃油供给系统

燃油供给系统是按照柴油机工作过程的要求，定时、定量、定压地依次向各缸燃烧室内供油，并使燃油良好雾化，与空气形成均匀的可燃混合气，以实现柴油机的能量转换和动力输出。燃油供给系统主要包括喷油泵、喷油提前器、调速器、喷油器、柴油滤清器、输油泵等。

五、润滑系统

润滑系统的任务是用机油来保证各运动零件摩擦表面的润滑，以减少摩擦阻力和零件的磨损，并带走摩擦产生的热量和磨屑，这是柴油机长期可靠工作的必要条件之一。由于机油在润滑系统中的循环流动和飞溅，柴油机内部的运动件就得到了润滑。润滑系统主要包括机油泵、机油滤清器、机油冷却器和润滑油道等。

六、冷却系统

冷却系统的任务是保持柴油机工作的正常温度，将受热零件所吸收的热量及时散发到大气中去。柴油机温度过高或过低，都将影响正常工作，因而这也是柴油机长期可靠工作的必要条件之一。冷却系统主要包括风扇和散热器等。

七、启动装置

静止的柴油机需借助外力启动才能转入自行运转，启动装置就是为柴油机的启动提供外力。启动装置包括启动机及利于启动的辅助装置，主要包括启动电机、蓄电池等。

一台柴油机主要由上述各部分所组成。曲柄连杆机构与燃油供给系统互相配合，把燃料燃烧产生的具有高温高压的燃气的压力转换成机械功，推动活塞移动，经连杆传递变成曲轴转动，输出动力。曲柄连杆机构与燃油供给系统是柴油机的核心机构，它们工作情况的好坏，对柴油机性能具有决定性的影响，而其他各机构和系统则都是起保证作用的，它们之间互相配合，协同动作，为柴油机长期可靠地工作创造必要条件，缺一不可。

随着机型的不同，柴油机构造会有所差异，具体结构应根据所使用柴油机的形式具体分析。

第二节　柴油机的工作原理

柴油机的工作过程，是按照一定规律将燃料和空气送入气缸，使之在气缸内不断着火燃烧放出热能。燃烧使气缸内气体的温度和压力升高，高温高压的燃气在气缸内膨胀便推动活塞做功，实现热能向机械能的转换，而膨胀后的废气又必须及时从气缸中排出。我们可用图 1-1 来表示在气缸中这种能量形式的转化进程。

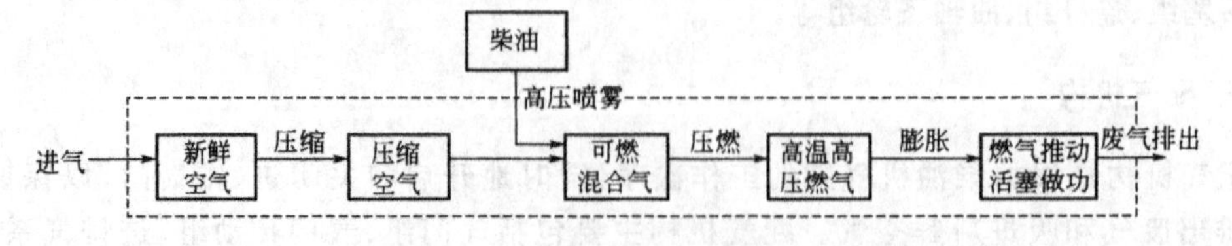

图 1-1　柴油机工作过程框图

一、柴油机常用术语

1. 上止点　活塞距曲轴旋转中心线最远点，如图 1-2 所示。

下止点　活塞距曲轴旋转中心线最近点，如图 1-2 所示。

2. 行程(冲程)　上、下止点间的距离，用符号 S 表示。每当活塞移动一个行程，曲轴转过半圈(180°)。若用 r 表示曲柄半径，则 $S=2r$。

3. 燃烧室容积　用符号 V_r 表示，活塞在上止点时，由活塞顶、气缸壁及气缸盖所围成的空间。

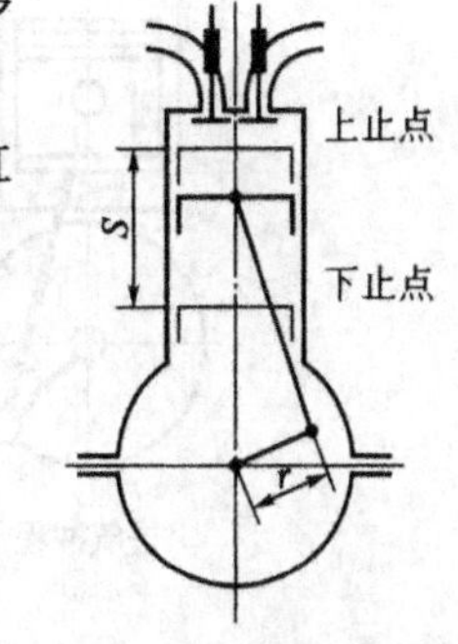

图 1-2　柴油机活塞行程

4. 工作容积(排量)　用符号 V_s 表示。

单缸机　上、下止点间的容积。

多缸机　单缸工作容积×气缸数。

工作容积表示了做功能力，工作容积越大，输出功率越大。

5. 压缩比　气缸最大容积与最小容积的比值，用符号 ε 表示，即

$$\varepsilon=\frac{V_s+V_r}{V_r}$$

压缩比表示了气体被压缩的程度，压缩比越大，表示压缩终了的气体温度、压力越高。不同的内燃机对压缩比的要求是不一样的，柴油机要求压缩比大一些，ε=12～22。

6. 工作循环　内燃机每完成一次吸气、压缩、做功和排气称一个工作循环。

二、四冲程柴油机工作原理

柴油机气缸中进行的每一次将热能转变为机械能的一系列连续过程叫做一个工作循环。柴油机的每一工作循环都包括进气、压缩、膨胀做功和排气四个冲程，这四个冲程是不断重复进行的。

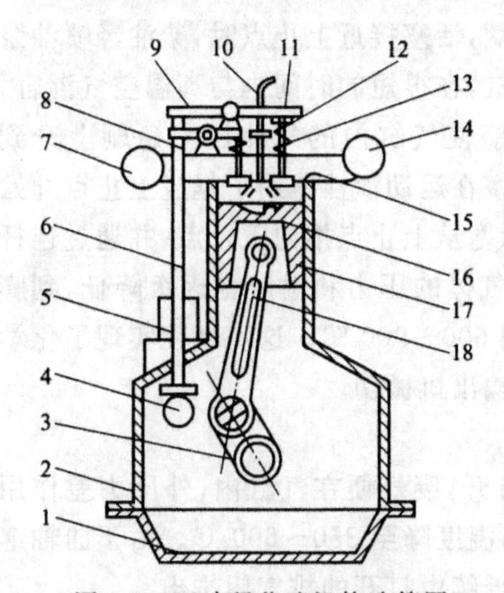

图 1-3　四冲程柴油机构造简图

1—机座；2—机体；3—曲轴；4—凸轮轴；5—高压泵；6—挺杆；7—进气管；8—进气门；9—摇臂；10—高压油管；11—气门弹簧；12—喷油嘴；13—排气门；14—排气管；15—缸盖；16—活塞；17—缸套；18—连杆

完成一个工作循环，活塞要连续运行四个冲程(曲轴旋转两周)的柴油机就叫四冲程柴油机，图 1-3 为四冲程柴油机的构造简图，活塞可在气缸内上、下往复运动，曲轴则绕其轴心线作旋转运动。很明显，曲轴每转一周，活塞向上、向下各运行一次。

四冲程柴油机工作循环的每一过程都由一个活塞行程(即冲程)来完成，如图 1-4 所示。

1. 第一冲程——进气冲程

由曲轴旋转通过连杆带动活塞从上止点移向下止点，在此期间进气门开启，排气门关闭。由于活塞上方空间不断扩大，气缸内压力逐渐降至大气压力以下，在气缸内、外压力差的作用下，外界新鲜空气经进气门不断被吸入气缸。由于进气系统对气流有阻力，空气进入气缸后的压力总是低于大气压力，进气终了时，气缸内的压力一般在 8.5～9.5 MPa，气体的温度则高于大气温度，这是由于受高温机件和残余废气的影响所致，温度一般在 40～70 ℃。

进气过程对柴油机工作影响很大，进气冲程结束时，若气缸内充气量越多，可以喷入并能

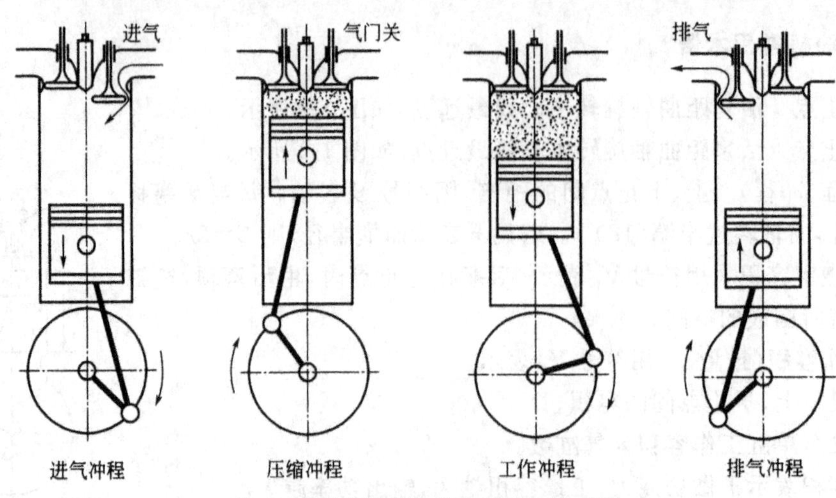

图 1-4　四冲程柴油机工作过程示意图

充分燃烧的燃油量也越多，燃烧过程放出的能量就多，柴油机发出的功率就大。

2. 第二冲程——压缩冲程

进气冲程结束后，曲轴继续旋转，推动活塞自下止点移向上止点，在此期间，进、排气门都处在关闭状态。由于气缸内容积不断减小，活塞逐渐将第一冲程吸入的空气压缩在燃烧室内，空气的温度和压力随着升高，为下一步柴油的燃烧准备了有利条件。

压缩终了时，气缸内气体温度约在 500～700 ℃范围内，压力可达 300～500 MPa，这时气缸内温度高于燃油自燃温度(300 ℃)，达到了柴油自燃的条件。

3. 第三冲程——工作冲程

工作冲程也叫膨胀冲程或爆发冲程。在压缩冲程后期，活塞接近上止点时，柴油经喷油泵将油压提高到 1 000 kPa 以上，通过喷油器以雾状喷入气缸，在很短的时间内与高温空气混合，形成混合气并迅速自行着火燃烧。燃烧产生的大量热能使气缸内的气体压力急剧上升到 600～900 MPa，温度也升高到 1 800～2 000 ℃。此时，活塞在运动惯性作用下越过上止点开始向下移动，由于进、排气门仍然关闭着，高温高压气体将活塞从上止点推向下止点，并通过连杆推动活塞曲轴旋转。随着活塞下移，气缸容积不断增大，气体的压力和温度也逐级降低，到膨胀终了时，气缸内的压力已下降到 25～45 MPa，温度降到 600～900 ℃。这一过程实现了化学能转成热能、热能又转成机械能的两次能量转换，并向外输出机械功。

4. 第四冲程——排气冲程

膨胀做功的活塞行至下止点前，配气机构把排气门打开，废气便在气缸内、外压力差作用下排出气缸，气缸内气体压力迅速下降到 10.5～11 MPa，温度降至 350～600 ℃。由于曲轴继续旋转，活塞越过下止点上移，余下的废气在活塞上行时继续由打开的排气门排出。

上述四冲程结束后就完成了柴油机的一个工作循环。在柴油机曲轴的一端往往装有飞轮，飞轮旋转的惯性将使曲轴继续旋转，则下一个工作循环又开始，如此周而复始，柴油机就会不停地运转。显然，四冲程柴油机在四个冲程中只有一个冲程是做功的，其他三个冲程全是辅助过程，需要消耗能量。单缸柴油机，曲轴每转两周中只有半周是由于膨胀气体的压力使曲轴旋转的，在其余的一周半中，曲轴是利用飞轮在做功冲程中所储存的能量而旋转的。多缸柴油机则主要靠其他缸的做功冲程交替进行来供给能量。柴油机工作循环开始(即柴油机启动)时，需要用外力先使曲轴转动，完成辅助过程，使柴油着火燃烧，柴油机才能正常运转。

复习思考题

1. 什么是柴油机？柴油机是如何分类的？
2. 柴油机的基本构造由哪几大部分组成？
3. 什么是四冲程？
4. 什么是一个工作循环？
5. 什么是工作容积(即排量)？
6. 什么是压缩比？
7. 简述四冲程柴油机的工作原理。

第二章

道依茨风冷柴油机的概述

自 1967 年以来，德国道依茨公司的乌尔姆工厂已经先后投产了 B/FL312/413/413F 系列风冷柴油机，随着科学技术的发展，该系列风冷柴油机增加了新型的 B/FL513 系列品种。B/FL413F系列是在 FL312 和 B/FL413 系列基础上发展起来的，而 B/FL513 系列则是 B/FL413F系列的进一步发展和改进。B/FL513 系列柴油机采用新型的燃烧过程，自然吸气式非增压柴油机缸径增大 3 mm，由此保证了在低活塞平均速度和低转速情况下可输出较高的有效功率，以及相应的高可靠性和较低的燃油消耗。

第一节　道依茨风冷柴油机的基本机型

一、机型代号

道依茨风冷柴油机机型代号的规定如下：

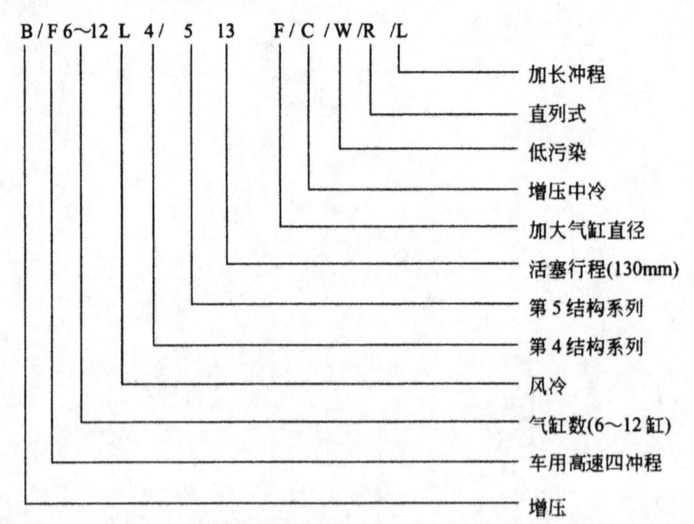

道依茨风冷柴油机气缸的排列方式分直列式和 V 形两种，机型代号中的 R 代表直列式排列，不标注表示 V 形排列。风冷柴油机的燃烧形式也有直喷式和两级燃烧式两种，如图 2-1 所示，直喷式柴油机用于功率要求较高的设备，两级燃烧式柴油机用于对排放要求较严格的设备。在机型代号中，两级燃烧式用 W 表示，直喷式则不表示。

机型代号中的 B 代表采用了增压器的柴油机，C 代表增压柴油机的进气管道上安装有中冷器。气缸数前面的 F 代表适于车辆使用的四冲程高速柴油机，气缸数后面的 F 代表气缸直径加大，而 L 则代表风冷却方式。

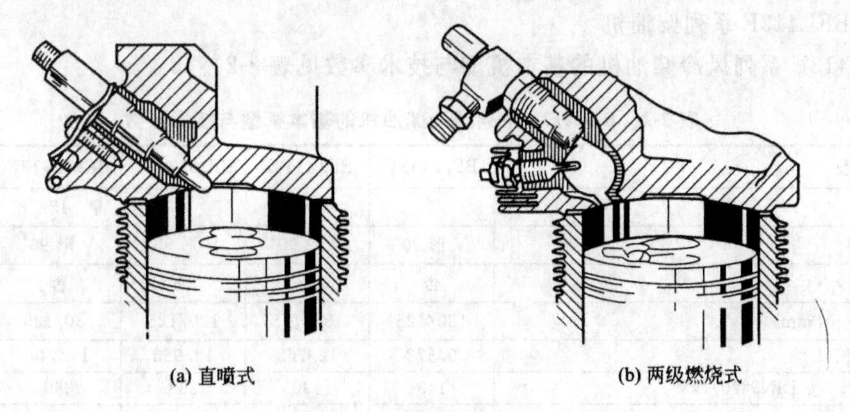

图 2-1　柴油机燃烧形式

二、基本机型与技术参数

1. B/FL413F 系列风冷柴油机的基本机型与技术参数

B/FL413F 系列风冷柴油机有直列五缸、六缸，V 形六缸、八缸、十缸、十二缸，非增压、增压中冷和低污染等机型。功率范围为 64～386 kW，标定转速有 1 500 r/min、1 800 r/min、2 000 r/min、2 150 r/min、2 300 r/min、2 500 r/min。各机型功率互相搭接覆盖和各种形式的标准附加部件组成了几十种变型动力，可满足 6～70t 的各种运输车辆、工程机械、建筑机械、空压机、发电设备、船舶、特种车辆等的使用要求。

(1) FL413F 系列柴油机

FL413F 系列风冷柴油机的基本机型与技术参数见表 2-1。

表 2-1　FL413F 系列风冷柴油机的基本机型与技术参数

基本机型	F5L413FR	F6L413FR	F6L413F	F8L413F	F10L413F	F12L413F
气缸数	5	6	6	8	10	12
气缸排列	直列式	直列式	V 形 90°	V 形 90°	V 形 90°	V 形 90°
行程/缸径(mm)	130/125	130/125	130/125	130/125	130/125	130/125
气缸容积(L)	7.976	9.572	9.572	12.763	15.953	19.144
持续功率(按 DIN6270)(kW)	94	112	112	150	188	224
间断作业功率(按 DIN6270)(kW)	98	118	118	157	196	235
转速(r/min)	2 300	2 300	2 300	2 300	2 300	2 300
车用功率(DIN70020)(kW)	118	141	141	188	235	282
转速(r/min)	2 500	2 500	2 500	2 500	2 500	2 500
最大扭矩(N·m)	510	613	613	817	1 020	1 226
转速(r/min)	1 600	1 600	1 500	1 500	1 500	1 500
最低持续运转转速(r/min)	1 500	1 500	1 500	1 500	1 500	1 500
怠速(r/min)	500～600	500～600	600	600	600	600
最低燃油消耗率(按在最大扭矩时的车用功率计)[g/(kW·h)]	223	223	216	216	216	216
压缩比	18	18	18	18	18	18

(2) BFL413F 系列柴油机

BFL413F 系列风冷柴油机的基本机型与技术参数见表 2-2。

表 2-2 BFL413F 系列风冷柴油机的基本机型与技术参数

基本机型	BF6L413F	BF8L413F	BF10L413F	BF12L413F	BF12L413FC
气缸数	6	8	10	12	12
气缸排列	V形 90°	V形 90°	V形 90°	V形 90°	V形 90°
增压中冷	否	否	否	否	有
行程/缸径(mm)	130/125	130/125	130/125	130/125	130/125
气缸容积(L)	9.572	12.763	15.953	19.144	19.144
持续功率(按 DIN6270)(kW)	143	190	238	286	315
间断作业功率(按 DIN6270)(kW)	151	201	252	302	330
转速(r/min)	2 300	2 300	2 300	2 300	2 300
车用功率(DIN70020)(kW)	177	235	294	353	386
转速(r/min)	2 500	2 500	2 500	2 500	2 500
最大扭矩(N·m)	735	980	1 226	1 470	1 695
转速(r/min)	1 750～1 850	1 750～1 850	1 750～1 850	1 750～1 850	1 750
最低持续运转转速(r/min)	1 500	1 500	1 500	1 500	1 500
怠速(r/min)	600	600	600	600	600
最低燃油消耗量(按在最大扭矩时的车用功率计)[g/(kW·h)]	220	220	220	220	210
压缩比	16.5	16.5	16.5	16.5	16.5

(3) B/FL413F 系列柴油机外形尺寸

B/FL413F 系列风冷柴油机的外形尺寸如图 2-2 和表 2-3 所示。

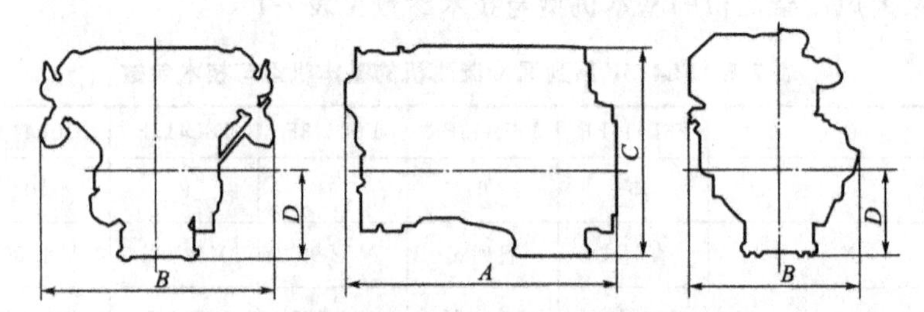

图 2-2 B/FL413F 系列柴油机的外形尺寸图

表 2-3 B/FL413F 系列风冷柴油机的外形尺寸

型号＼尺寸	A(mm)	B(mm)	C(mm)	D(mm)
F5L413FR	1 287	752	1 012	376
F6L413FR	1 452	752	1 012	376
F6L413F	1 047	1 038	860	340
BF6L413F	1 153	1 064	886	340
F8L413F	1 211	1 038	860	340
BF8L413F	1 260	1 072	1 030	340
F10L413F	1 412	1 038	937	360
BF10L413F	1 430	1 118	1 050	360
F12L413F	1 575	1 038	950	360
BF12L413F	1 573	1 192	1 050	360
BF12L413FC	1 582	1 196	1 243	446

2. B/FL513 系列风冷柴油机的基本机型与技术参数

(1) FL513 系列柴油机

FL513 系列风冷柴油机的基本机型与技术参数见表 2-4。

表 2-4 FL513 系列风冷柴油机的基本机型与技术参数

基本机型	F6L513	F8L513	F10L513	F12L513
气缸数	6	8	10	12
气缸排列	V形 90°	V形 90°	V形 90°	V形 90°
行程/缸径(mm)	130/128	130/128	130/128	130/128
气缸容积(L)	10.037	13.382	16.728	20.074
持续功率(按 DIN6270)(kW)	122	169	204	245
间断作业功率(按 DIN6270)(kW)	128	170	213	256
转速(r/min)	2 300	2 300	2 300	2 300
车用功率(DIN70020)(kW)	141	188	235	282
转速(r/min)	2 300	2 300	2 300	2 300
最大扭矩(N·m)	667	890	1 112	1 335
转速(r/min)	1 400	1 400	1 400	1 400
最低怠速(r/min)	600	600	600	600
最低燃油消耗量[g/(kW·h)]	208	208	208	208
压缩比	16.7	16.7	16.7	16.7

(2) BFL513 系列柴油机

BFL513 系列风冷柴油机的基本机型与技术参数见表 2-5。

表 2-5 BFL513 系列风冷柴油机的基本机型与技术参数

基本机型	BF6L513R	BF6L513RC	BF8L513	BF8L513C	BF10L513	BF12L513	BF12L513C
气缸数	6	6	8	8	10	12	12
气缸排列	直列式	V形 90°	V形 90°	V形 90°	V形 90°	V形 90°	V形 90°
增压中冷	否	有	否	有	否	否	有
行程/缸径(mm)	130/125	130/125	130/125	130/125	130/125	130/125	130/125
气缸容积(L)	9.572	9.572	12.763	12.763	15.953	19.144	19.144
持续功率(按 DIN6270)(kW)	150	180	200	224	250	300	328
间断作业功率(按 DIN6270)(kW)	158	188	210	235	263	316	348
转速(r/min)	2 300	2 300	2 300	2 300	2 300	2 300	2 300
车用功率(DIN70020)(kW)	177	210	243	265	294	353	386
转速(r/min)	2 300	2 300	2 300	2 300	2 300	2 300	2 300
最大扭矩(N·m)	905	1 045	1 170	1 310	1 460	1 755	1 900
转速(r/min)	1 500	1 500	1 500	1 500	1 500	1 500	1 500
最低怠速(r/min)	600	600	600	600	600	600	600
最低燃油消耗量[g/(kW·h)]	210	209	212	212	212	212	205
压缩比	15.8	15.8	15.8	15.8	15.8	15.8	15.8

(3) B/FL513 系列柴油机外形尺寸

B/FL513 系列风冷柴油机的外形尺寸如图 2-3 和表 2-6 所示。

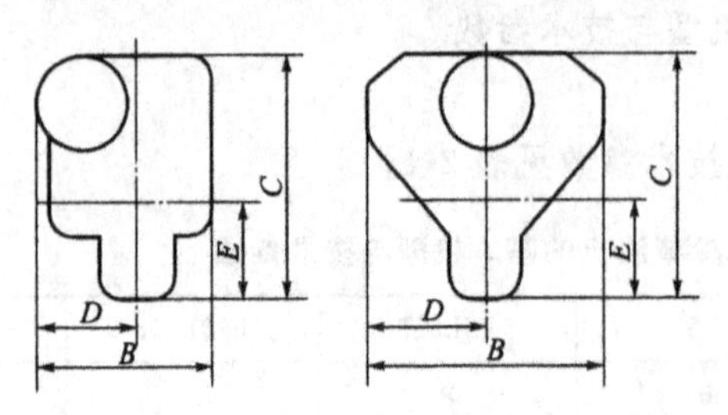

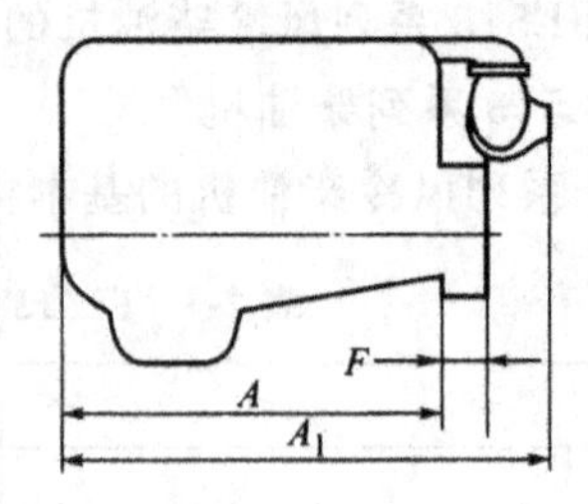

图 2-3　B/FL513 系列风冷柴油机的外形尺寸图

表 2-6　B/FL513 系列风冷柴油机的外形尺寸

型号＼尺寸	A	$A_1$①	B	C③	D	E③	F②
F6L513	915	—	1 038	860	519	340	135
F8L513	1 075	—	1 038	860	519	340	135
F8L513L	1 059	—	1 064	866	520	340	122
F10L513	1 283	—	1 038	1 000	519	422	135
F12L513	1 448	—	1 038	1 018	519	422	127
BF6L513R	1 039	—	765	1 040	425	375	116
BF6L513RC	1 039	—	830	1 036	425	375	116
BF8L513	1 107	1 452	1 138	1 042	569	437	135
BF8L513LC	1 262	1 384	1 027	998	513	340	122
BF10L513	1 272	1 474	1 138	1 067	569	442	135
BF12L513C	1 380	1 590	1 192	1 087	569	422	135
BF12L513CP	1 380	1 590	1 192	1 112	596	422	127

注：①带增压器；②配用标准飞轮；③配用标准油底壳。

三、柴油机的标牌与编号

如图 2-4 所示，柴油机的设计型号 A、柴油机的编号 B 以及柴油机的主要参数打在标牌（即铭牌）上，该标牌 C 固定在机油散热器外壳上。

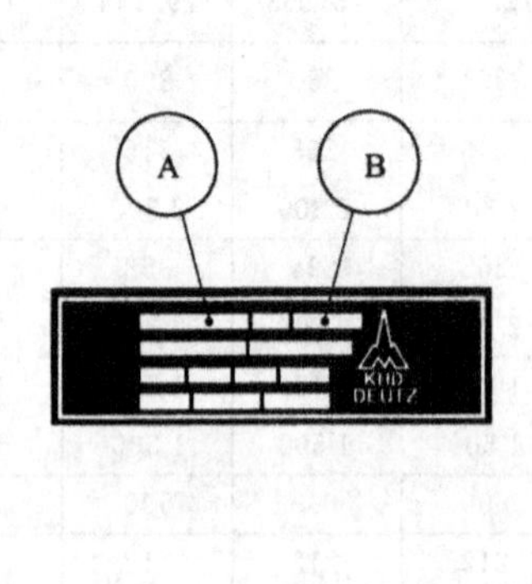

(a) 标牌

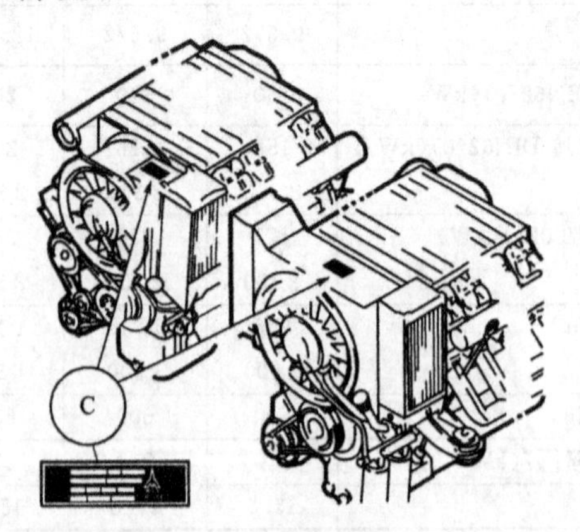

(b) 标牌固定位置

图 2-4　柴油机的标牌

柴油机的编号还打印在齿轮箱外壳上，如图 2-5 中 D 处所指。在订购柴油机备件时，必须说明柴油机的型号和编号。

柴油机的旋转方向以面向飞轮端看为逆时针转动。柴油机气缸排列的顺序号也从飞轮端开始，面向飞轮端看去，气缸是从左边开始向前依次编号的。以 B/F8L413F 及 B/F8L513 柴油机为例，气缸排列顺序如图 2-6 所示。

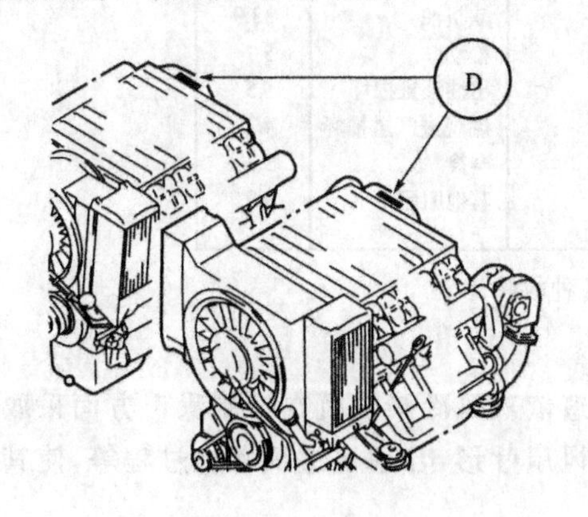

图 2-5　柴油机编号

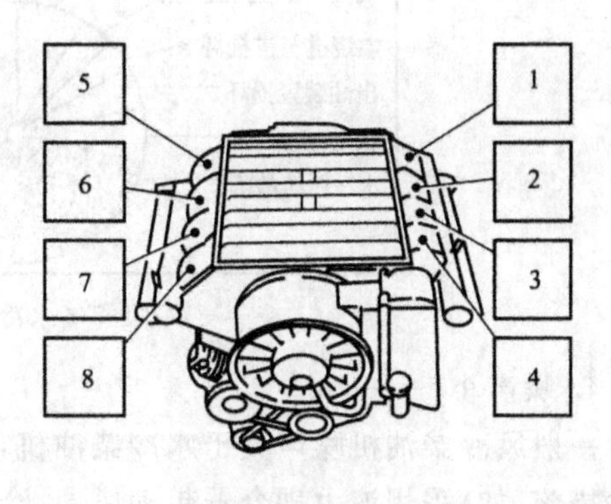

图 2-6　气缸的编号

第二节　道依茨风冷柴油机的主要特点

道依茨风冷柴油机不仅吸取了其他风冷柴油机实际使用中的全部优点，而且应用了柴油机设计中最先进的技术，从而使这种柴油机具有外形尺寸小、重量轻、经济性能好、使用可靠、适应性强、安装简单、维护保养方便、容易实现机种变形等优点。尤其是在高温、严寒、干旱等气候条件恶劣的地区使用，都有很好的适应性，实践证明是先进优良的动力装置。目前，道依茨风冷柴油机已广泛应用于我国铁路大型线路机械上。

道依茨风冷柴油机主要有以下几个优点：

1. 具有良好的互换性

道依茨风冷系列柴油机中的主要部件都是相同的，并且可以互换，其零部件互换量即通用件按种类达 67%、按件数达 85%左右，因此，易于组织批量生产，降低生产成本。采用每缸一盖的积木式结构，用不相同的箱体就能构成各种多缸机，进而实现了产品设计的系列化。

2. 结构简单，维修方便

道依茨风冷柴油机是利用吹过气缸盖和气缸体外表面的高速空气流直接冷却柴油机的，而水冷柴油机是利用水泵使冷却水在水套和散热器间循环流动，将柴油机的热量通过散热器散发到大气中去。两者相比，风冷柴油机免去了水泵、水套、水箱及冷却水管等部件，使得整机结构简单、维修方便。

3. 使用寿命长，可靠性好，故障少

由于风冷柴油机缸套外围无冷却水，启动后暖机时间短，并且在所有工况下，缸壁的温度均较高，所以缸套、气门等磨损较小，大大延长了柴油机的使用寿命。

道依茨柴油机采用的冷却风扇是依据柴油机热负荷的大小而自动调节转速和冷却风量，保证柴油机在各种工况下能得到适当的冷却。在柴油机启动阶段，风扇转速很低，使得柴油机迅速升温，尽快越过“露点”温度。由资料表明，风冷机越过“露点”温度只需 5 min 左右，而相应水冷机则需 15 min。机温升快可大大减少气缸冷状态下的磨损，从而提高了柴油机的寿命。

图 2-7 所示为水冷柴油机各种故障的统计比例。由图可见，水冷柴油机水循环系统的故障占总故障的 38.2%，而风冷柴油机则无此类故障。

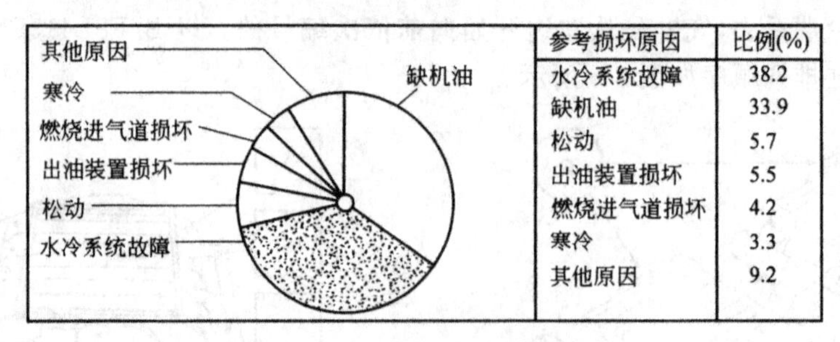

参考损坏原因	比例(%)
水冷系统故障	38.2
缺机油	33.9
松动	5.7
出油装置损坏	5.5
燃烧进气道损坏	4.2
寒冷	3.3
其他原因	9.2

图 2-7　水冷柴油机各种故障比例

4. 噪声小

一般风冷柴油机噪声大于水冷柴油机，但由于道依茨风冷柴油机在抑制噪声方面采取了不少措施，如：采用液力耦合器带动风扇，合理设计风扇叶形，合理地组织燃烧过程等，使其噪声低于相同功率的水冷柴油机。

5. 冷启动性能好

风冷柴油机装有启动加浓装置，在进气管处设有电子预热塞，可在环境温度－30 ℃以上直接启动。

6. 经济性能好

对于标准机型直接喷射式的燃烧室，在常用功率时具有最好的经济性。B/FL413F 系列柴油机在标定工况下的燃油消耗量为 250 g/(kW·h)，最低值为 216 g/(kW·h)，经柴油机台架试验表明，机油与燃油的比耗率不超过 1%。经实际试车结果：比油耗 216 g/(kW·h)，百公里柴油消耗 78.05 kg，百公里机油消耗 0.77 kg。

7. 适应性好

风冷柴油机散热片平均温度为 170 ℃，当外界温度从 20 ℃升高到 45 ℃时，散热片与外界温差从 150 ℃降到 125 ℃，温差仅减少 16.7%。水冷柴油机水温为 95 ℃，当外界温度从 20 ℃升高到 45 ℃时，散热片与外界温差则降低 33%。因为冷却系统的传热量正比于散热片壁与传热介质的温差，因此温差越大，传热效果越好。在上述情况下，水冷柴油机失去的冷却能力为风冷柴油机的两倍。由于风冷柴油机的冷却性能受环境温度的影响较小，可以经常保持良好的运转温度，夏季不易过热，冬季启动容易，又无缺水之忧，故适于酷暑、严寒和干旱沙漠地区使用，在－40～＋50 ℃环境条件下均可正常工作。

道依茨风冷柴油机有完整的系列，宽广的转速和功率范围。每种机型的转速又可根据需要分别调整为：1 500 r/min、1 800 r/min、2 000 r/min、2 150 r/min、2 300 r/min、2 500 r/min 等，为保证柴油机各转速的调速性能，可通过更换调速器的个别零件来实现。不同转速、缸数和燃烧进气方式组合，使道依茨风冷柴油机有密集而宽广的功率范围，适用于多种用途上作动力。

第三节　B/FL413F 系列与 B/FL513 系列柴油机的比较

如前所述，B/FL513 系列风冷柴油机是 B/FL413F 系列风冷柴油机的发展与改进，为该系列更新换代产品。B/FL513 系列柴油机既保留了 B/FL413F 系列柴油机的基本特征，如采用 90°V 形夹角气缸排列形式，分六缸、八缸、十缸、十二缸多缸机等；又进行了技术改进，主要体现在：

(1) 进一步降低燃油消耗，降低相应的废气排放值。

(2) 利用增压技术提高功率输出范围。

(3) 降低噪声。

一、燃烧技术的改进

1. 燃烧室

改变燃烧室形状可以增加燃烧室的涡流比。FL413F 系列柴油机采用的是斜筒形燃烧室，进气湍流较大，而 BFL413F、B/FL513/C 系列柴油机则采用 ω 形燃烧室，具有最佳的燃烧过程。各机型燃烧室的形状如图 2-8 所示。

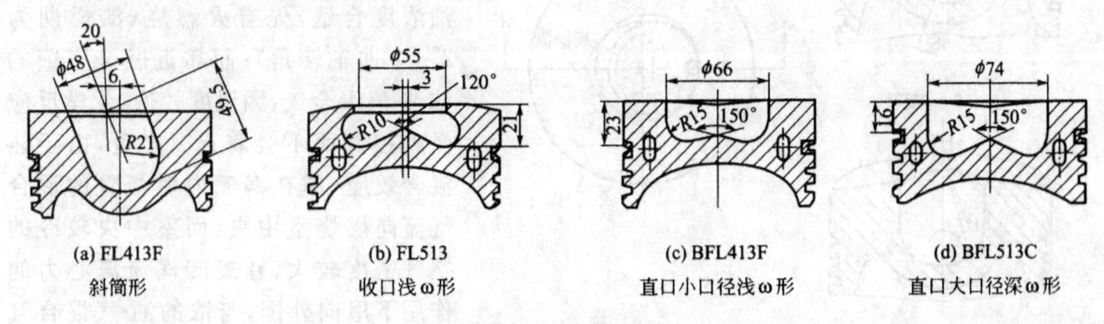

图 2-8　燃烧室形状

ω 形燃烧室中，FL513 系列柴油机的活塞燃烧室口直径缩小约 9 mm，且边缘倒角。为保证燃烧室边缘具有良好的防裂性能，对此进行了最大温度变化程度的热冲击试验，并在活塞顶部进行阳极硬化处理，保证了燃烧室结构的高性能。BFL413F、BFL513C 系列柴油机的活塞燃烧室结构为开式，由于整个活塞顶部都经过硬阳极氧化处理，因此其斜切面形状的边缘不需采取防裂措施。这种形式的燃烧室降低了柴油机低速性能时的黑烟排放值。

2. 喷油系统

FL513 系列十缸、十二缸柴油机的喷油泵采用 Bosch P 型，其他缸数柴油机采用 Bosch MW 型；BFL513C 系列八缸柴油机的喷油泵采用 Bosch MW 型，其他缸数柴油机采用 Bosch P 型；B/FL413F 系列柴油机的喷油泵采用 Bosch A 型。P 型、MW 型喷油泵与 A 型喷油泵相比，燃油喷射压力大幅度提高，尤其是在最大扭矩转速范围内以及初始怠速范围内，使得柴油机的平均有效压力值大幅度提高，同时也改善了燃油的经济性。

B/FL513 系列柴油机喷油泵在气缸盖中的安装角度为 38°，喷油泵有四孔喷嘴，四孔喷射的角度不同但喷孔直径相同，FL513 系列柴油机的喷孔直径为 φ0.215 mm，喷油泵开启压力为 24 MPa，喷射压力为 70 MPa；BFL513 系列柴油机的喷孔直径为 φ0.345 mm，喷油泵开启压力为 27 MPa，喷射压力为 65 MPa(1 600 r/min)。

BFL413F 系列柴油机喷油泵在气缸盖中的安装角度为 38°，喷油泵有三孔喷嘴，三孔喷射的角度不同但喷孔直径相同，喷孔直径为 φ0.405 mm，喷油泵开启压力为 17.5～18.3 MPa，喷射压力为 50 MPa(1 600 r/min)；FL413F 系列柴油机喷油泵只有二孔喷嘴，二孔喷射的角度不同但喷孔直径相同，喷孔直径为 φ0.45 mm，喷油泵开启压力为 17.5～18.3 MPa，喷射压力为 43.5 MPa。

3. 燃烧过程

B/FL513 系列柴油机的主要技术进步是改变了柴油机的燃烧过程。FL413F 系列柴油机的燃烧室为斜筒形,采用的燃烧方式为“道依茨 D 过程”;而 B/FL513 及 BFL413F 系列柴油机的燃烧室为 ω 形,采用的燃烧方式为“道依茨 Z 过程”。

(1) 道依茨 D 燃烧过程

斜筒形燃烧室的轴线与气缸中心线相交成锐角,如图 2-9 所示。两股粗细相等、互成锐角的油柱喷入靠近与倾斜的桶形燃烧室壁几乎平行的室壁附近。利用进气切线速度约 90m/s(涡流比约 2.6)的强烈旋转气流,把油吹向周边,并在达到燃烧室壁之前就被蒸发。这样,就形成了一个旋转着的油-气混合圈。靠燃烧室中心处的燃油浓度合适,先着火燃烧(滞燃期为 2°~3°曲轴转角);而靠近燃烧室壁的浓油-气混合气,因温度较低,化学反应受到控制而不会着火。之后,由于热混合效应,即在涡流内燃烧着的混合气流向燃烧室中央,而室中央较冷的空气密度较大,在旋转涡流离心力的作用下甩向外围,与浓的油-气混合气再混合,进而燃烧,使之达到平缓燃烧和获得较低燃油消耗率的目的。

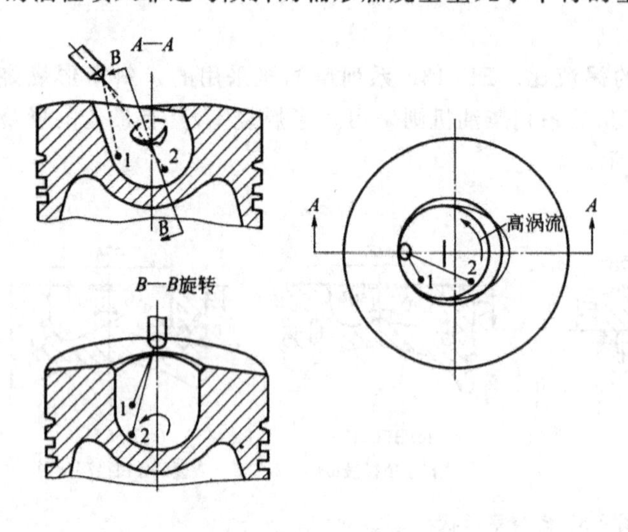

图 2-9　道依茨 D 燃烧过程

“D 燃烧过程”的特点是燃烧噪声小,几乎可以避免启动时的燃烧冲击,并可保证在 258 K(−15 ℃)以上的温度可靠启动,燃油经济性好,热负荷不高。

(2) 道依茨 Z 燃烧过程

图 2-10 为道依茨“Z 燃烧过程”示意图。燃油由布置在燃烧室中央的 4 孔喷嘴,用比“D 燃烧过程”高的喷射压力喷入燃烧室空间。燃烧空气依靠对应的进气管结构的形式旋转着进入燃烧室。燃油与空气的混合是靠较弱的空气沿缸套周向旋转与燃烧室形状本身引起的“挤压湍流”形成。通过高的喷油速率与适中的空气扰流以及喷油率和气流间的正确调整,可以做到不提前燃烧,但仍保证燃烧及时,从而得到有利的排放值。在相同的 NO_x 排放量下,其燃油消耗率 b_e 比“D 燃烧过程”明显下降;而在相同的 b_e 下,NO_x 要比“D 燃烧过程”明显下降。

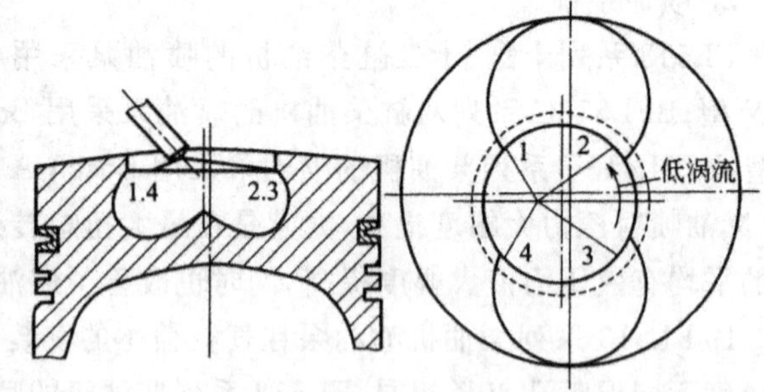

图 2-10　道依茨 Z 燃烧过程

B/FL513 系列柴油机由于采用了增大活塞工作容积、ω 形燃烧室的“Z 燃烧过程”及相应的喷油系统等措施,在 2 300 r/min 的额定转速下可获得 B/FL413F 系列柴油机在 2 500 r/min额定转速下输出的功率,同时低速时最大扭矩值明显增加,柴油机的整机寿命也提高近 25%。

二、结构上的主要改进

1. 曲轴

曲轴的主要改进有三点：

(1) 将空心结构改成实心结构，形位公差控制更严。

(2) 主轴颈和连杆轴颈圆角处的高频淬火随不同机型而不同，如图 2-11～图 2-14 所示。主轴颈、连杆轴颈和风扇端齿轮淬火硬度从 HRC(53±3)改为 HRC(50+6)，功率输出端齿轮淬火硬度从 HRC(53±3)改为 HRC(54+4)，以改善曲轴的工作性能。

(3) 曲轴止推轴瓦由整体翻边轴瓦改为两个止推片加主轴瓦的组合瓦。

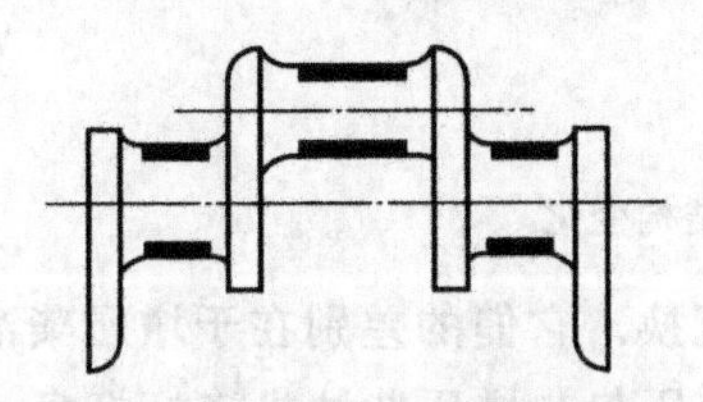

图 2-11　FL413F 机型主轴颈和连杆轴颈圆角均不淬火

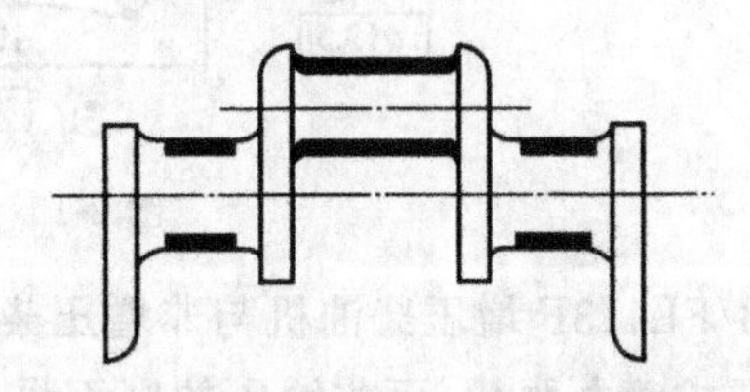

图 2-12　FL513 机型连杆轴颈圆角淬火

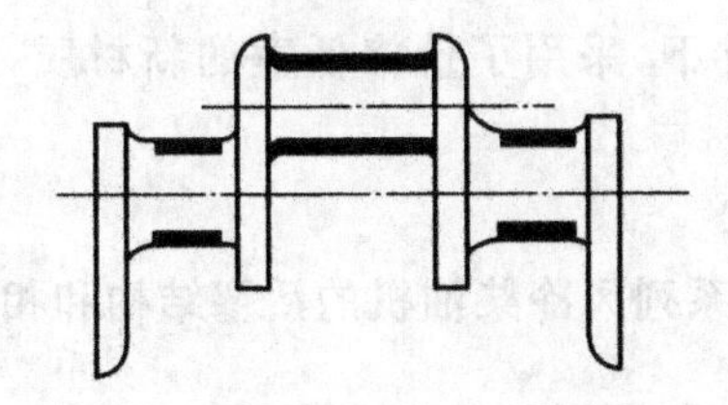

图 2-13　BFL413F 机型连杆轴颈圆角淬火

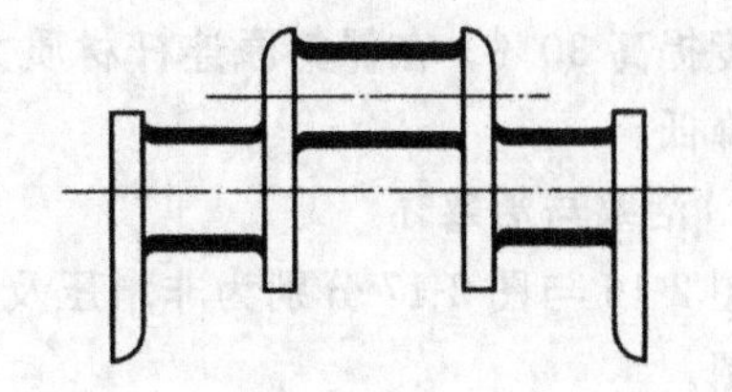

图 2-14　BFL513F 机型主轴颈和连杆轴颈圆角均淬火

2. 连杆与连杆螺栓

为满足 B/FL513 系列风冷柴油机功率和扭矩比 B/FL413F 系列风冷柴油机提高 6%～18%的要求，并总结、吸取了个别连杆在非正常工作下的损坏情况，B/FL513 系列柴油机采用了新的连杆结构，与旧连杆在结构和材质方面有所差别。

(1) 结构上的改进与强化

新连杆保持了质量、大小头质量配置、中心距、大小头孔径、大小头宽度、定位唇尺寸等参数不变，但对某些尺寸和几何形态作了修改与加强，如图 2-15 所示，变化尺寸和部位为：

① “工”字形断面拉长，中间变厚，如图 2-15①处，改变后的断面抗弯刚度可提高 20%。

② 连杆左上部增加了 $R=87$ mm 的一条加强肋，如图 2-15②处的阴影部分。

③ 连杆螺栓和螺纹孔的螺纹从 M13×1.5 增大为 M14×1.5，如图 2-15③处所示。这一措施增加了连杆螺栓的强度。

④ 相应地，连杆大头盖上螺栓孔的直径从 ϕ13.5 mm 加大到 ϕ14.5 mm，如图 2-15④处所示。

⑤ 两螺栓中心距从 97 mm 增加到 100 mm，如图 2-15⑤处所示，使连杆大头与螺纹孔间的最小壁厚从 1.75 mm 增加至 2.75 mm，增强了该处的承载能力，也有利于消除螺纹孔的椭圆度。

(2) 材质变换

B/FL413F 风冷柴油机连杆采用 39Cr5 材料，为了进一步降低成本，提高抗疲劳性能，新连杆采用了 45 钢并添加铬、硼、铝等合金元素，新旧两种连杆的力学性能相当。

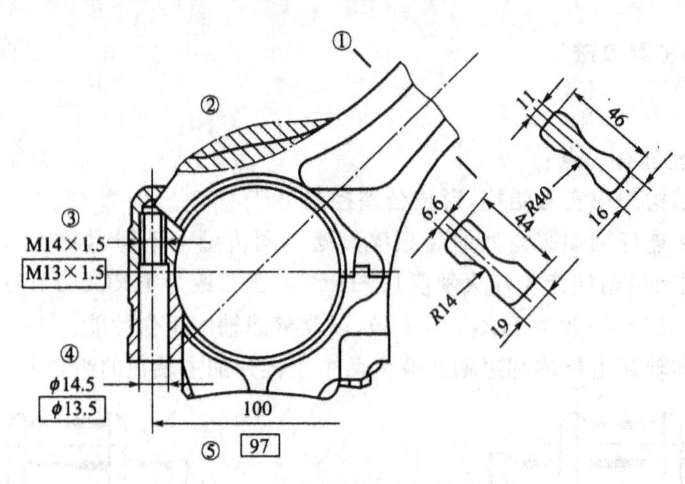

图 2-15 新旧连杆尺寸和结构变化

B/FL413F 增压柴油机与非增压柴油机连杆不能互换。它们的差别在于增压柴油机连杆杆身要求喷丸强化,而非增压的则不强化。B/FL513 增压与非增压柴油机连杆杆身一律经喷丸处理,故两种连杆可完全互换,方便了生产管理。

B/FL513 风冷柴油机所用的新连杆,由于某些尺寸和结构以及材质的更改,使它的抗疲劳强度提高 30%。在保持原连杆材质力学性能的条件下,采用了价格低廉的新材质,使生产成本降低。

3. 活塞与活塞环

图 2-16 与图 2-17 分别为非增压及增压 B/FL513 系列风冷柴油机的活塞结构和相关的零部件图。

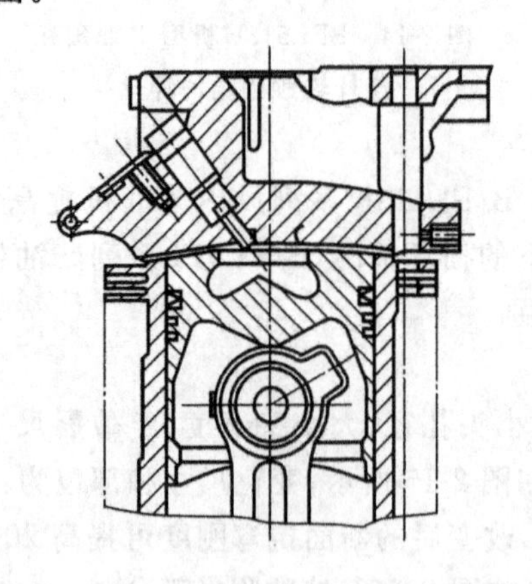

图 2-16 FL513 系列柴油机活塞及相关零部件

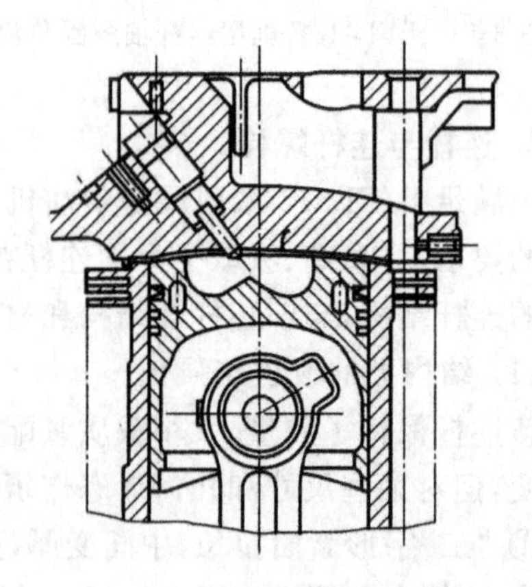

图 2-17 BFL513/C 系列柴油机活塞及相关零部件

与 B/F413F 系列风冷柴油机活塞相比,B/FL513 系列风冷柴油机活塞第一环槽距活塞顶面距离为:非增压机型从 23 mm 缩短为 21 mm,增压机型从 23 mm 缩短为 16 mm,以减小燃烧室有害容积,降低有害气体排放和机油消耗。通过加强气体在上止点范围内的冷却气流来减轻第一活塞环上移后引起的热负荷增加,保持活塞与活塞环在许可的温度范围内。

增压的 BFL513C 系列风冷柴油机上第二道锥面活塞环镀铬。

4. 配气机构

为简化结构、降低成本,气门弹簧由同心大、小两个弹簧改为单簧。弹簧外径为

ϕ39.1 mm，自由高度为 67 mm，钢丝直径为 ϕ5.2 mm。由于气门弹簧的变化，进气门旋转机构也有较大的变动，总高度由 23 mm 改为 13.4 mm。

进气门直径增大 3 mm，升程为 8.75 mm。排气门升程为 9 mm。

5. 气缸套和气缸盖

非增压的 FL513 机型气缸直径从 ϕ125 mm 增大为 ϕ128 mm（增压的 BFL513 机型气缸直径仍为 125 mm），相应的工作容积增加 4.9%。

B/FL413 机型的气缸套经精珩磨后，为防止拉缸，缩短磨合时间，采用特殊功能性磷化处理。在缸套基体的磨合面上形成磷化膜和许多微油池。磷化膜厚度为 5～8 mm，微油池含油量为 0.01～0.05cm^3/m^2，与其相配的第一活塞环则为喷钼梯形环。为改善 BF513 增压机型气缸套与活塞环表面的滑动副，在精珩磨后，不采用磷化工艺，而采用 3HL-320 的特殊珩研工艺，即以细粒碳化硅为研磨粉，在珩研气缸体过程中，把碳化硅硬质点嵌到气缸体内的工作表面上，形成微凸点，这样，把原来 B/FL413F 气缸体与活塞环间的面接触滑动副改为 B/FL513 气缸体与活塞环间的点接触滑动副。采用这一措施后，机油消耗量可减少一半，使气缸体在上止点工作区的磨损量减少到原来的 1/3，摩擦功减小，气环开口间隙经1 000 h台架试验后，其增大量为原来的 0.5 倍，气缸体寿命可增加1 000 h。

由于气缸直径的扩大，气缸盖与气缸套配合的止口尺寸从 ϕ150 mm 增大为 ϕ154 mm，使气缸盖与气缸套的密封面增大，密封压力减小。气缸盖的燃烧室部分进行硬质阳极化处理，以提高其抗热裂能力。相应的进、排气门座锥角由 45°改为 30°。压装气门座圈及气门导管的气缸盖加热规范，从原来的(493±10)K 改为(493±30)K。

B/FL513 机型的气缸盖与气缸体之间的气缸垫厚度有六种不同规格：2.30 mm、2.45 mm、2.60 mm、2.75 mm、2.90 mm、3.05 mm，用以调整活塞顶间隙(1.2±0.1) mm，并代替原来在气缸套与曲轴箱结合面之间的四个调整垫圈（该处现仅用一个 0.5 mm 厚的钢环）。

6. 冷却系统

B/FL513 系列风冷柴油机冷却风扇的控制和局部结构有较大变化。原冷却风扇转速是根据柴油机排气温度调节的，而 B/FL513 系列冷却风扇转速的调节是通过电动液压控制系统实现的。流入驱动冷却风扇液力耦合器中的机油量受温度调节器控制。该温度调节器接受下列温度信号：液力变矩器或变速器中的油温、气缸盖温度、柴油机机油温度等。

柴油机在低负荷或冬天工作时，为减小柴油机向外的传热损失，保持柴油机良好的热状态，有必要使风扇低速运转或停止工作。在冬天，还可用柴油机的机油作热载体不经冷却，部分或全部导入设置在车厢内的换热器传给车厢供暖。为此，在 B/FL513 机型液力耦合器的轮毂上装有一个风扇制动器，在完全切断流入液力耦合器的机油后，可避免由于滚珠轴承的摩擦引起风扇的慢速转动。

B/FL513 系列风冷柴油机还采用了结构紧凑、轻巧和高效的板翅式散热器，其冷却效率可达 35%。为了进一步加强冷却效果，在有的 B/FL513 机型上，将增压空气中冷器和机油散热器的布置作了调整。

第四节　道依茨风冷柴油机的结构组成

在大型养路机械上使用的道依茨八缸、十二缸风冷柴油机有以下特点：

(1) 高速四冲程、V 形结构、气缸排列夹角是 90°。

(2) 直接喷射式斜筒形或ω形燃烧室。

(3) 采用龙门式曲轴箱及每缸一盖结构，曲轴连杆机构为多支承三层合金滑动轴承。

(4) 并列连杆和带有三道密封环的油冷活塞。

(5) 自动调节风量的前置静叶轮压风式水平轴流风扇。

(6) 带旋转装置的顶置气门及适应高速运转的配气机构。

(7) 有喷油自动提前器的供油系统。

(8) 装有火焰加热器并带辅助加温装置的冷启动系统。

(9) 后置式斜齿轮驱动机构。

(10) 由压油泵、回油泵两组机油泵组成的可以在倾斜路面上工作的湿式油底壳强制循环润滑系统。

本书的柴油机结构分析以V形八缸机为主。因道依茨柴油机具有通用化程度高的特点及每缸一盖的积木式结构，故V形六缸、十缸及十二缸机的结构与八缸机大同小异。

B/F8L413F、B/F8L513系列风冷柴油机的结构组成如图2-18所示(启动电机、发动机、增压器在图中未画出)，其剖视图见图2-19。本书以下的章节将对道依茨风冷柴油机各组成部分的构造和工作原理等进行详细的论述。

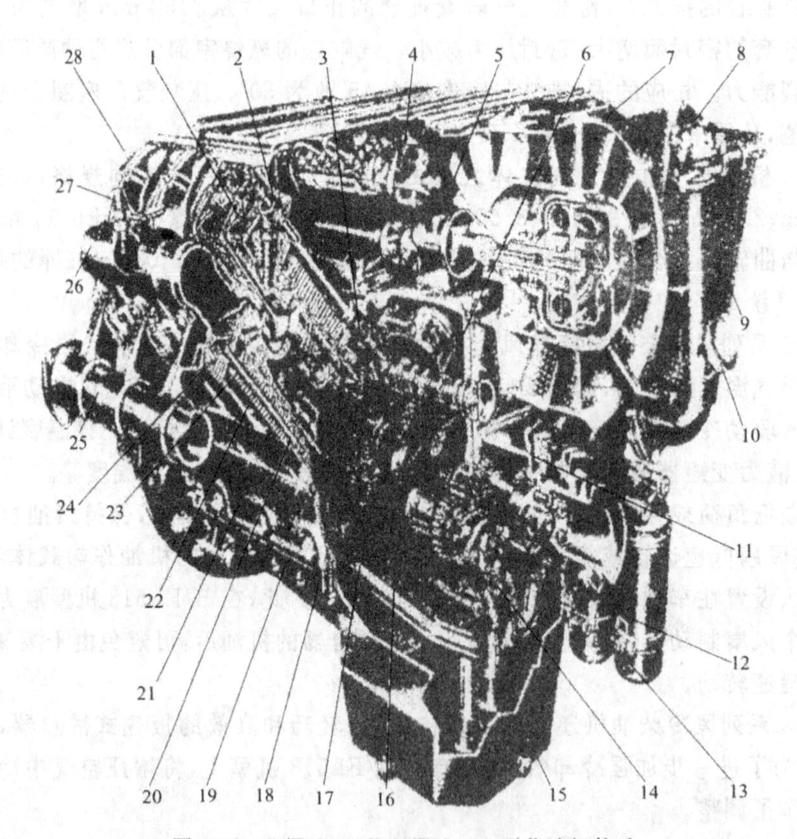

图2-18 B/F8L413F、B/F8L513型柴油机构造

1—喷油器；2—推杆；3—挺柱；4—喷油泵；5—风扇传动箱；6—配气凸轮轴；7—冷却风扇；8—曲轴呼吸器；9—机油散热器；10—加油口盖；11—扭转减振器；12—机油压油泵；13—机油滤清器；14—机油回油泵；15—油底壳；16—曲轴；17—主轴承盖；18—连杆；19—活塞冷却喷嘴；20—缸体螺栓；21—曲轴箱；22—气缸体；23—活塞；24—气缸盖；25—排气管；26—进气管；27—火焰加热塞；28—气门盖

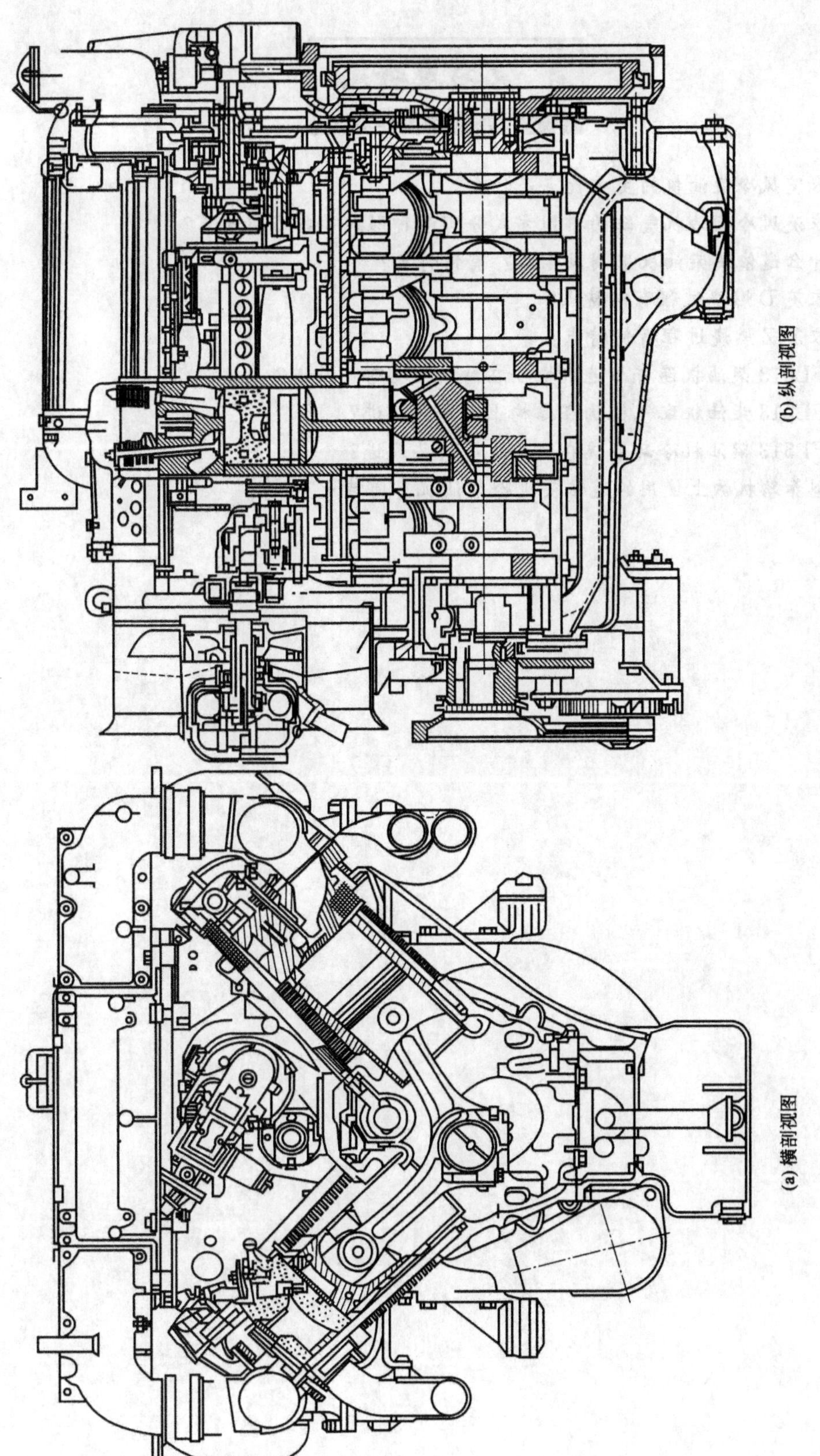

图 2-19　B/F8L413F、B/F8L513 型柴油机剖视图

1. 道依茨风冷柴油机的主要优点是什么?
2. 道依茨风冷柴油机气缸的排列方式分哪两种形式?各有何特点?
3. 为什么道依茨柴油机采用风冷式?有何特点?
4. 道依茨 D 燃烧过程有何特点?
5. 道依茨 Z 燃烧过程有何特点?
6. B/FL513 柴油机连杆与连杆螺栓在结构上有哪些改进?
7. B/FL513 柴油机配气机构在结构上有哪些改进?
8. B/FL513 柴油机冷却系统在结构上有哪些改进?
9. 大型养路机械上使用的道依茨风冷柴油机有何特点?

第三章

机 体 组 件

机体组件指柴油机工作过程中保持相对静止的零部件，主要包括：曲轴箱、气缸套、气缸盖、油底壳、曲轴箱通气装置、挺柱座等。

第一节　曲　轴　箱

曲轴箱是整个柴油机的骨架，它不但支承全部曲柄连杆机构，而且也是其他许多零部件和机构的装配基础。曲轴箱的主要功用是：

(1) 支承柴油机上几乎所有的零部件，使它们在工作中相互保持准确位置，确保柴油机正常工作。

(2) 布置润滑油道，确保各运动件必要的润滑与冷却。

(3) 作为柴油机使用的安装基准，将柴油机固定到底盘或底座上。

柴油机在工作中，曲轴箱体承受气体爆发力、螺栓预紧力、往复惯性力、旋转离心力和倾覆力矩等多种载荷的综合作用，受力情况比较复杂，工作条件较为恶劣。因此，为保证柴油机安全、可靠、耐久地工作，曲轴箱必须具有足够的刚度和强度，并要求尺寸小、重量轻、结构简单、工艺性好，同时还要考虑降低噪声方面的要求。

一、曲轴箱的结构

道依茨 B/FL413F、B/FL513 系列风冷柴油机曲轴箱总成如图 3-1 所示。曲轴箱可以认为是由曲轴箱体、传动箱盖、主轴承盖这三部分组成。

1. 曲轴箱体

曲轴箱体采用龙门式结构，如图 3-1 所示，这种结构的箱体刚度较大。箱体上部是两个 V 形 90°的缸套安装平面，箱体下部为油底壳结合面，缸套安装面与油底壳结合面成 45°夹角。

缸套安装平面上布置有缸心距为 165 mm 的缸套孔，孔径为 ϕ139 mm，由于道依茨风冷柴油机采用并列连杆机构，故左、右排缸孔不在一条中心线上，错移 29 mm。缸套平面后部(飞轮端)布置有主油道压力调节阀安装孔和驾驶室取暖装置出油口，对于无取暖装置的机型来说，该孔用塞柱封死。对于增压机型，在左、右排缸套平面后部布置有增压器润滑油回油口各一个，非增压机型无该孔。

缸套安装平面上，布置有缸盖回油孔、护管孔及螺孔。护管孔用来安装护管，推杆从护管中穿过，箱体与护管间用 O 形圈密封，两排护管(推杆)孔的夹角并非 90°，而是 97°。

曲轴箱体的前端面(风扇端)布置有 4 个紧固压、回油泵的螺栓孔，通过两个 ϕ10 mm 的圆柱销与附件托架定位，并用 9 个 M8 螺栓与附件托架紧固。此外，箱体前端面右上方还布置有 3 个起吊座安装螺孔，起吊座结构如图 3-2 所示。

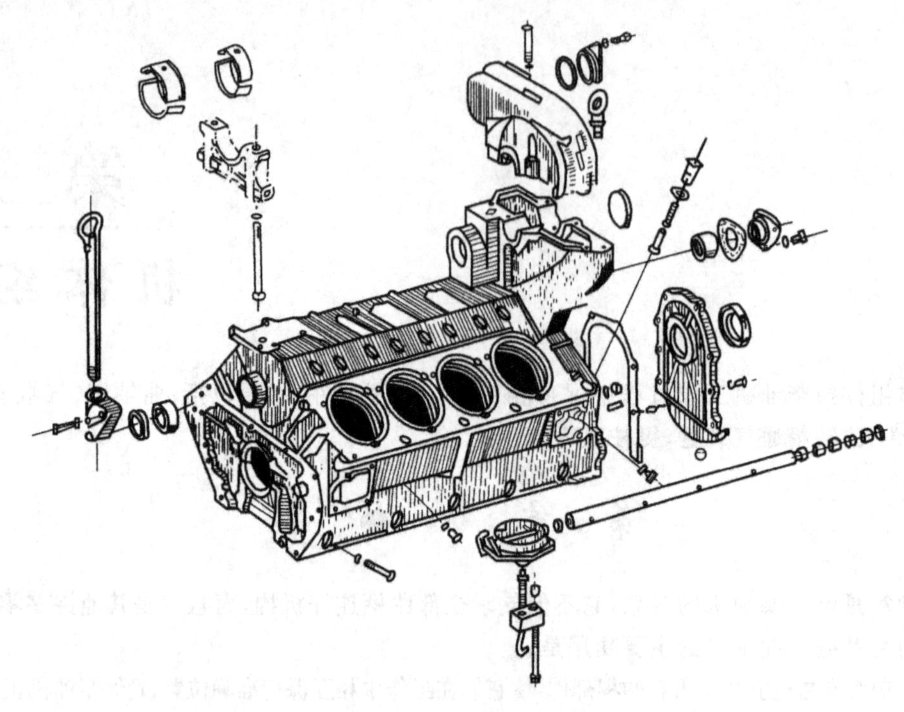

图 3-1 曲轴箱总成

曲轴箱体的后端面(飞轮端)安装飞轮壳及后油封盖板。飞轮壳通过两个 ϕ14 mm 圆柱销与箱体定位,并用 10 个 M12×1.5 螺栓紧固,其间无垫片。后油封盖板通过两个开口弹性销与箱体定位,用 8 个 M8 螺栓紧固,其间有垫片。在传动箱盖结合平面上布置有曲轴箱通风孔及起吊螺栓孔。

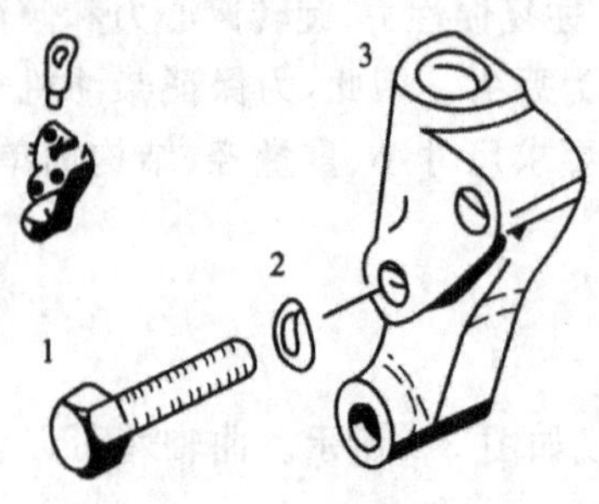

图 3-2 起吊座总成

1—螺栓;2—弹簧垫圈;3—吊耳座

箱体顶面安装高压泵支架和冷却风扇传动箱,对于无风扇传动箱的机型,为通用起见,也一并加工结合平面和相应孔,组装时无用通孔一律用铜垫和螺堵封死。

曲轴箱体剖面图如图 3-3 所示,在曲轴箱体的内腔铸有五道隔板(对八缸机),基本间距 165 mm,第一、二道横隔板间距为 170 mm,横隔板下部壁厚 28.5~30 mm,基本壁厚为 28 mm,一般主轴承毂部厚度为 36 mm,止推隔板主轴承毂部厚度为 38 mm;内腔上部布置有 ϕ108 mm 的挺柱座安装孔,通过 2 个 M10 螺栓将每个挺柱座紧固到箱体上。

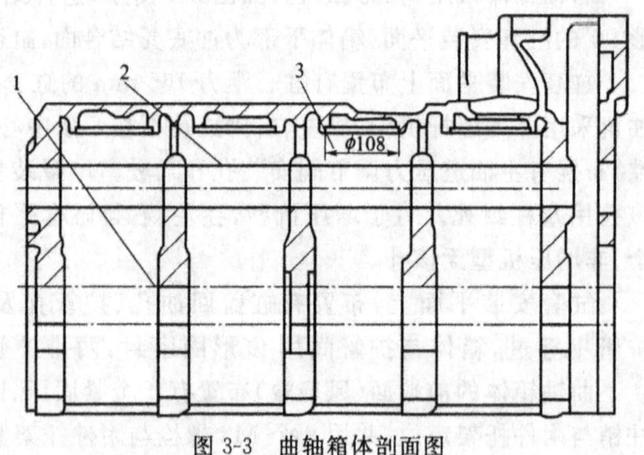

图 3-3 曲轴箱体剖面图

1—主轴承孔;2—凸轮轴孔;3—挺柱座安装孔

曲轴箱体有贯通的主轴承孔和凸轮轴孔。主轴承孔剖分成两半,用来吊装曲轴。凸轮轴孔位于曲轴孔上部、V 形缸套平面夹角的中央,孔径为 ϕ64 mm。

在曲轴箱体内布置有 $\phi22.5$ mm 的主油道管孔(在横隔板上),安装一根 $\phi22$ mm 的主油道油管(见图 3-4),从曲轴箱一端贯通穿入后在隔板配合处进行碾压密封。油管上有 4 个 $\phi10$ mm 和一个 $\phi14$ mm 的孔,分别与曲轴箱横隔板上的斜油道孔对正。

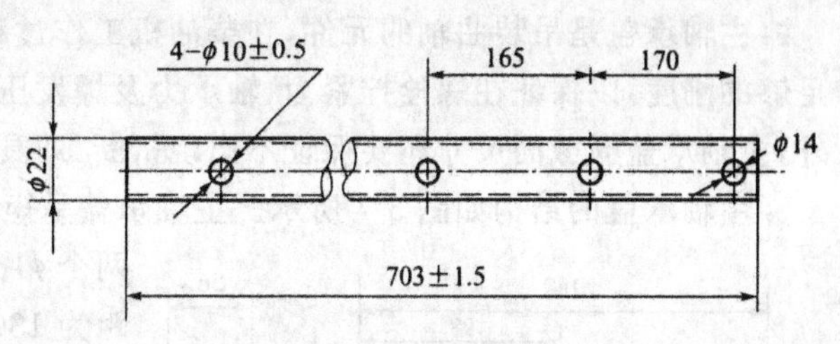

图 3-4　主油道油管

主油道油管的前端基本上与曲轴箱体前端面平齐,并与附件托架上的出油口相对,油管后端用螺塞封死。

为了减小箱体与油底壳结合处的宽度,利于在车辆底盘上安装,减小车辆转向半径,曲轴箱体的下部是向内倾斜的,与油底壳结合处的宽度仅为 265 mm,并通过 18 个 M8 螺栓与油底壳固紧。

在曲轴箱体上布置有柴油机支腿安装面。实际使用中,柴油机一般是通过安装在曲轴箱体前部的两个前支腿和安装在飞轮壳上的两个后支腿将其固定在底盘上。曲轴箱体前部支腿安装倾斜面与底面成 25°夹角。道依茨风冷柴油机有弹性和刚性两种支腿,如图 3-5 所示,前支腿是斜的,后支腿是直的。弹性支腿采用橡胶减振结构,具体形式如图 3-6 所示。

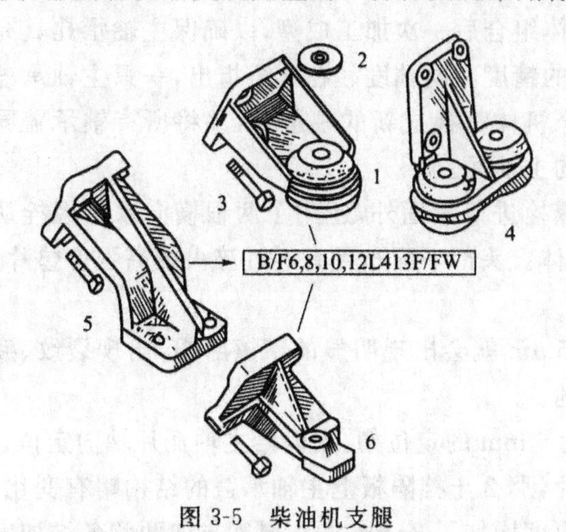

图 3-5　柴油机支腿

1—弹性前支腿;2—垫圈;3—螺栓;
4—弹性后支腿;5—刚性前支腿;6—刚性后支腿

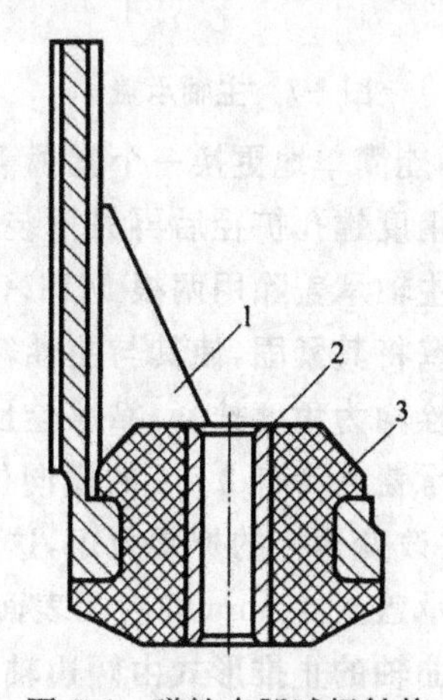

图 3-6　弹性支腿减振结构

1—支腿;2—轴套;3—橡胶减振件

B/FL413F、B/FL513 系列柴油机曲轴箱体用灰口合金铸铁制成,含有 1%～2%的铜和 0.15%～0.20%的锡,强度 σ_b 为 2～2.5MPa,硬度为 HB180～250,它具有良好的铸造性能和切削性能,对应力集中不太敏感,弹性系数高,可望得到较高的刚度和疲劳强度。

2. 传动箱盖

B/FL413F、B/FL513 系列柴油机采用后置式斜齿轮传动机构,传动齿轮室与曲轴箱本体铸成一体,以增强曲轴箱功率输出端的刚度。为拆装传动齿轮,在曲轴箱后部传动齿轮室上部设计有传动箱盖。

在传动箱盖上布置有风扇传动轴安装孔、液压泵安装孔、喷油提前器传动轴安装孔以及 V 形双缸空压机安装孔等。

为保证精度,传动箱盖上的重要坐标孔都是与曲轴箱体组合后加工的。传动箱盖与曲轴箱体之间通过 6 个 M6 螺栓紧固,并用定位销定位。

3. 主轴承盖

主轴承盖是吊装曲轴的元件，在柴油机工作过程中直接承受载荷，因此，轴承盖必须具有足够的刚度，以保证在螺栓拧紧力、轴承力及爆发压力的作用下其变形不超过允许的数值。此外，主轴承盖横截面尺寸还要保证不出现折断，即具有足够的强度。

主轴承盖的结构如图 3-7 所示。主轴承盖呈矩形块状，轴承盖高度 118 mm，厚度 36 mm，两个 ϕ16.5 mm 孔用于安装 M16 的垂直螺栓，中心距为 130 mm。轴承盖与曲轴箱主轴承座采用 188 mm 和 175 mm 两个阶梯平面定位，并以 175 mm 两侧定位面为主，它与曲轴箱主轴承座间采用过渡配合，既可得到较高的配合精度，并在工作中能承受部分横向力，提高主轴承盖工作的可靠性，又有利于减小曲轴箱主轴承座两侧面根部圆角处的应力集中。定位尺寸为 188 mm 与曲轴中心是不对称的，故装配时必须注意其方向性。

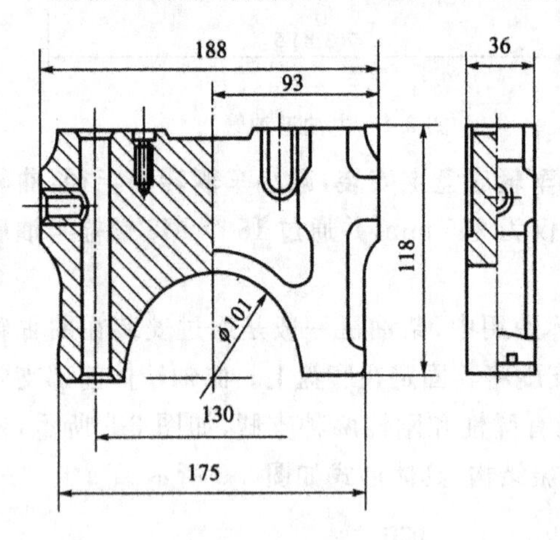

图 3-7　主轴承盖

所有主轴承盖的 ϕ101 mm 主轴承孔都应与曲轴箱体组合后一次加工成型，以确保主轴承孔具有较高的精度和同轴度。在此需指出，一只主轴承盖损坏后，不能简单地更换一个就了事，而应把整个机体都换成新的轴承盖，并将所有轴承盖同时进行高精度镗孔扩径后再另行装入加厚尺寸的主轴瓦。

每个主轴承盖除用两根 M16×1.5 的垂直螺栓进行紧固外，还用了两根横向水平螺栓从曲轴箱侧壁将其紧固，使其与曲轴箱构成一个整体。头部下面布置有经过淬火的高强度垫片。这两组螺栓均为角度拧紧，靠螺栓预紧力锁紧。

主轴承盖允许有 2 μm 的横向位移，如超过 5 μm 就会出现明显的摩擦磨损，出现裂纹、疲劳损坏，并改变螺栓的拧紧力矩，这是十分危险的。

主轴承盖 ϕ101 mm 的内圆表面，铣有宽度为 5 mm 的定位槽，用以给主轴瓦片轴向定位。

如果曲轴的止推形式由翻边轴瓦变成止推片，那么止挡隔板上主轴承盖的结构略有变化，而其他主轴承盖的结构不变。结构变动情况为厚度增加了 2 mm，并在厚度方向两侧各增加一个铸造凹槽，用来限制止推片在工作中发生转动。

根据应力试验，特别是在垂直和水平螺栓孔处的应力状态的试验，主轴承盖使用对应力集中不敏感的 QT50-5 球墨铸铁制成。

二、曲轴箱的结构特点

B/FL413F、B/FL513 风冷柴油机的曲轴箱具有如下特点：

(1) 通用化、系列化、规格化程度较高，对于六缸、八缸、十缸、十二缸柴油机，除因缸孔数不同、轴向尺寸各异之外，其他结构要素基本上相同。并且，止推部位都布置在第三隔板，这样有利于组织规模化大生产。

(2) 结构比较紧凑，外形尺寸小，尤其是与油底壳结合面处，横向宽度仅为 265 mm，有利于柴油机在车辆底盘上的安装。

(3) 传动齿轮箱与曲轴箱铸成一体，增加了曲轴箱后部及曲轴箱的总体刚度。

(4) 主轴承盖与曲轴箱体除了采用两个垂直螺栓外，还用两个水平螺栓从曲轴箱侧壁将其紧固,使其成为一个整体,这对于改善曲轴箱的弯曲和扭转刚度有一定好处,另外,也有利于降低柴油机的噪声。

第二节 气缸套

一、气缸套的工作条件

气缸套内壁与活塞顶、气缸盖底面共同构成燃烧室和气缸工作循环空间,并对活塞的往复运动起导向作用。

气缸套的工作条件十分恶劣,它直接承受高温、高压的作用;活塞往复运动的侧压力和摩擦;以及承受气缸壁内、外温差的作用。由于燃气压力、温度和摩擦表面之间的相对高速运动,使得气缸套内部产生很大的机械应力和热应力,气缸套内壁则遭受严重磨损。尤其对于风冷柴油机来说,气缸套热量是靠气缸套外壁的散热片,借助传热系数和散热系数都较低的冷却空气散走的,因而热量不易散出,气缸套温度较高,使气缸内壁的润滑油膜不易保持,磨损更趋严峻。另外,由于冷却气流在环绕气缸套的流动过程中,受到加热和导风装置的限制,沿气缸体上、下部和四周散热不均匀,引起气缸套较大变形,加速气缸套磨损,并使机油消耗率增大。在一般情况下,磨损问题比强度问题更为突出。由于气缸套采用贯穿螺栓紧固,承受较大的预紧力,也容易引起缸套变形。

综上所述,气缸套是风冷柴油机上影响整机使用寿命的重要零件之一,在很大程度上决定了柴油机的大修期长短,通常我们就是根据气缸套内壁的磨损情况来决定柴油机的大修期限的。

因此,针对风冷柴油机的使用特点,气缸套应特别满足以下要求:

(1) 要有足够的刚度和强度,不致产生较大的变形,以承受机械负荷和热负荷。

(2) 缸套内壁应有足够的耐磨性能和抗腐蚀性能。

(3) 要有良好的散热能力,缸套内壁温度不应过高,缸套四周和上、下部的温度分布力求均匀,以减少缸套变形。一般规定,气缸体的最高温度不超过 200 ℃,气缸套四周的最大温差不应超过 40 ℃。

(4) 应具有良好的工艺性。

(5) 有较高的精度,以保证对气缸工作容积的可靠密封。

(6) 气缸套对冷却气流的阻力应尽可能小。

二、气缸套的结构

道依茨风冷柴油机气缸套为独立式单体结构,如图 3-8 所示,上部制有散热片,下部为圆柱形表面,内部是一个通孔。沿缸套轴向,气缸套壁厚是不等厚分布的,上、下部较厚,中间较薄。因为缸套顶部是燃烧室,在工作中承受巨大的爆发压力,底部在活塞往复运动时承受很大的侧向压力,均为受力薄弱环节。而不等壁厚的设计可使缸套受力基本上变为等强度,同时还能增加气缸套与气缸盖、曲轴箱体间的接触面积,有利于热传导和减少承压面压力。

气缸套工作直径为 ϕ125 mm,总高为 250.5 mm,与缸盖结合的上定位止口为 ϕ150 mm 或 ϕ154 mm,与曲轴箱体缸套孔结合的下定位止口为 ϕ138.84 mm。

气缸套采用高磷合金铸铁材料制成,其耐磨性好、强度高。为了满足柴油机高性能的需要,气缸套的工作表面在经过精镗和精磨后,还需进行内珩磨和表面磷化处理。珩磨使内孔的精度进一步提高，并形成 60°角网纹；磷化处理后的工作表面，形成大量均匀分布的表面孔穴，构成众多的积油孔隙(见图 3-9)。这些积油孔隙和珩磨网纹较好地改善了润滑条件，保证了即使在磨合期油耗较高的情况下活塞环具有良好的工作性能，它们与喷钼活塞环及石墨化处理的活塞裙部相配合，使道依茨风冷柴油机气缸套具有较高的耐磨性和工作可靠性。

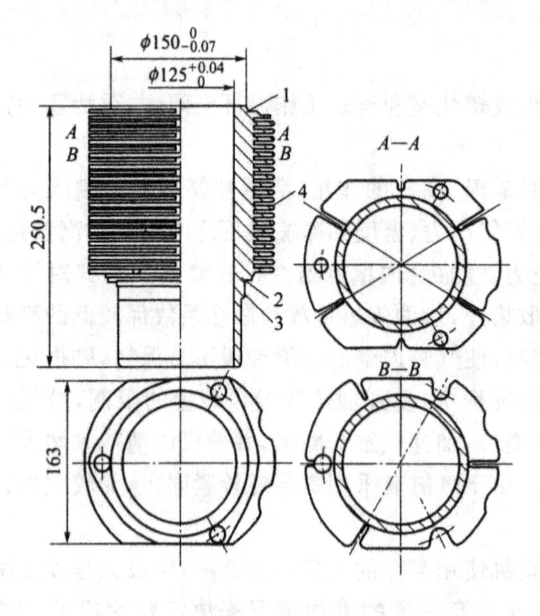

图 3-8　气缸套

1—上止口；2—凸缘；3—下止口；4—散热片

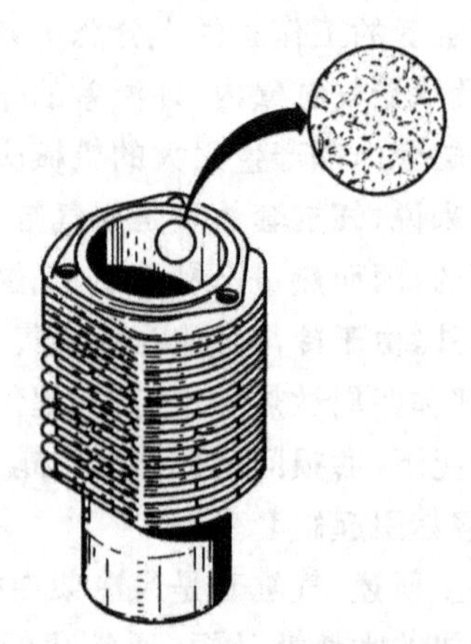

图 3-9　气缸套工作表面处理

气缸套还承担散热作用，将一部分热量传递给冷却介质。气缸套的外表面铸有许多散热片，以增加散热面积。散热片呈水平布置，由上至下共 28 片，上面 5 片是整体的，不带缺口，这样显著地提高了气缸套上部的刚度和强度，其余 23 片沿圆周方向均匀地开有 6 个缺口，使散热片分成数段，各散热片的缺口呈交错排列，错开角为 30°。采用交错形缺口散热片的目的，在于增加冷却空气紊流，从而提高散热片的冷却效率，减少由于气缸套沿圆周方向温度不均匀而引起的热应力及缸套热变形。

各排散热片均呈圆形，外径为 ϕ198 mm。迎风面和背风面散热片的高度是相同的，为22～25.5 mm。为减少两缸之间的缸心距，散热片的两侧削成扁平形，该处散热片的高度为4.5～8 mm。第 7 排和第 23 排散热片的高度缩短 3 mm，以便穿过固定挡风板用的铁杆。

散热片的厚度分为三种：最上面第 1 排的散热片厚度为 4 mm，最下面第 28 排的散热片厚度为 2.6 mm，第 2 排至第 27 排散热片的厚度为 2 mm。散热片之间的槽宽也是不一样的，上部散热片槽宽比下部的大，最上部的槽宽为 4.4 mm，第 2 至第 8 槽宽为 3.9 mm，其余为 3.6 mm，这样可减小上部冷却空气的流通阻力，增大风量，提高冷却效果，减小气缸套上、下部的温度差。

三、气缸套与曲轴箱的连接

气缸套是通过三根贯穿的 M15.3×2 缸套螺栓固紧在曲轴箱上，为此，在散热片上铸有三个直径为 ϕ18 mm 的螺栓孔，但第一排散热片上的孔不是铸出的，而是钻出的，其直径为 ϕ17 mm。

由于采用这种固紧方法，气缸套只承受压应力，因而气缸套壁厚可以做得薄一些，对散热片的布置较有利，制造和装配也比较简单。

气缸套与曲轴箱的定位是靠气缸套圆柱面上的下定位止口，其配合间隙的选取十分重要，若配合间隙选得过大，不能保证零件之间相互的正常位置，影响柴油机正常工作；若配合间隙选得过小，气缸套受热膨胀，受到曲轴箱箍紧而引起气缸套变形，造成拉缸。B/FL413F、B/FL513 系列柴油机气缸套与曲轴箱的配合间隙为 0.18～0.21 mm。气缸套圆周角度方向没有定位，安装时侧平面对齐即可。

早期的 B/FL413F 系列柴油机气缸套与曲轴箱结合面之间装有 4 个调整垫圈，用以调整活塞顶间隙在(12±0.1) mm 范围内，垫片的厚度分为 0.15 mm 和 0.2 mm 两种，在结合面处没有其他的密封垫圈，只靠气缸套压紧在曲轴箱体上来防止机油外渗。近期的 B/FL413F、B/FL513 系列柴油机采用 6 种不同厚度的气缸垫(2.30 mm、2.45 mm、2.60 mm、2.75 mm、2.90 mm、3.05 mm)调整活塞顶间隙，而气缸套与曲轴箱间用 O 形密封圈和一个 0.5 mm 厚的钢环保证密封，如图 3-10 所示。密封圈安装固定在曲轴箱体的凹槽里；钢环则安装在缸套与曲轴箱体之间，为了保证具有良好的密封状态，钢环的边缘为凸缘结构，以利于防止缸套与箱体之间产生磨损。

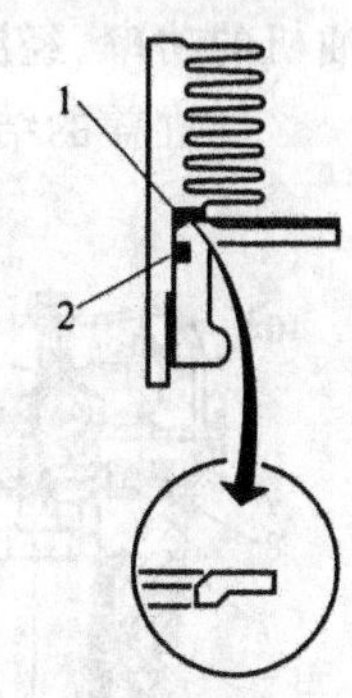

图 3-10 气缸套与曲轴箱间的密封

1—钢环；2—密封圈

第三节 气 缸 盖

一、气缸盖的工作条件

气缸盖是风冷柴油机上十分关键的零件之一，它的主要功用是：

(1) 封闭气缸的顶面，与气缸套、活塞构成燃烧室和气缸工作空间。

(2) 布置柴油机进、排气通道。

(3) 安装若干配气机构零件和喷油器等。

(4) 散走传给气缸盖的大量热量。

风冷柴油机气缸盖直接接触高温高压燃气，承受很高的气体压力和热负荷，加上气缸盖的结构复杂，燃烧室和排气道受高温气体的作用，外表面和进气道却受冷却空气的作用，各部分的温度分布极不均匀，因而产生很大的热应力。

一般，风冷柴油机气缸盖做成单体式，而气缸盖螺栓的数目又较少，螺栓预紧力较大，加上在柴油机工作过程中，由于受气缸内周期性变化的爆发压力的作用，使气缸盖受到很大的压缩和弯曲应力，因而它的机械负荷也比较大。

因此，针对风冷柴油机气缸盖的使用特点，它应满足：

(1) 要求气缸盖具有足够的刚度和强度，在承受气体压力和热应力时，不易产生变形。

(2) 保证与气缸套接合面间的良好密封。

(3) 冷却要可靠，合理布置散热片以保证高温区得到强烈的冷却，并尽量使气缸盖各部分的温度分布均匀。

(4) 按照燃烧与混合气形成的需要，合理布置进、排气通道和喷油器，确定燃烧室形状，并尽量减少进、排气道的气流阻力。

(5) 铸造工艺性好，制造维修方便。

二、气缸盖的结构

风冷柴油机气缸盖结构的好坏，在很大程度上决定了柴油机结构的优劣，它直接关系到柴油机的功率、经济性、工作可靠性以及维修方便程度。

气缸盖的结构形式有一缸一盖的单体缸盖、两缸或三缸一盖的块状缸盖和多缸共用的整体缸盖等。整体缸盖的优点是零件数少，可以缩短气缸中心距和柴油机的总长度，结构较紧凑；缺点是刚性较差，受热和受力后易变形而影响密封，使用维修时整个更换也不经济，整体缸盖广泛用于汽油机中。单体缸盖的优点是刚性好，变形小，密封问题容易解决，便于系列化，机械加工和使用维修均较方便，更换也经济；缺点是零件数增多，柴油机的总重量及长度也有所增加，这种气缸盖多用于大型或强化柴油机上。块状缸盖的优缺点介于上述两者之间，多用于载重汽车和工程机械柴油机上。

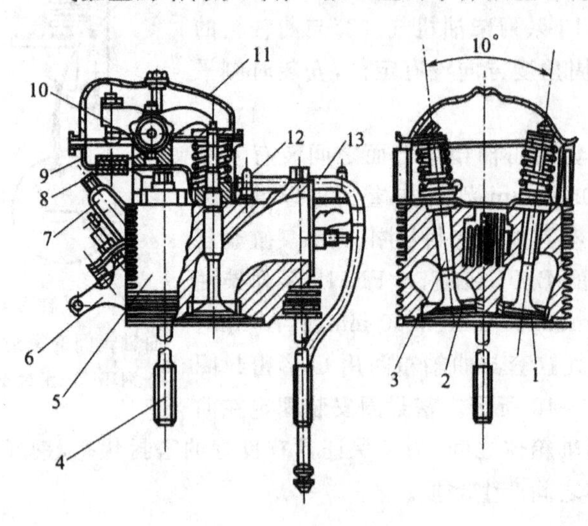

图 3-11　气缸盖安装总成

1—排气门；2—进气门；3—气门导管；4—缸体螺栓；5—气缸盖；6—斜台；7—喷油器；8—推杆密封圈；9—摇臂室；10—摇臂；11—气门室盖；12—回油密封圈；13—回油管

道依茨风冷柴油机气缸盖安装总成如图 3-11 所示。气缸盖为单体式一缸一盖结构，同一柴油机上各缸的气缸盖可以互换，增压机型和非增压机型的气缸盖不能互换。气缸盖采用两气门式结构，即一个进气门、一个排气门，呈 V 形倾斜布置，夹角为 10°。

下面就气缸盖主要组成零部件的结构加以介绍。

1. 气门室盖

气门室盖用来密封摇臂室，也称摇臂室盖，其结构为一薄钢板冲压件，如图 3-12 所示。气门室盖通过六角螺栓紧固在摇臂室上。

2. 摇臂室

摇臂室体的结构如图 3-13 所示，它与气门室盖一起构成一个密闭的工作空间，供进、排气门等正常工作。摇臂室为铝合金压铸件，它通过螺栓紧固在气缸盖上。

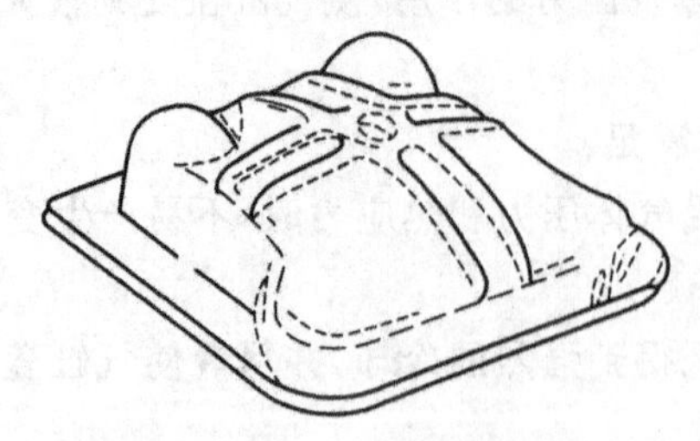

图 3-12　摇臂室盖

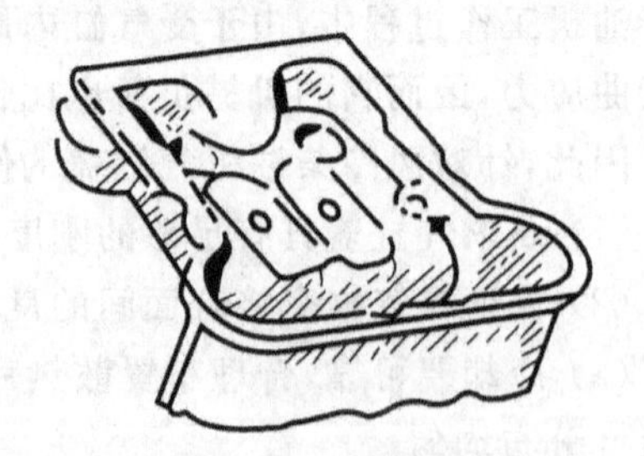

图 3-13　摇臂室体

摇臂室体中的油通过回油管 13（见图 3-11）向曲轴箱回油，回油管的一端插入摇臂室体侧壁的孔中，并以 O 形圈密封；另一端插入曲轴箱回油孔中，同样以橡胶件密封。回油管利用卡箍支承并固定在摇臂室侧壁上。为了避免摇臂室内的机油漏出而污染柴油机，在摇臂室与气缸盖结合面之间，加有耐高温的橡胶密封圈。

3. 气缸盖

B/FL413F、B/FL513 系列柴油机气缸盖的结构如图 3-14 所示，它由气门导管、气门座圈、摇臂座固定螺栓等组成。

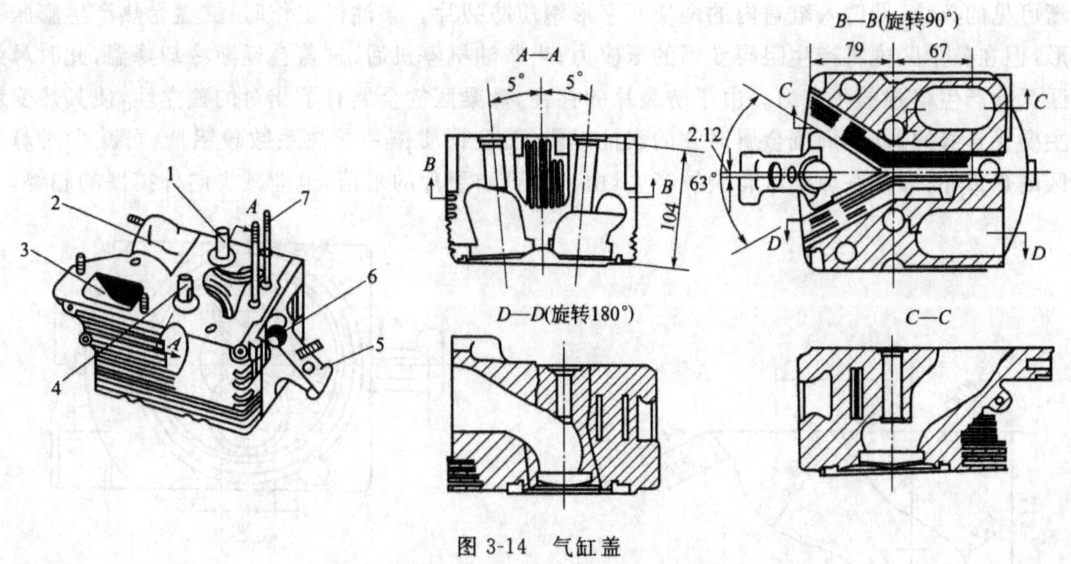

图 3-14　气缸盖

1—排气门导管；2—排气道；3—进气道；4—进气门导管；5—斜台；6—喷油器安装孔；7—摇臂座固定螺柱

(1) 进、排气道

气缸盖中气道的布置（主要指进气道）直接影响到柴油机的充气效率，即影响柴油机的功率指标和经济指标。而气道的结构，又取决于燃烧室的形式。任何一种形式的燃烧室，为加速混合气的形成，改善燃烧质量，都要求在燃烧室中建立一定进气涡流比的进气涡流。涡流比越大，混合气体愈容易形成，燃烧质量也越高，但是，气道的阻力也将增大，气缸充气系数随之下降。所以，进气涡流比和充气系数是相互矛盾的，应综合加以考虑。一般配 ω 形燃烧室的涡流比为 1.8～1.9，斜筒形燃烧室的涡流比为 2.4～2.6。

常用的进气道有三种主要结构，即普通气道、切向气道和螺旋气道。目前大多数直接喷射半开式燃烧室的高速柴油机，趋向于采用螺旋气道来建立气缸中的空气涡流或采用高燃油喷射压力时的弱空气涡流两种方式。

B/FL413F、B/FL513 系列柴油机采用较强涡流的 ω 燃烧系统，为加速混合气形成，保证在燃烧室中建立一定涡流比的空气涡流，采用了螺旋气道，其结构如图 3-15 所示。

由图 3-15 可见，气缸盖的进气道和排气道均布置在柴油机的排风侧，即气缸 V 形夹角外侧，排气道的出口设在气缸盖外侧，进气道的进口设在气缸盖顶部，这种布置可使气道短、阻力小，结构紧凑，故可改善充气质量，提高充气系数。

(2) “鼻梁区”防裂

风冷柴油机气缸盖的热负荷十分严重，其底面的温度分布极不均匀，且沿厚度方向存在很大的温差。通常在进、排气门之间的鼻梁区和气门座与燃烧室（或喷油器）之间的三角区等热应力严重的部位，易因热疲劳而产生裂纹。

气缸盖“鼻梁区”是指进、排气门中间的狭窄区域。由于进、排气道的温差较大(进气 200 ℃左右,排气 600 ℃左右),并且是脉动热负荷,所以该部位极易产生热疲劳裂纹,这是风冷柴油机气缸盖设计中的难题。

道依茨 B/FL413F、B/FL513 系列风冷柴油机气缸盖在防止鼻梁区开裂问题上采取了一个简单而有效的设计方案,圆满地解决了这个问题。如图 3-16 所示,在气门鼻梁区有两条清晰可见的条纹,即铸入缸盖内的两块八字形钢质防裂片。柴油机工作时,缸盖受热产生膨胀变形,但在鼻梁区内将产生阻碍变形的压应力;当柴油机停机后,缸盖会逐渐冷却降温,此时鼻梁区又会产生很强的张应力。由于防裂片的存在,鼻梁区的金属有了相对的独立性,使其热变形主要受自身的影响,周围金属对它的索扯减弱;而且钢质镶片导热系数较铝低,可减少对鼻梁区的热传导;即使在鼻梁区有裂纹产生,由于受到防裂片的阻挡,也能减少向外扩展的趋势。

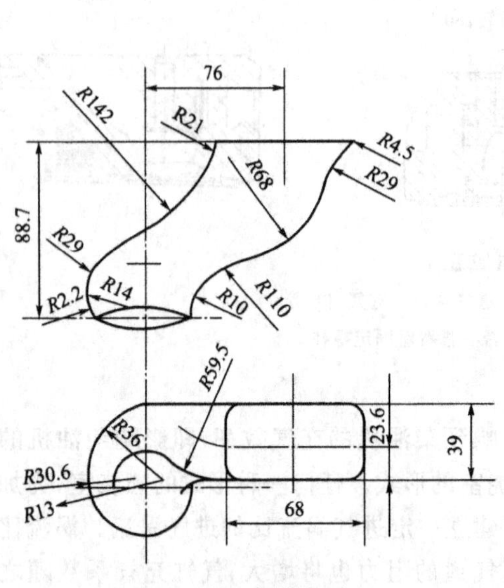

图 3-15 螺旋气道

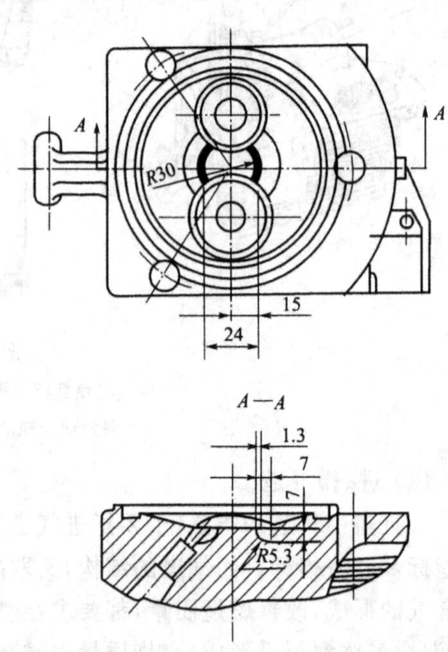

图 3-16 气缸盖“鼻梁区”防裂八字形钢片

为了保证缸盖防裂片工作的正常可靠,在鼻梁区沿防裂镶片方向留有 0.1 mm 的缝隙。如果鼻梁区镶片在整体铸造时没有任何微小的金属膨胀点间隙,则受热后塑性变形产生的张应力也会引起鼻梁区开裂。

(3) 散热片

为加强气缸盖的冷却效果,减少缸盖热负荷,气缸盖采用了垂直、水平、倾斜三种散热片布置形式,用以降低气缸盖的温度,特别是“鼻梁区”、气缸盖下部燃烧室周围和排气道周围的温度,并尽量使各部的温度分布均匀。

垂直散热片布置在“鼻梁区”上部的冷却空气通道内,数量共 9 片,节距为 5.1 mm,厚度为 2.2 mm,高度较大,最高处达 61 mm。垂直散热片的散热面积约为 972 cm^2。

由于进、排气门采用 10°夹角斜置,使“鼻梁区”冷却空气通道截面加大,大量冷却空气可通过此处将“鼻梁区”的热量散走,保证“鼻梁区”的可靠冷却。同时,可避免排气道的热量传至进气道,使柴油机进气温度不致过高。

水平散热片主要布置在气缸盖燃烧室周围,共有 18 片,节距为 5.5 mm,厚度为 2.5 mm,

总散热面积约为 1 058 cm^2。气缸盖两侧的水平散热片较短、较少，下部排风侧处的水平散热片高度最大，其形状为以气缸轴线为中心的圆弧形，半径 $R=115$ mm。

水平散热片的结构简单，空气流动阻力小，气缸盖各断面的刚度也较高，但却增加了铸造上的困难，同时也不能将“鼻梁区”的热量有效地带走。

倾斜散热片布置在“鼻梁区”上部排气道侧壁上，用以加强对排气道的冷却。倾斜散热片高度为 7 mm，节距为 5 mm，共 5 片，总散热面积约为 44 cm^2。

(4) 气缸盖的刚度

提高气缸盖的刚度可以改善气缸盖与气缸套之间的密封均匀性，减小缸套螺栓的拉应力和气缸盖的变形。

为了提高气缸盖的刚度，B/FL413F、B/FL513 系列柴油机气缸盖下平面采用“球形帽式”结构，即燃烧室的一部分呈球状布置在气缸盖内。气缸盖底部凹入 5 mm，与气缸套配合形成燃烧室，由于进、排气门斜置，燃烧室顶部做成 $R=372$ mm 的球面。

(5) 喷油器的布置

喷油器布置在气缸盖的进风侧，以便得到有效的冷却，保证可靠工作。喷油器是用两片叠加在一起的弹性压板压紧在气缸盖的喷油器座内，在喷油器和气缸盖之间放有紫铜垫片。喷油器座处的温度约为 227 ℃。

由于气缸盖采用了两气门结构，加上活塞顶部 ω 形燃烧室偏置，喷油器中心线偏离气缸中心线 2.1 mm(向排气门偏)，并与气缸中心线呈 38°30′夹角。

(6) 缸盖的温度控制

为了控制气缸盖的温度，在气缸盖内侧、喷油器下部的斜台上，装有缸盖温度传感器和温度自动报警开关，如图 3-17 所示。当缸盖温度超过一定极限时，温度报警开关便自动发出报警信号。非增压柴油机缸盖报警温度为(170±5) ℃；增压柴油机缸盖报警温度为(185±5) ℃。

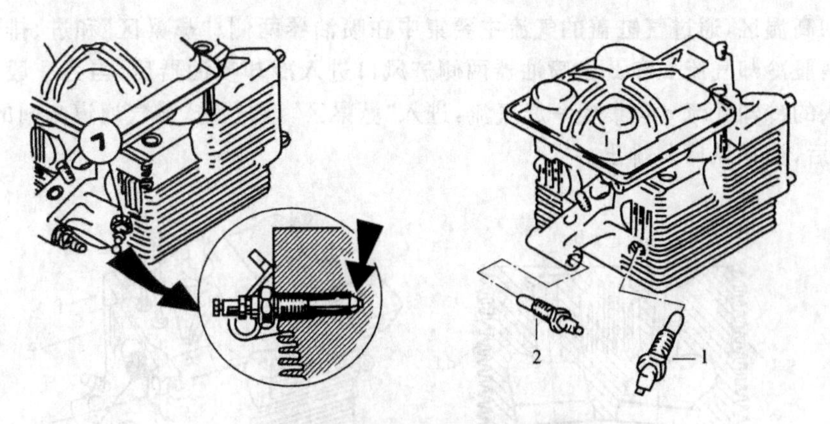

图 3-17 缸盖温度传感器安装图

1—缸盖温度传感器；2—缸盖温度报警开关

柴油机只在第二缸的气缸盖上装温度传感器，在第五缸(六缸机)或第六缸(八缸机)或第七缸(十缸机)或第八缸(十二缸机)的气缸盖上安装温度自动报警开关。

需要特别指出的是，为了更加准确地监测气缸盖的工作温度，道依茨公司对缸盖温度传感器的安装位置进行了变动，不再装在喷油器下部斜台上，而改装到靠近缸盖燃烧室下部的斜孔内，该孔一直延伸到气缸盖鼻梁区。

4. 增压和非增压柴油机气缸盖的比较

道依茨增压和非增压风冷柴油机气缸盖的主要几何尺寸基本上是一致的，但由于压缩比不同，燃烧室形状不同，两者还是存在一定的区别，不能互换，主要表现在以下方面：

(1) 制造材质不同

非增压柴油机气缸盖采用 AlMgSiMn 合金材料，增压柴油机气缸盖采用 AlCuNiCo 合金材料，后者增加了耐热合金元素钴。

(2) “鼻梁区”防裂镶片材质不同

对非增压柴油机，气缸盖“鼻梁区”的防裂镶片由普通碳钢组成，而对于增压柴油机则由钛钢组成，这主要是由于增压柴油机缸盖要求有硬涂层所致。

(3) 加工工艺不同

增压柴油机气缸盖燃烧室部分要求进行阳极氧化处理，目的有两个：一是减少热传导、降低缸盖热负荷，避免开裂，提高使用寿命；二是减少燃烧室部分的腐蚀磨损。非增压柴油机气缸盖则不进行氧化处理。

(4) 喷油器安装孔角度及位置不同

非增压柴油机气缸盖喷油器安装孔与缸盖底面夹角为 47°；增压柴油机为 38°，喷油器尖部向气缸中心移近了约 16 mm，从而“鼻梁区”的八字形钢片布置位置也向内移了。

(5) 进气道不同

增压和非增压柴油机气缸盖进气道均为螺旋气道，但是由于各自的燃烧室不同，要求的进气涡流比也不相同。增压柴油机采用 ω 形燃烧室，其进气涡流比为 1.9；非增压柴油机采用斜筒形燃烧室，其进气涡流比为 2.6，这样，进气道的结构有很大区别。

三、气缸盖的冷却

B/FL413F、B/FL513 系列风冷柴油机气缸盖的冷却气流共有 7 股，如图 3-18 所示。为了有效地冷却高温区，通过气缸盖的气流主要集中在喷油器两侧、“鼻梁区”和进、排气道之间的通道内。两股冷却气流 a 和 b 由喷油器两侧进风口进入冷却喷油器后，与另一股由气缸顶部进风口吹入的冷却气流 c 会集成一股气流，进入“鼻梁区”，到达进、排气通道之间的空间，冷却进、排气道后，由排风口 h 排出。

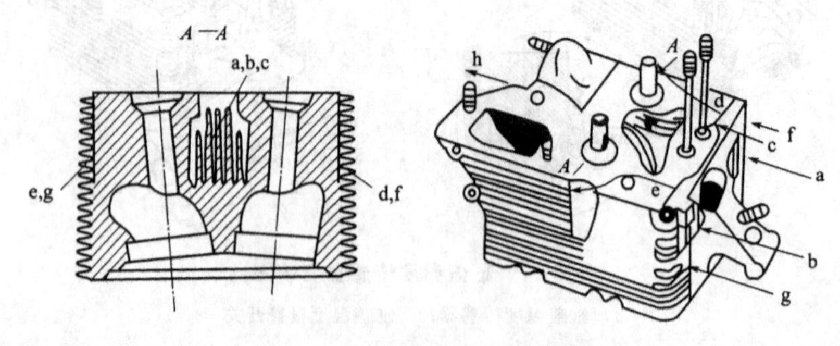

图 3-18 气缸盖冷却气流示意图

由于每两个气缸之间留有 1.25 mm 的间隙，冷却气流 f 和 g 从气缸盖两侧进入水平散热片，以冷却气缸盖两侧和进、排气道。为了加强气缸盖底部排风一侧的冷却强度，在该处装有挡风板，使冷却空气能通过排风侧散热片的所有散热面，这样不但减小了气缸盖底部周围的温差，也减小了气缸盖底部与顶部之间的温度差，使气缸盖的温度分布较均匀。

为了加强气缸盖两侧缸体螺栓孔处的刚度，减少了该处上部的水平散热片数目，从而使通过气缸盖两侧上部的冷却风量减少。为此，在气缸盖顶部两侧制有两个半圆缺口，冷却气流 d 和 e 由此进入，以加强冷却进、排气道。

第四节 曲轴主轴瓦和凸轮轴衬套

曲轴主轴瓦和凸轮轴衬套是柴油机上两个比较重要的耐磨元件，尤其是曲轴主轴瓦，其位置重要，负荷沉重，工作条件比较恶劣。主轴瓦性能的优劣，对柴油机性能和使用寿命是至关重要的。

一、曲轴主轴瓦

B/FL413F、B/FL513 系列风冷柴油机曲轴主轴瓦有两种结构：一般主轴瓦为圆柱轴瓦，如图 3-19 所示；止推轴瓦为翻边轴瓦，如图 3-20 所示。

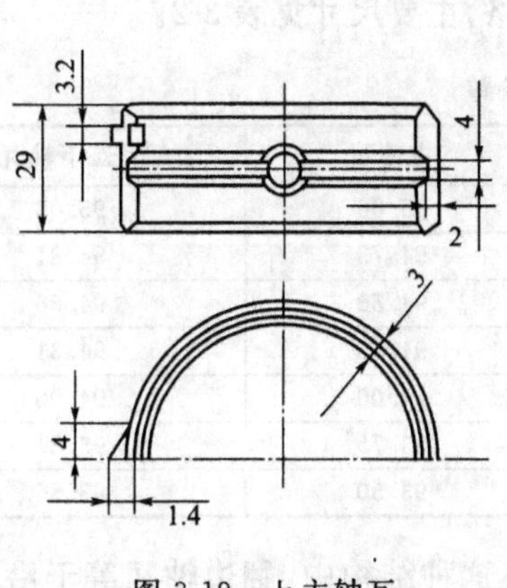

图 3-19 上主轴瓦

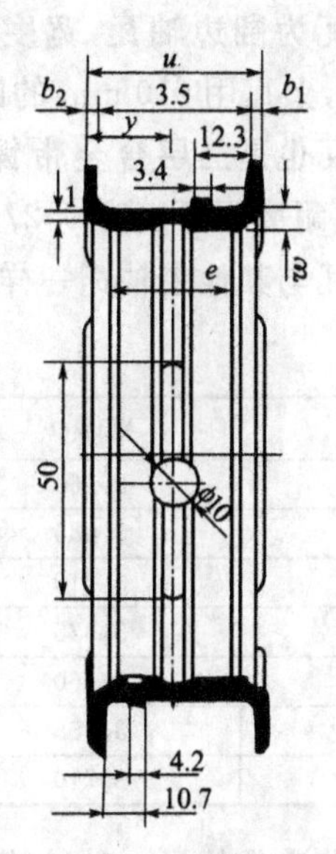

图 3-20 止推轴瓦

主轴瓦为三层合金铅青铜带镍栅薄壁轴瓦。钢背由含碳量 0.1% 的低碳钢制成，其厚度为 2.268～2.785 mm，轴瓦的整体刚度主要由钢背保证。在钢背上面有厚度为 0.3～0.6 mm 的铅青铜，为主耐磨层，成分为：铅占 20%～26%，锡占 1%～2%，其余为铜。合金层中的铅起着良好的减摩作用，锡可提高合金的强度和耐疲劳性。铅青铜具有较高的承载能力和抗疲劳强度，是重负荷高速柴油机常用的轴瓦材料，但它的磨合性能、嵌藏性及耐机油的腐蚀性差。为此，在主耐磨层上面镀一层很薄(约为 0.015～0.025 mm)的金属镍，形成镍栅。镍栅上面再镀一层厚度约为 0.02～0.03 mm 的铅、锡为主体的表耐磨层，含量为：铅占 90%，锡占 10%。镍栅的作用主要是防止表耐磨层的锡元素向主耐磨层扩散，以提高表耐磨层的耐腐蚀能力。另外，镀层中的锡提高了表耐磨层的硬度和强度，使轴瓦的抗疲劳、耐磨损和抗气蚀性能均能得到改善。

主轴瓦分上、下两片，壁厚为 3 mm，内径为 ϕ95 mm，轴瓦宽度为 29 mm。轴瓦以定位唇定位，定位唇冲在上、下轴瓦的不同位置上，其定位简单、可靠。下瓦片有 3.9 mm 和 3.4 mm 定位唇各一个，上瓦片有 4.9 mm 定位唇一个，每个上、下瓦中间布置有直径 ϕ10 mm 的油孔和宽 4 mm、深 1.8 mm 的梯形油槽。

主轴瓦共有七组尺寸，其中 0 级为标准级，1～6 级为六个修理加厚尺寸，每级轴瓦壁厚递增 0.125 mm，具体数据见表 3-1。主轴瓦与曲轴的理论装配间隙为 0.072～0.136 mm。

表 3-1　主轴瓦主要参数　　mm

级别	壁厚	主轴颈	装配状态下轴瓦孔径
0	2.960	95.00	95.06
1	3.085	94.75	94.81
2	3.210	94.50	94.56
3	3.335	94.25	94.31
4	3.460	94.00	94.06
5	3.585	93.75	93.81
6	3.710	93.50	93.56

止推轴瓦为翻边轴瓦，宽度为 40.8 mm，止推壁厚为 3 mm，中间开有宽为 4 mm、深为 2 mm的油槽，上瓦用 ϕ10 mm 的圆柱销定位。

止推轴瓦也是三层合金带镍栅薄壁轴瓦。轴瓦孔内表面减磨合金层厚度为 0.3～0.6 mm。其中主耐磨层厚度为 0.275～0.58 mm，与曲轴的理论装配间隙为 0.072～0.136 mm。

止推轴瓦与其他主轴瓦一样，也有七组不同尺寸规格，主要尺寸见表 3-2。

表 3-2　止推轴瓦主要参数　　mm

级别	壁厚 w	止推面壁厚 b_1，b_2	主轴颈	装配状态下轴瓦孔径
0	2.960	2.912	95.00	95.06
1	3.085	3.037	94.75	94.81
2	3.210	3.162	94.50	94.56
3	3.335	3.287	94.25	94.31
4	3.460	3.412	94.00	94.06
5	3.585	3.537	93.75	93.81
6	3.710	3.662	93.50	93.56

曲轴轴向定位的另一种结构形式是采用止推片。在这种结构中，翻边轴瓦等于沿轴向一分为三，两边翻边部分相当于两个止推片，中间部分为圆筒形普通主轴瓦。

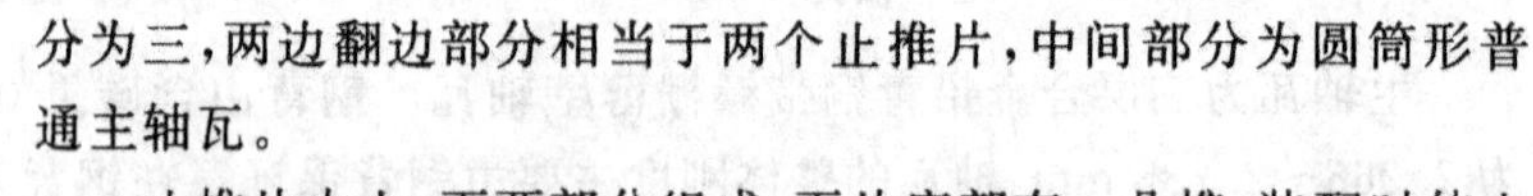

止推片由上、下两部分组成，下片底部有一凸榫，装配时伸入到主轴承盖相应的凹槽中，防止止推片发生转动。

止推片耐磨层材料为铝-锡-铜合金，主要成分如下：铅占 17.5%～22.5%，铜占0.75%～1.3%，其余为铝。

止推片厚度也有七组尺寸，0 级为标准级，1～6 级为修理加厚尺寸，每级厚度相应递增 0.125mm。

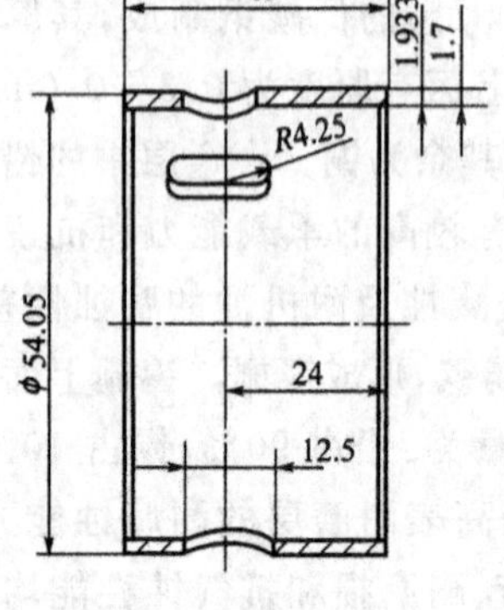

图 3-21　凸轮轴衬套

二、凸轮轴衬套

B/FL413F、B/FL513 系列柴油机凸轮轴衬套为二层合金铅青铜薄壁轴套，如图 3-21 所示。钢背由含碳量 0.1%的低碳钢制成，耐磨层为铅青铜(含量：铜 75%、铅 24%、锡 1%)。

轴套有两种规格，第一凸轮轴颈衬套，因靠近正时齿轮端，负荷较大，为提高承载能力，轴套长度为39 mm，较其他轴套长15 mm。轴套与凸轮轴颈的理论装配间隙：第一凸轮轴衬套为0.060～0.137 mm，其余为0.060～0.148 mm。

第五节　油底壳

油底壳的功用是用来封闭曲轴箱，收集和储存润滑油，以供润滑系统用。

道依茨风冷柴油机的油底壳品种齐全，系列化程度很高。从允许的倾斜角度上分，有17°～45°不等；从油池的位置上分，有前置、中置和后置；从油尺安装位置上讲，有左置、右置和前置；油底壳的加油量也大小不等。

图3-22为B/FL413F、B/FL513系列风冷柴油机油底壳典型结构之一。油底壳用铝合金铸造而成。因为油底壳基本上只承受润滑油的重量，不再受其他力，采用铝合金结构，可减少重量并有利于机油的散热。油底壳的油池在前部，后部较浅，且向前倾斜。在接近油池最底部的四个侧面方向上均有M36螺孔，孔内均拧入M30的钢螺纹孔套，可作放油螺塞或安装测量机油温度的传感器用。油池外侧左右还各有一个装油标尺M15螺孔，不用的一侧用螺塞封死。

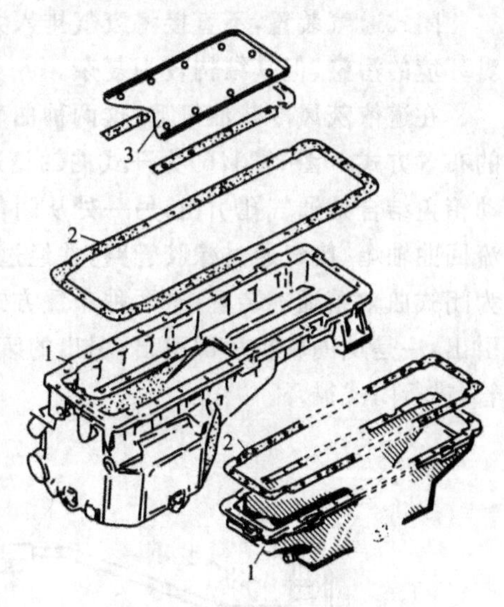

图3-22　油底壳总成

1—油底壳；2—密封垫；3—挡油板

油底壳内距顶面86 mm处，用9个M6螺钉紧固一个厚度为1.5 mm的挡油板，以防止机油飞溅，并可部分消除泡沫；当柴油机在倾斜位置工作时，水平钢板可阻止前油池内的机油流到后面去。故油底壳配备有两个机油泵，即一个压油泵、一个回油泵。回油泵用于把回油流到油底壳非油池端的机油及时泵往油池，保证压油泵不打空，使柴油机在倾斜状态下工作时润滑正常。油底壳允许柴油机工作的最大倾斜角度可达45°。

油底壳上不装任何附件，无需保证它与曲轴箱等零件的严格定位，因此没有定位销之类的定位元件。油底壳与曲轴箱体贴合面上布置有26个ϕ10mm光孔，其中18个孔用于与曲轴箱紧固，其余8个孔用于与附件托架和后油封盖板紧固。紧固螺钉为M8，结合面处垫有纸垫。为通用互换起见，这些孔的坐标尺寸是对称的。根据不同的使用要求，油底壳可以前后颠倒安装，但要注意，机油泵上吸油管和回油管需作相应的改变。

第六节　曲轴箱通气装置

柴油机在工作过程中，有一部分工作混合气和废气经活塞环漏到曲轴箱内。漏到曲轴箱内的柴油蒸气凝结后将使机油变稀，性能变坏。废气中含有水蒸气和二氧化硫，水蒸气凝结在机油中形成泡沫，破坏机油的供给，这种现象在冬季尤为严重；二氧化硫遇水生成亚硫酸，亚硫酸遇到空气中的氧生成硫酸，这些酸性物质出现在润滑系中，即使是少量的也会使零件受到腐蚀。此外，由于混合气和废气进入曲轴箱内，曲轴箱中的压力便增大，机油将从油封、衬垫等处渗出而流失。

活塞与缸套之间沿着活塞环向曲轴箱内泄露一部分燃气是不可避免的，一般来说，只要不超过柴油机总工作容积与柴油机转速乘积的 1%可以认为是无害的。当大量废气漏进曲轴箱时，可能出现活塞环与活塞咬死或烧蚀的危险。

为了延长机油的使用期限，稳定曲轴箱内的压力和温度，减少摩擦零件的磨损和腐蚀，防止柴油机漏油，必须通过曲轴箱通气装置将漏进曲轴箱内的废气排除。

曲轴箱通气装置分为两类：

(1) 开式通气装置

开式通气装置是通过管路将曲轴箱中的废气直接排入大气。这种通气装置结构简单，维护方便，但对环境会造成污染。

(2) 闭式通气装置

闭式通气装置，不直接将废气排入大气，而是将其送往进气管，使其产生闭路循环，以减少对环境的污染，但其结构较为复杂。

在道依茨风冷柴油机上，这两种曲轴箱通气装置均有应用，一般有图 3-23 所示三种不同的布置方式。图 3-23(b)为开式曲轴箱通气装置，废气分别从两处引出，一处从曲轴箱后部传动箱盖结合处通气孔引出，另一处从附件托架上的加油口引出。废气经网式冷凝过滤器后，油流回曲轴箱，废气通过橡胶管路，并经过湿式过滤器直接排入大气。图 3-23(a)、图 3-23(c)均为闭式曲轴箱通气装置，这两种布置方式的差别仅在于废气引出部位不同，一是从附件托架上引出，一是从曲轴箱后部引出，引出的废气均通过油气分离器，油流回曲轴箱，而废气送入进气管，进行闭式循环。

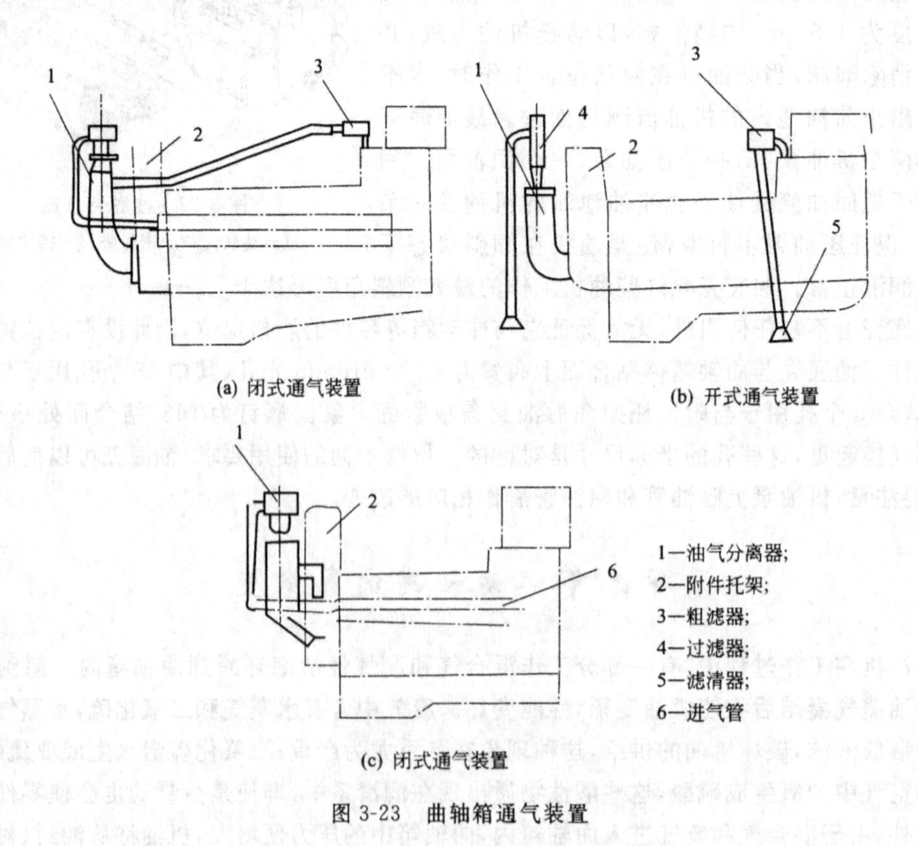

图 3-23　曲轴箱通气装置

B/FL413F、B/FL513 系列柴油机采用闭式通气装置，其结构如图 3-24 所示，作用原理如图 3-25 所示。由图可知，曲轴箱通气装置主要由油气分离器、呼吸器和各种连接管所组成。

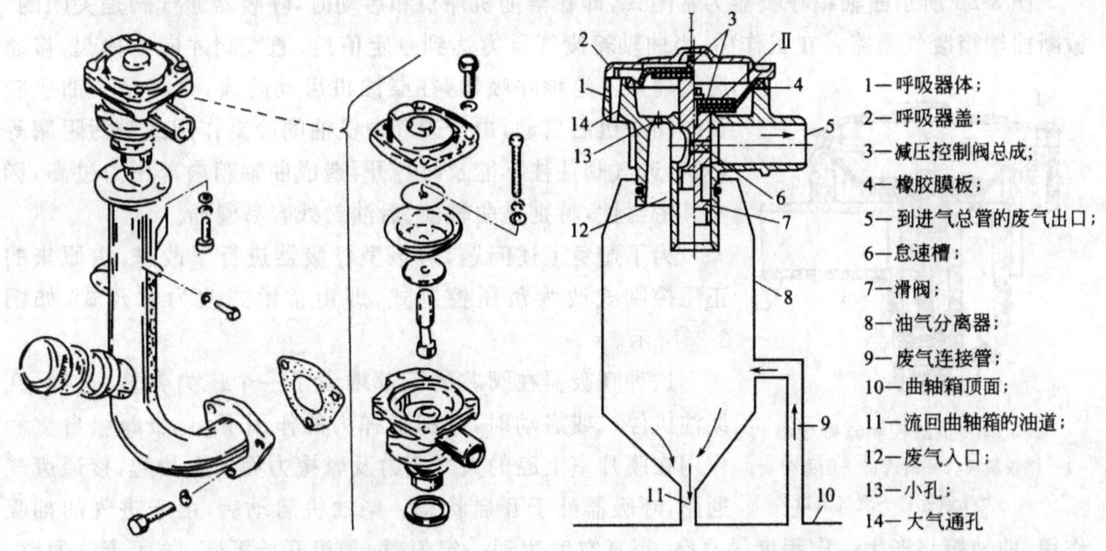

图 3-24 曲轴箱通气装置的结构　　图 3-25 曲轴箱通气装置的工作原理

油气分离器 8 是一个空心圆筒，下部侧面有废气连接管 9 与曲轴箱出气口连接，曲轴箱中的废气进入到分离器后，因分离器体积大，气体流速降低，温度下降，油雾会沿分离器体壁而凝聚，使油与气分离。分离出来的油经油道 11 流回到曲轴箱油底壳，而废气则通过呼吸器进入压气机进气总管，得到回收利用。

曲轴箱气体进入呼吸器体 1 后，通过呼吸器体上的小孔 13 进入橡胶膜板 4 的下部空间，膜片室上方与大气连通，承受大气的压力，下部承受废气压力。减压控制阀总成的滑阀 7 在呼吸器体内的不同位置，确定了曲轴箱通向压气机进气总管 5 的气流通过的截面，调节了流量，从而调节了曲轴箱内气体的压力。

柴油机在怠速或低速运转时，产生的废气量较少，曲轴箱内气体压力低。当曲轴箱内气体压力小于大气压力时，呼吸器中减压控制阀总成位于图 3-25 右半部状态，滑阀隔断曲轴箱与压气机进气总管的通道，废气不能引出，但为防止怠速时曲轴箱内废气压力过高，在滑阀与呼吸器体之间留有怠速槽，允许少量废气通过怠速槽流到进气总管，这样就可稳定怠速或低速时曲轴箱内的废气压力。若曲轴箱内废气压力低于压气机进气总管的压力，进气总管中的新鲜空气又从怠速槽流入曲轴箱，可减小曲轴箱内的真空度，稳定曲轴箱内的气体压力。

柴油机在高速大负荷工作时，产生的废气量较多，曲轴箱内气压升高。当曲轴箱内气体压力大于大气压力时，在橡胶膜板两侧压差的作用下，带动滑阀上移到最高位置，减压控制阀总成位于图 3-25 左半部状态，形成足够大的废气流通面积，能无节流地将废气吸入压气机进气总管，保持曲轴箱内气压的稳定。

柴油机在中等转速、中等负荷工作时，产生的废气量介于上述两种极限情况之间，减压控制阀总成中的滑阀处于中间的某一平衡位置，开放相应的通道截面。

呼吸器排除的曲轴箱气体，对于非增压柴油机直接被引入进气管中，对于增压柴油机则被引到增压器的压气机进气总管，都使曲轴箱气体重新进入燃烧室再燃烧，以免污染空气。

对于 B/FL413F、B/FL513 系列柴油机，采用这套曲轴箱通气装置后，无论转速和负荷如何变化，曲轴箱内的气压均可稳定在正压力 0.2～0.59 kPa 之间。为保证呼吸器工作可靠，必须定期维护和保养，清除炭烟，擦去油污和积水。

图 3-25 所示曲轴箱呼吸器为常闭式，即在柴油机停机和启动时，呼吸器通气阀是关闭的，截断曲轴箱废气通路。在工作中，当曲轴箱废气压力达到一定值后，通气阀才向上抬起，接通废气通路。这种呼吸器，在柴油机启动阶段，尤其是柴油机较长时间停机后启动，由于废气中机油的冷凝作用或脏污阻塞等影响，通气阀往往不能及时打开，造成曲轴箱内部压力过高，影响其密封性，特别是曲轴前、后油封处容易漏油。

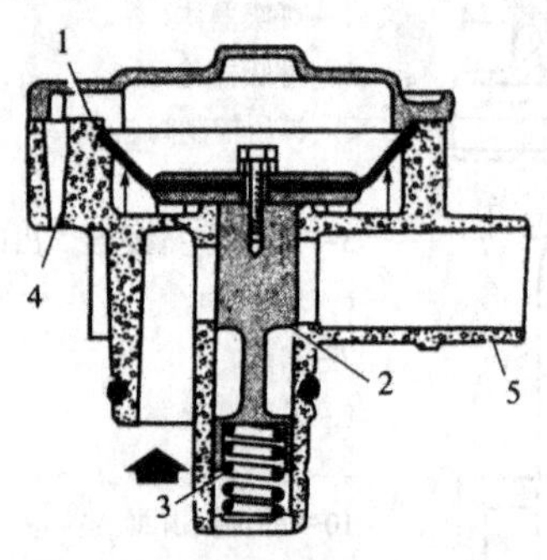

图 3-26　负压控制式呼吸器

1—橡胶膜板；2—滑阀；3—压力弹簧；4—大气通孔；5—废气出口

为了避免上述问题，对该型呼吸器进行了改进，由原来的正压控制式改为负压控制式，即由常闭式改为常开式，如图 3-26所示。

这种呼吸器在阀芯的下部增设了一个压力弹簧，这样，在柴油机停机或启动时，在弹簧弹力的作用下，克服阀组自重和作用在膜片室上腔的大气压力及摩擦力而向上抬起，接通废气通路，呼吸器处于开启状态。柴油机启动后，由于进气的抽吸作用，曲轴箱将产生一定程度的真空，当真空度达到一定值时，阀组开始下落，关闭废气通路，呼吸器处于关闭状态。此时，曲轴箱内部压力开始上升，当曲轴箱压力达到一定值时，通气阀又向上抬起，接通废气通路，上述的呼吸过程循环往复。

装这种呼吸器时，在最高空转下测量，曲轴箱内部压力应在 0.2～0.5 kPa 范围内。

第七节　挺　柱　座

挺柱座的主要功用是：

(1) 安放配气机构中的挺柱。

(2) 作活塞喷油冷却系统中喷油嘴的安装基准。

(3) 构成柴油机内润滑油路的一部分。

B/FL413F、B/FL513 系列风冷柴油机挺柱座总成主要由挺柱座、挺柱座油管、活塞冷却喷嘴、单向阀、止推挡片、橡胶套等组成，如图 3-27 所示。

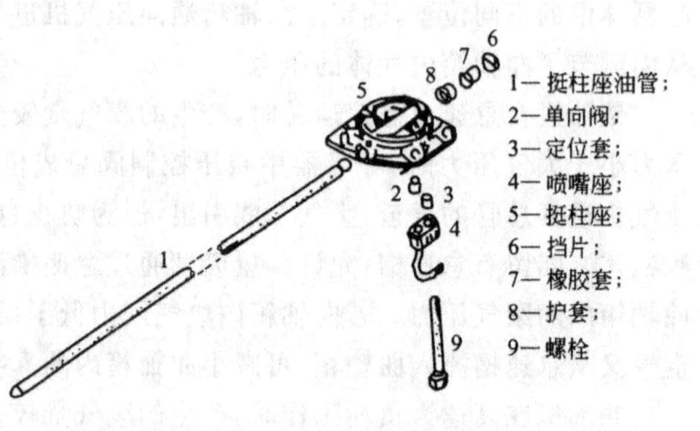

图 3-27　挺柱座总成

喷嘴座装在挺柱座上，并以开口弹性定位套定位，单向阀的一端装入喷油嘴体中，另一端装入挺柱座孔内，利用两个六角螺栓穿过喷嘴座和挺柱座的孔将整个系统紧固到 V 形曲轴箱体夹角中间的内壁上，如图 3-28 所示。

挺柱座与箱体间依靠 ϕ108 mm 的圆柱面定位。挺柱座圆周方向的定位，通过一根外径为 ϕ17.5 mm、内径为 ϕ12 mm 的挺柱座油管贯穿四个（八缸机）挺柱座上的配合孔实现。挺柱座油管外表面经过磨削加工，与挺柱座油管孔的配合间隙为 0.006～0.035 mm。挺柱座油管的一端车有卡槽。橡胶套装在挺柱座油管和护套之间，护套一端抵住挺柱座端面，其外圆与曲轴箱体上的孔配合，实现密封。

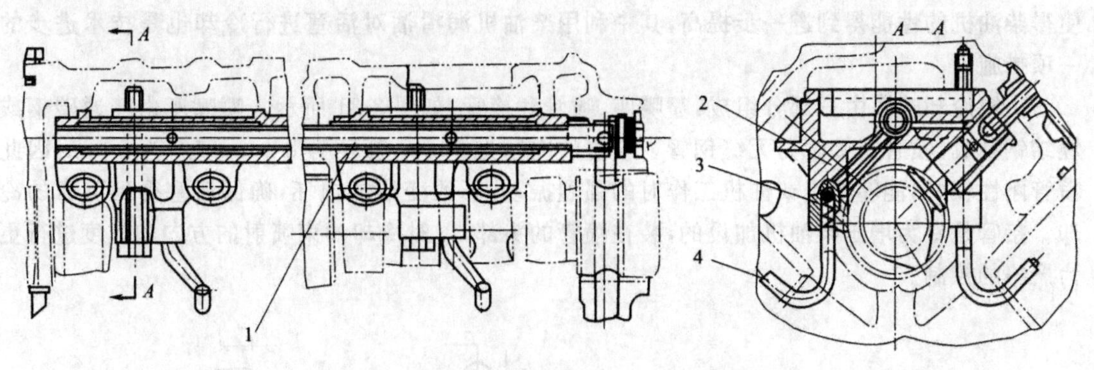

图 3-28 挺柱座安装

1—挺柱座油管；2—挺柱座；3—单向阀；4—喷油嘴

贯穿挺柱座的挺柱座油管成为与主油道相对应的另一条油道，以此来润滑挺柱及整个配气机构，并供给冷却活塞用的喷油嘴的压力机油。在工作中，润滑油从第一横隔板的辅助油道进入挺柱座油管内腔，进而通过油孔进入挺柱座集油室。进入集油室的油分成两路，一路进入单向阀对活塞底部进行喷油冷却，另一路进入挺柱孔对挺柱进行润滑。进入挺柱孔的油经过挺柱、推杆上的油道进入摇臂室(气门室)，并通过回油管向曲轴箱回油，同时对推杆与摇臂接触面进行润滑。

1. 挺柱座

挺柱座的具体结构如图 3-29 所示。

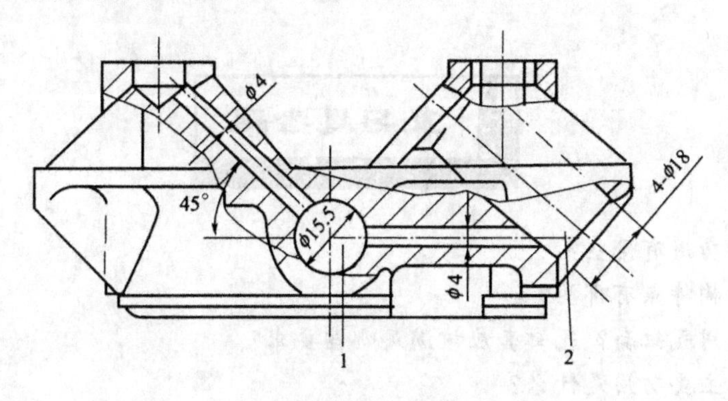

图 3-29 挺柱座

1—挺柱座油管安装孔；2—挺柱安装孔

挺柱座是一个用灰口铸铁制成的壳体件。在挺柱座的每侧各有两个 ϕ18 mm 的斜圆柱孔，即为挺柱安装孔，两侧孔夹角为 97°。挺柱座中部制成两头小、中间大的阶梯孔(参见图 3-28)，形成集油室。集油室通过相应孔与单向阀安装孔和挺柱孔相连。

2. 单向阀

单向阀结构与安装如图 3-30 所示，单向阀的开启压力为 80～110 kPa。柴油机启动时，油压较低，活塞不需冷却，单向阀关闭，油路切断，保证柴油机主油道迅速建立压力，使各运动零件和轴承得到可靠的润滑。当柴油机启动后，油道的机油压力超过单向阀的开启压力时，单向阀开启，机油喷入活塞顶面底部冷却活塞。

3. 活塞冷却喷嘴

道依茨风冷柴油机在燃烧过程及与增压有关的增压空气冷却系统等方面不断取得进步，

使得柴油机的性能得到进一步提高，其中利用柴油机润滑油对活塞进行冷却也是技术进步的一项措施。

活塞冷却喷嘴由三部分组成：喷嘴座、喷管和接管，如图 3-31 所示。喷嘴座由普通碳钢或烧结钢制成，喷管及接管为无缝钢管。喷管的内径为 2 mm，外径为 8 mm，壁厚为 3 mm，因此喷管刚性较好，能够承受柴油机工作时的强烈振动，不致变形或损坏，确保活塞得到可靠的冷却。接管是专为增压柴油机加设的，装在喷管的头部，以对冷却油束喷射的方向和速度进行更为严格的控制。

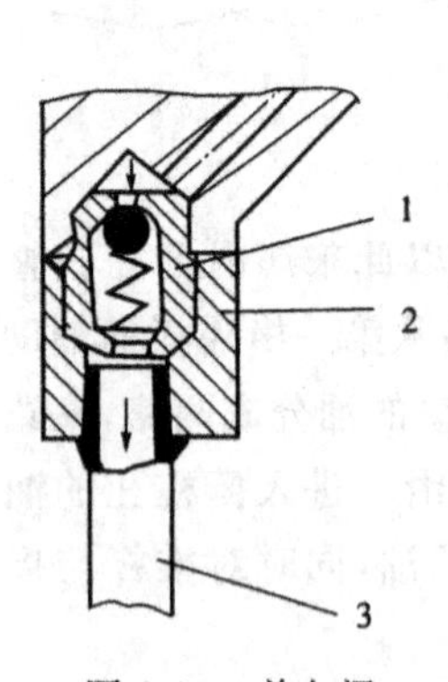

图 3-30　单向阀

1—单向阀；2—喷嘴体；3—喷嘴

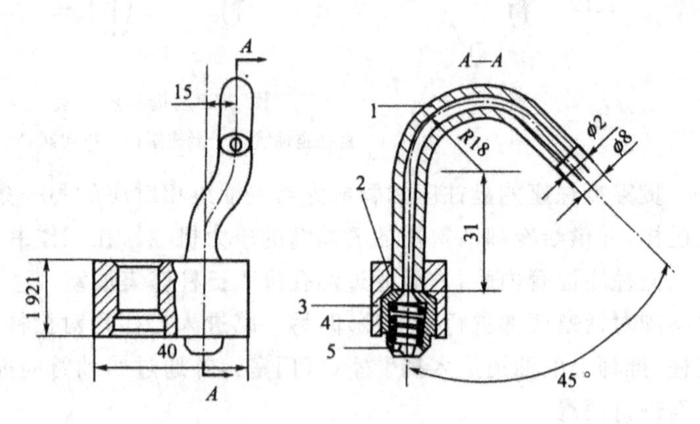

图 3-31　活塞冷却喷嘴总成

1—喷管；2—喷嘴座；3—单向阀体；4—调压弹簧；5—钢球

1. 曲轴箱的功用有哪些？
2. 曲轴箱结构特点有哪些？
3. 为什么使用气缸套？气缸套应该满足哪些要求？
4. 气缸盖的主要功用是什么？
5. 风冷柴油机气缸盖使用中应满足哪些要求？
6. 道依茨风冷柴油机气缸盖总成有哪些特点？
7. 常用的进气道主要结构有哪几种？
8. 增压和非增压柴油机气缸盖有何区别？
9. 曲轴主轴瓦有何特点？
10. 为什么要设置曲轴箱通气装置？
11. 什么是常开式曲轴箱呼吸器？
12. 油底壳的功用是什么？
13. 挺柱座的主要功用是什么？
14. 什么是活塞冷却？

第四章

曲柄连杆机构

曲柄连杆机构的主要作用是借助活塞，将燃气的爆发压力通过连杆传给曲轴，进而使柴油机对外做功。曲柄连杆机构是柴油机完成能量转换和对外做功的中心环节。

曲柄连杆机构主要由活塞组、连杆组、曲轴飞轮组等组成。道依茨风冷柴油机曲柄连杆机构总成如图 4-1 所示。

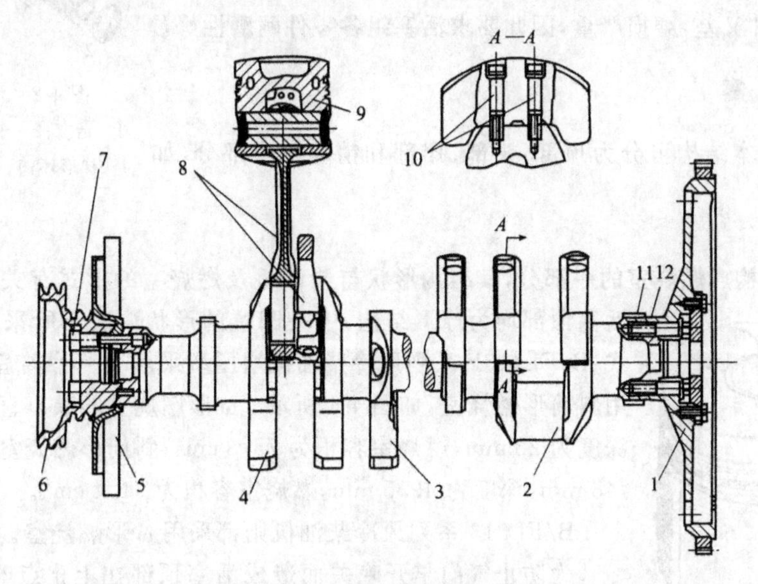

图 4-1 曲柄连杆机构总成

1—飞轮；2—曲轴组；3，4—平衡块；5—扭振减振器；6—带轮；7—螺钉；8—连杆组；9—活塞组；10—平衡块紧固螺钉；11—飞轮紧固螺钉；12—曲轴齿轮

第一节 活 塞 组

活塞组包括活塞、活塞环、活塞销和活塞销卡环等零件（见图 4-2），是曲柄连杆机构的重要组成部分。

一、活塞组的功用

（1）与气缸套、气缸盖构成气缸工作容积和燃烧室。

（2）承受燃气压力，并将此力传给连杆。

（3）密封气缸，防止燃烧室中的气体漏入曲轴箱和曲轴箱中的机油窜入燃烧室。

二、活塞组的工作条件

(1) 活塞直接承受很高的燃气压力作用,这就要求活塞必须具有足够的强度和刚度。

(2) 活塞顶部处在高温条件下工作,燃烧室内的最高燃烧温度可达2 000 ℃以上,活塞顶面由于散热条件差,其温度也高达300～400 ℃,这会使材料的机械强度和耐磨性显著降低,受热膨胀还会破坏活塞与气缸壁的合理间隙。因而要求活塞的材料导热性好,热膨胀系数小,受热后强度的降低尽量小。

(3) 活塞处于高速往复运动中,其平均速度一般达到8～12 m/s,由于运动速度和方向不断地变化,将产生很大的往复惯性力。惯性力引起振动,消耗功率,增加零件负荷。因此要求活塞组的重量尽可能轻,以减小惯性力。

(4) 活塞在气缸中高速运动,加上活塞与气缸壁之间侧压力的作用,润滑条件又差,磨损严重,因此要求活塞组各零件耐磨性好。

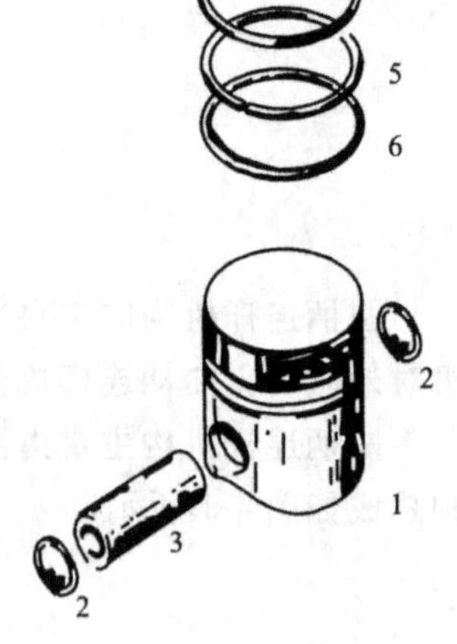

图 4-2 活塞组总成

1—活塞;2—卡环;3—活塞销;4—梯形环;5—锥形环;6—油环

三、活　　塞

活塞的基本结构可分为顶部、头部、裙部和销座四个部分,如图 4-3 所示。

1. 顶部

活塞顶部构成燃烧室的一部分,其结构形状与柴油机及燃烧室的形式有关。风冷柴油机活塞顶部均为球形结构,中央凹坑的形状取决于所采用燃烧室的形式:B/FL413F系列风冷柴油机增压型采用ω形燃烧室,非增压型采用斜筒形燃烧室,如图4-4所示。ω形燃烧室的喉口直径为ϕ66 mm,深度为23 mm,燃烧室容积为75.3 cm^3;斜筒形燃烧室的圆筒直径为ϕ48 mm,深度为49.5 mm,燃烧室容积为71.4 cm^3。

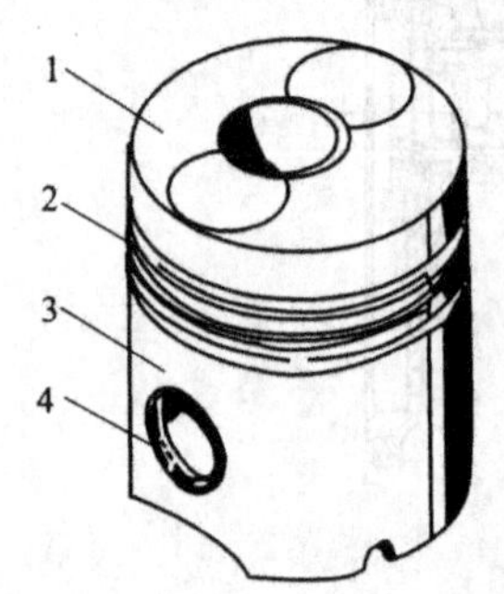

图 4-3 活塞外形

1—顶部;2—头部;3—裙部;4—销座

B/FL513系列风冷柴油机则都采用ω形燃烧室。

为防止气门早开晚关而造成活塞顶部在上止点时与进、排气门碰撞,在其顶面加工有两个很浅的凹坑,其位置恰与进、排气门相对。

活塞的顶部进行阳极氧化处理,厚度为0.06～0.02 mm。阳极氧化处理的目的是使活塞顶部形成硬度很高的氧化膜,它能增加活塞顶部耐磨蚀能力;另外,氧化膜的吸热能力较低,可减轻高温燃气对活塞顶部的热传导。

2. 头部

活塞头部是活塞的密封部,其上切有三道环槽,分别用以安装活塞环——气环和油环。上面两道是气环槽,下面一道是油环槽。为了减少第一道环槽的磨损,提高环槽的使用寿命,降低活塞的导入热量,在该环槽中镶嵌了耐热耐磨的高镍合金铸铁座圈,如图4-5所示。座圈为梯形结构,以利于座圈在活塞体上的固定。

B/FL413F柴油机活塞的环槽宽度为:第一道为2.5 mm,第二道为2.5 mm,第三道为4 mm。在第二道环槽的底部车有两道沟槽(见图4-6),充当减压腔,用来防止机油窜入燃烧室,达到降低机油消耗,进一步提高气、油密封性能的目的。第三道油环槽为矩形槽,槽内垂直于销孔轴线方向两侧，各开有两个 $\phi2.5$ mm 的回油孔，以便被油环从气缸壁上刮下的多余的润滑油从小孔流回曲轴箱。试验证明，这种回油结构，机油消耗低，回油效果好。若喷油冷却活塞上的回油孔过多，反而会得到相反的结果，因为喷射的机油往往会从回油孔窜出，增大油环的负荷，造成机油消耗量的加大。一般喷油冷却活塞的回油孔数目较少，而且孔径较小，以增加回油压力，防止喷射的机油窜出。

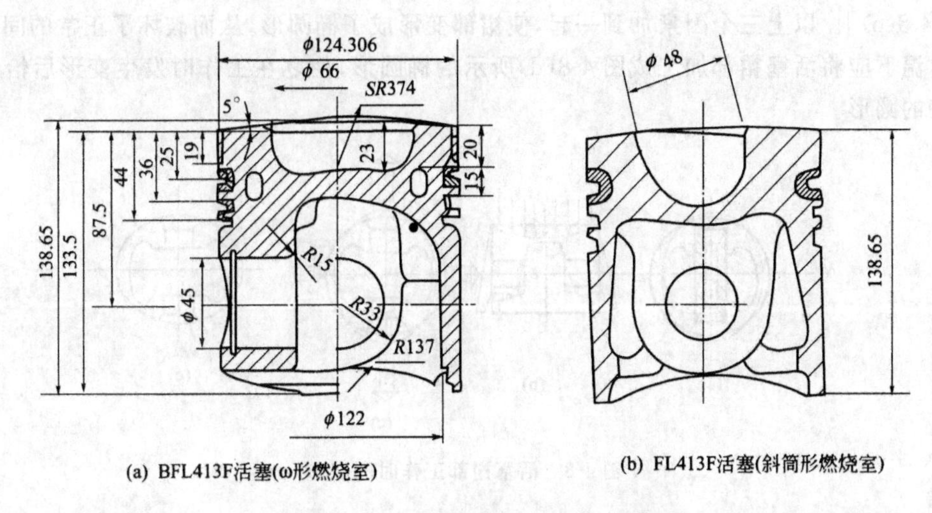

(a) BFL413F活塞(ω形燃烧室)　　(b) FL413F活塞(斜筒形燃烧室)

图 4-4　B/FL413F 系列风冷柴油机活塞

为了减少窜气损失，并使活塞环的温度较低，往往将活塞头部与气缸壁的间隙设计得较小，然而这又将会引起活塞与气缸体咬合的问题，采取的措施是在活塞顶面至第一道环槽之间车出数道细小的环形退让槽。退让槽共有 19 个，单个退让槽的结构形状如图 4-7 所示。这种细小的环形退让槽一方面可提高活塞头部的密封作用，另一方面可以因槽中积炭而吸附润滑油，在失油状态下工作时，可防止活塞与气缸壁的咬合，从而避免拉缸。

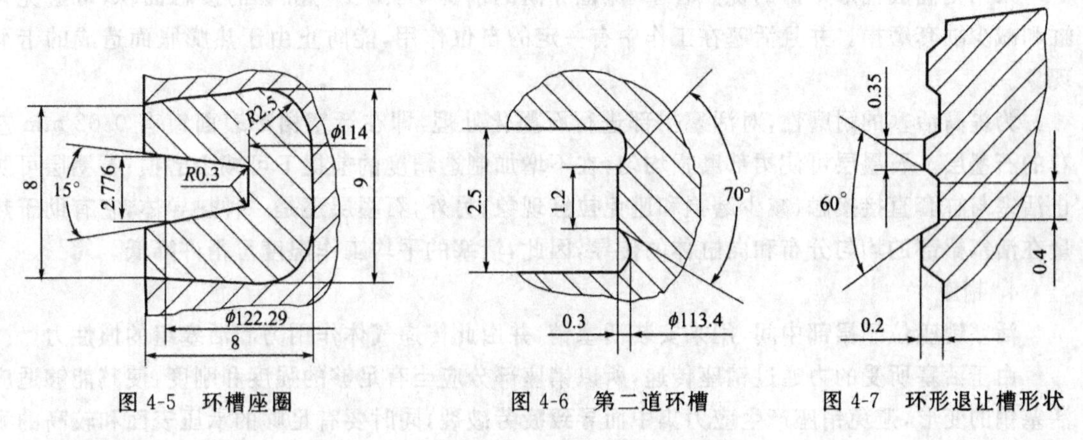

图 4-5　环槽座圈　　图 4-6　第二道环槽　　图 4-7　环形退让槽形状

3. 裙部

活塞环槽以下的部分称为裙部。活塞裙部的作用是为活塞导向，承受活塞的侧向力并传递给气缸壁。裙部的长度依侧向力的大小而定，柴油机的侧向力越大，其活塞裙部也就越长。为了减轻活塞重量，常在裙部不承受侧向力的两边切去一部分。

设计活塞裙部时，必须注意保证裙部在工作时具有正确的几何形状，以期得到小的比压，有利于防止拉缸；裙部和气缸之间的间隙要小，以保证活塞在气缸中得到正确的导向，减小磨损和噪声。

活塞在工作时，裙部会由于一些原因而产生变形。活塞裙部变形的原因可用图 4-8 加以说明。在侧向力 N 作用下，裙部直径沿销座轴线方向增大[见图 4-8(a)]；气体压力 P 作用在活塞顶部，也使裙部直径沿销座轴线方向增大[见图 4-8(b)]；在热膨胀作用下，由于沿销座轴线方向的壁厚，膨胀量大，与之垂直的方向壁薄，膨胀量小，也使裙部直径沿销座轴线方向增大[见图 4-8(c)]。以上三个因素加到一起，使裙部变形成了椭圆形，从而破坏了正常的间隙。因此在常温下应将活塞裙部加工成图 4-8(d)所示的椭圆形，使之在工作时发生变形后恰能恢复成正确的圆形。

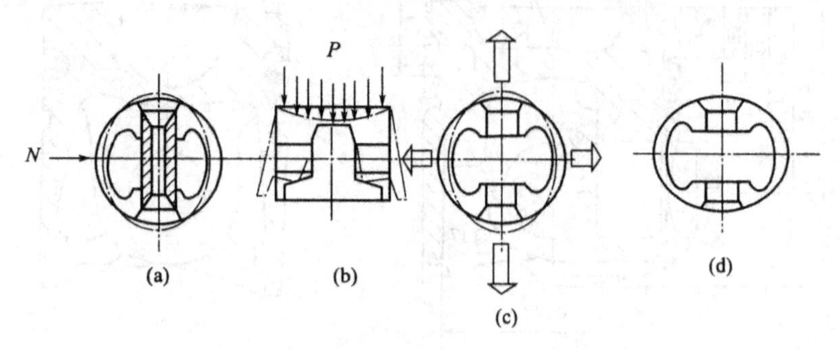

图 4-8　活塞裙部工作时的变形

B/FL413F、B/FL513 系列风冷柴油机的活塞裙部设计成变椭圆桶形，椭圆的长轴与活塞销座轴线方向垂直，短轴与活塞销座轴线方向一致，这样，在活塞受力和高温时抵消工作时的变形，形成近似的圆柱体，以获得最小的配缸间隙。由于活塞上、下温度梯度和质量分布不均匀，活塞裙部在轴向呈圆筒形，其椭圆度沿裙部轴线方向是变化的。圆筒形的最大凸出部位靠近活塞底部，裙部的最大直径为 ϕ124.87 mm，裙部与气缸套的最小配合间隙为 0.123～0.177 mm。

采用变椭圆桶形裙部的优点在于，保证导向的前提下，减少与缸套的接触面积，可避免拉缸和减少缸套磨损。并且活塞在工作中有一定的自位作用，能防止由于热膨胀而造成的卡死现象。

为提高活塞的耐磨性，对活塞裙部进行石墨化处理，即在活塞裙部表面镀有 0.02 mm 左右的石墨层。石墨层可使裙部磨损均匀，在不增加制造精度的前提下可减少磨损；石墨层可防止活塞与缸套直接接触，减少磨损和避免拉缸现象；另外，石墨层还是一种热导体，它有助于热量在活塞裙部的均匀分布和向缸体的传导，因此，活塞的平均工作温度可稍许降低。

4. 销座

活塞销座位于裙部中间，用来安装活塞销，并由此传递气体作用力和活塞组的惯性力。

由于活塞所受的力通过销座传递，所以销座部分应当有足够的强度和刚度，使其能够适应活塞销的变形，避免销座产生应力集中而导致疲劳破裂，同时要有足够的承压表面和较高的耐磨性。

销座的孔径为 ϕ45 mm，与活塞销为间隙配合。增大销座孔直径，可以增加活塞销的刚度、强度，以及增加销座的承压面积，但若活塞销直径过大，则活塞组的质量和惯性力都要增加。一般，活塞座直径为活塞直径的 30％～40％。

由于活塞直接承受燃气的爆发压力，并在极其严酷的条件下工作，为此，在活塞材料选择、几何结构设计等方面均应仔细考虑，应在满足强度要求的条件下尽量减轻重量，并具有较小的热膨胀系数和较大的散热能力,合适的裙部间隙,良好的润滑冷却条件等。

柴油机活塞所受的热负荷大,往往会引起热疲劳裂纹,因此必须对活塞进行冷却。道依茨风冷柴油机活塞采用强制喷油冷却,冷却机油靠固定在曲轴箱上的冷却喷嘴喷到活塞顶的底部。对于增压机型,由于热负荷高,在活塞内还布置有内冷却油道,机油在环形内冷却油道内做圆周运动,并借助活塞往复运动形成附加的振荡冷却,产生紊流,提高活塞的放热效率。

图 4-9 为 B/FL413F 系列柴油机的活塞内冷却油道。

活塞的强制冷却靠固定在曲轴箱上的喷油嘴喷入机油。冷却喷嘴的安装位置必须准确,以便保证冷却润滑油直接喷射到活塞底部(对非增压柴油机)或直接喷射到内冷却油腔中(对增压柴油机),如图 4-10 所示。由于增压柴油机对冷却油束喷射的方向和速度要求更为严格,故增压柴油机的活塞冷却喷嘴比非增压柴油机增加了一个接管。

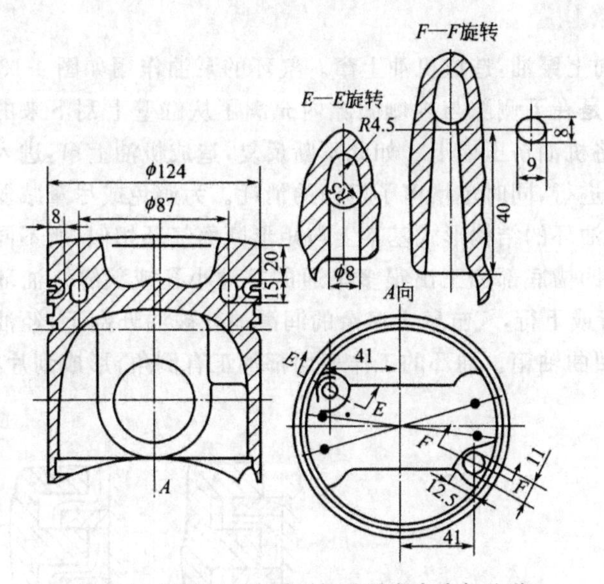

图 4-9　B/FL413F 系列机型活塞内冷却油道

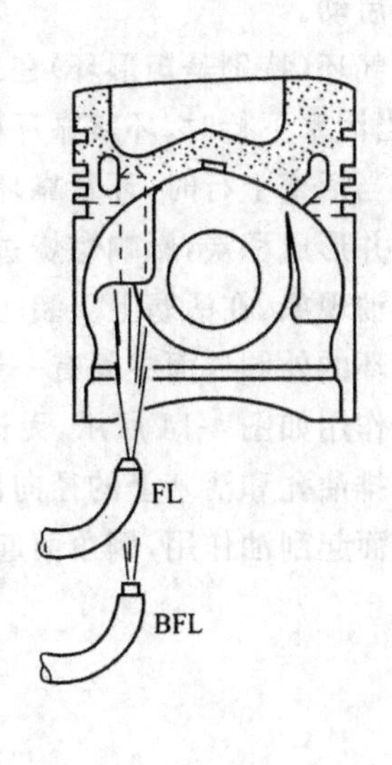

图 4-10　活塞的强制冷却

道依茨风冷柴油机活塞用过共晶硅铝合金铸造而成。这是目前国内外高速柴油机上常用的活塞材料,其优点是耐热、耐磨性较好,重量轻,线膨胀系数较小。

四、活 塞 环

活塞环是具有一定弹性的金属开口圆环,分气环和油环两种。装在活塞头部上端的是气环,下端的是油环。

气环主要起密封作用,防止气缸内的气体从活塞与缸壁的间隙中漏出,同时还能将活塞顶部热量传给气缸套。油环主要起刮油作用,将曲轴箱内飞溅到气缸壁上的多余机油刮除,防止机油窜到燃烧室,引起燃烧积炭、排气冒蓝烟和耗费机油。同时油环还起布油作用,将气缸壁上润滑油膜均匀分布,以改善活塞组的润滑条件。

活塞环在自由状态时是一个直径比气缸大的开口环,它装在活塞环槽里,在压紧状态下随同活塞一起装入气缸内,依靠其自身的弹性使活塞环的外圆面紧贴在缸壁上。

活塞环随活塞作往复直线运动,其运动速度很高,而且是在较高温度下工作(第一道环可达 350 ℃或更高,其余的环平均在 200～250 ℃),润滑条件较差,因此要求活塞环应能在高温下保持足够的机械强度和弹性,还应有良好的耐磨性。

气环的断面形状有矩形、梯形、锥面形和阶梯形等，如图 4-11 所示。气环的封气原理如图 4-12 所示，当活塞上下运动时，气环的上、下端面交替地紧压在环槽的相应端面上，气体只能通过微小的切口间隙泄漏，气环的切口间隙(端隙)一般在 0.8 mm 以下，因而泄漏量甚微。活塞环装配到活塞上时，按规定将各环的开口位置互相错开 120°或 180°，这样更减少了气体的泄漏量。

气环在环槽中的上、下侧隙也要适当，侧隙过大，工作时冲击大，加速磨损；侧隙过小，稍有积炭即易将环粘住，失去密封作用。一般侧隙约为 0.04～0.15 mm。无论端隙或侧隙，因第一道环温度高，间隙应略大于其他各环。唯有梯形环的侧隙是变化的，当活塞在侧压力作用下忽而紧靠左侧，忽而紧靠右侧，这种环的上、下侧隙就忽大忽小，这样就能把胶状沉积物从环槽中挤出，并使间隙中机油更新。停机时活塞冷却收缩，也会使环的侧隙增大，使活塞环不易粘住，有利启动。

气环(特别是矩形环)在工作时会向上泵油，造成机油上窜。气环的泵油作用如图 4-13 所示，当活塞下行时，环紧靠环槽上侧，于是在下侧隙与内侧间隙内充满了从缸壁上刮下来的机油。当活塞上行时，环紧靠环槽下侧，将机油挤压向上。如此不断反复，造成机油上窜，进入燃烧室并形成积炭，影响燃烧过程的正常进行，同时也增多了机油的消耗。为避免或尽量减弱这种泵油现象，在活塞上安装一道油环。油环的结构形式基本上与矩形断面气环相似，所不同的是在环的外圆柱面中间有一道凹槽，在凹槽底部加工出很多串通的排油小孔或狭缝。油环的刮油作用如图 4-14 所示，无论活塞上行或下行，气缸壁上多余的润滑油就被油环刮下，经油环上的排油孔和活塞上的径向回油孔流回曲轴箱。油环的工作表面都加工有倒角，形成刮片状，刀口面起刮油作用，倒角面起布油作用。

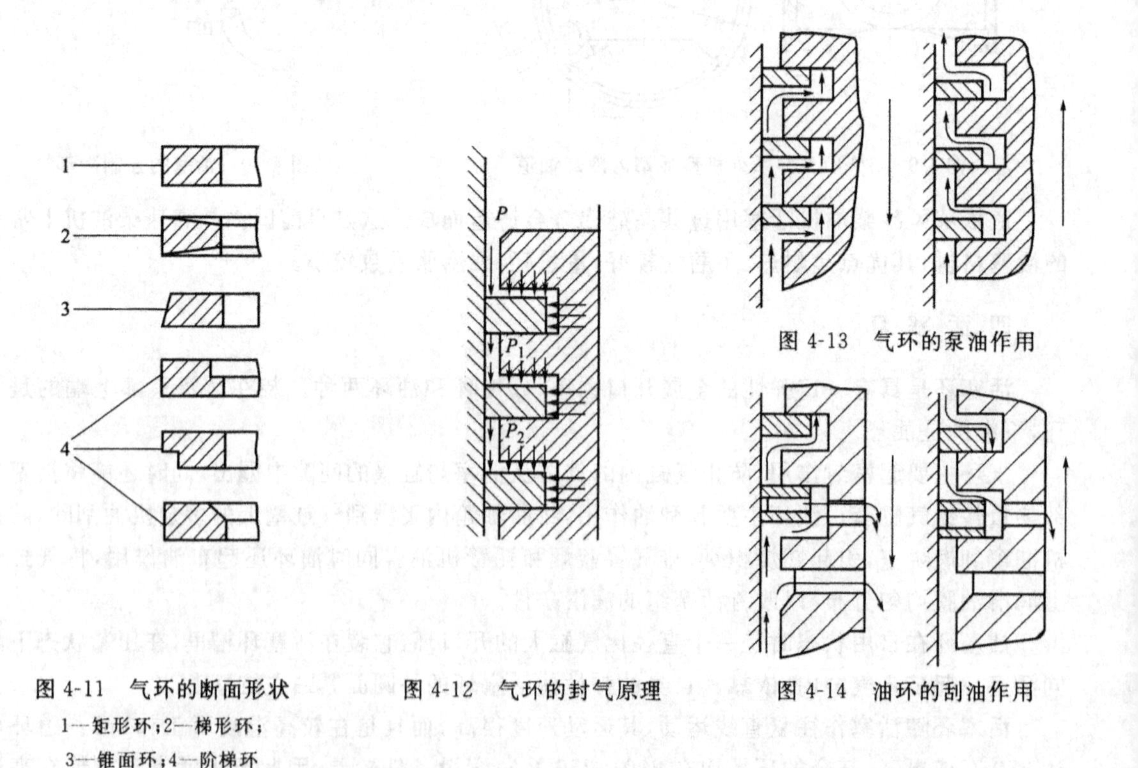

图 4-11　气环的断面形状

1—矩形环；2—梯形环；
3—锥面环；4—阶梯环

图 4-12　气环的封气原理

图 4-13　气环的泵油作用

图 4-14　油环的刮油作用

B/FL413F、B/FL513 系列柴油机所用活塞为三环制，二道气环，一道油环。第一道环为喷钼梯形气环,第二道环为锥形气环,第三道环为镀铬组合式油环。图 4-15 为 FL513 系列柴油机活塞环示意图,图 4-16 为 BFL513 系列柴油机活塞环示意图。

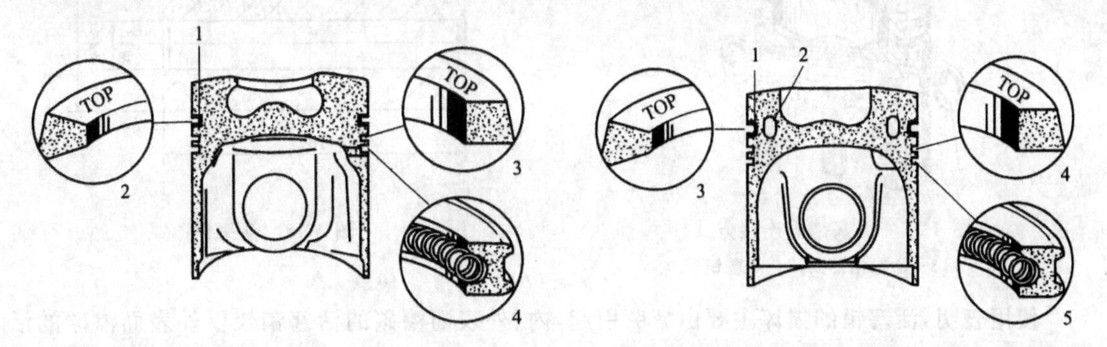

图 4-15　FL513 系列柴油机活塞环示意图
1—环槽座圈;2—梯形环;3—锥形环;4—油环

图 4-16　BFL513 系列柴油机活塞环示意图
1—环槽座圈;2—内冷却油道;3—梯形环;4—锥形环;5—油环

在第一道活塞环工作表面,喷有减磨钼层。钼是一种高熔点耐热合金并具有多孔性,喷钼后,可提高活塞环的抗黏能力。因为第一道环处于高温状态工作,黏着磨损为其主要磨损形式。

梯形气环的工作条件十分恶劣,温度高、润滑条件差、磨损严重,并造成很大的摩擦功率损失,因而采用耐温、耐热的调质球墨铸铁制成。梯形环的工作表面呈不对称布置,并采用研磨加工方式来改善活塞漏气性能和降低燃油消耗。为了区分安装位置,该气环上标有“TOP”字样,安装时应使有标记面向上。

第二道气环采用锥形气环,可减少气环与气缸壁的接触面积,提高表面接触应力,有利于磨合和密封。同时,活塞环下行时,由于斜角的油楔作用,能从油膜上飘移过去,因此,虽然它的表面接触应力较大,也不会引起熔着磨损。

锥形气环由含磷灰口铸铁制成。该气环上也标有“TOP”字样,在安装时,应特别注意斜面的方向,使斜面(即标记面)朝上,否则会引起严重窜油现象。

第三道环为组合式油环,是带弹簧补圈的强截油环。在油环工作表面镀有 0.08 mm 厚度的金属铬层以增加其耐磨性。

弹簧用 ϕ0.8 mm 直径的碳素钢丝绕制而成。活塞环基体材料为活塞环铸铁。

五、活 塞 销

活塞销用来连接活塞与连杆,它承受活塞运动时的往复惯性力和气体压力,并传递给连杆。活塞销的中部穿过连杆小头孔,两端则支承在活塞销座孔中,如图 4-17 所示。

活塞销在高温下承受很大的周期性冲击载荷,且润滑条件较差,因此,要求活塞销强度高,其外表面硬而耐磨,材料韧性好、抗冲击,为减少往复运动的惯性力,重量应尽可能轻。通常,活塞销用低碳钢或低碳合金钢制成中空圆柱形,表面经渗碳淬火,并进行磨削加工。

B/FL413F 风冷柴油机活塞销的结构如图 4-18 所示,它用 20Cr 低碳合金钢渗碳制成,渗碳层深度为 1.4 mm,内、外表面硬度为 HRC59～63,芯部硬度为 HRC27～28,芯部强度 σ_b 为 750～1 000 MPa。活塞销长为 107 mm(增压)和 102 mm(非增压),内孔为 ϕ18 mm(增压)和 ϕ20 mm(非增压),外圆为 ϕ45 mm,与活塞销孔的配合间隙为 0.007～0.018 mm。

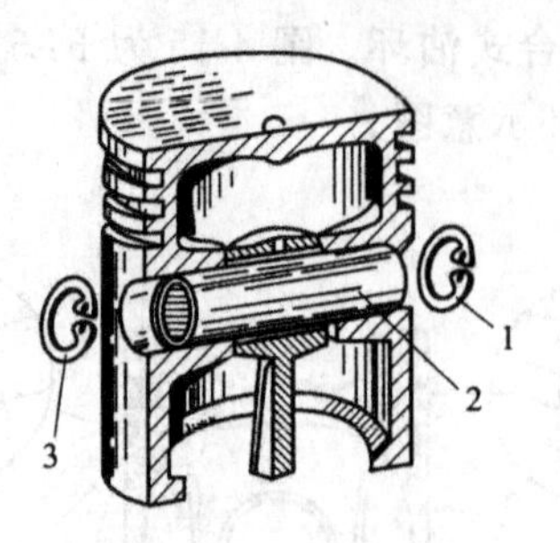

图 4-17　活塞销的连接方式

1,3—活塞销挡圈;2—活塞销

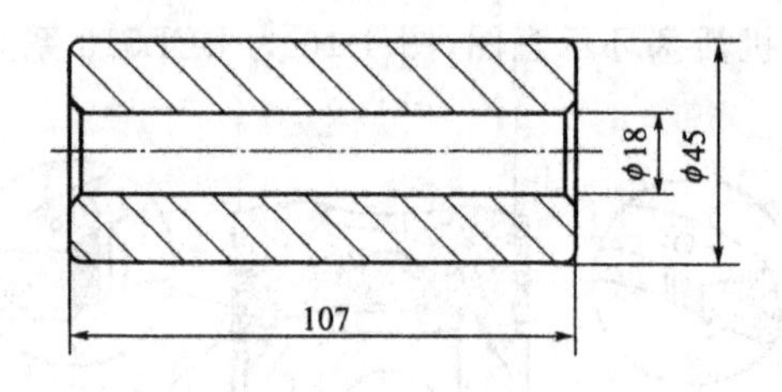

图 4-18　活塞销

使用表明,活塞销的损坏主要由疲劳引起,内、外表面渗碳的活塞销较仅外表面渗碳的活塞销的疲劳强度有显著的提高,同时简化了热处理工艺,因而,B/FL413F、B/FL513 系列柴油机采用的是全部渗碳的活塞销。

活塞销与销座和连杆小头采用浮动式连接,活塞销浮动于活塞销座和连杆小头中。在组装时,活塞不需加热,活塞销即可轻松地装入销座内,从而简化了装配工艺。在工作中,活塞销允许轻微转动,以改善活塞销受力状况,使其磨损均匀。为了防止销子轴向窜动刮伤缸壁,活塞销的两端用弹性挡圈使其轴向定位。弹性挡圈为矩形断面,具体结构如图 4-19 所示。

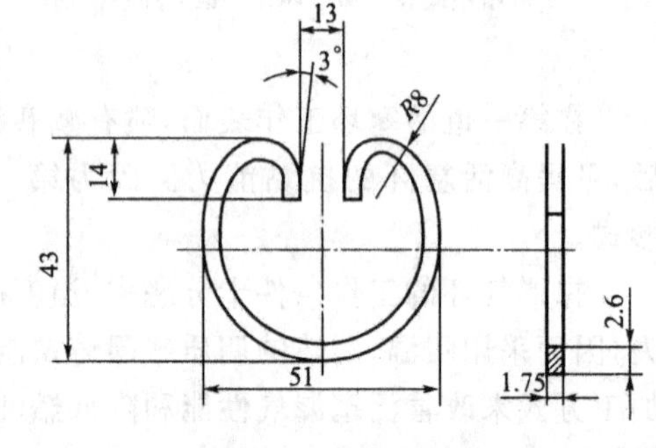

图 4-19　活塞销挡圈

活塞销座和活塞销采用飞溅润滑,喷嘴喷油冷却活塞时,有一部分机油喷到销座和活塞销之间,使销座和活塞得到可靠的润滑。

第二节　连　杆　组

道依茨风冷柴油机连杆组由连杆体、连杆大头盖、连杆螺栓、连杆轴瓦和小头衬套等零件组成,如图 4-20 所示。连杆组的功用是连接活塞与曲轴,实现往复运动与旋转运动的转换,并把作用在活塞上的力传给曲轴。

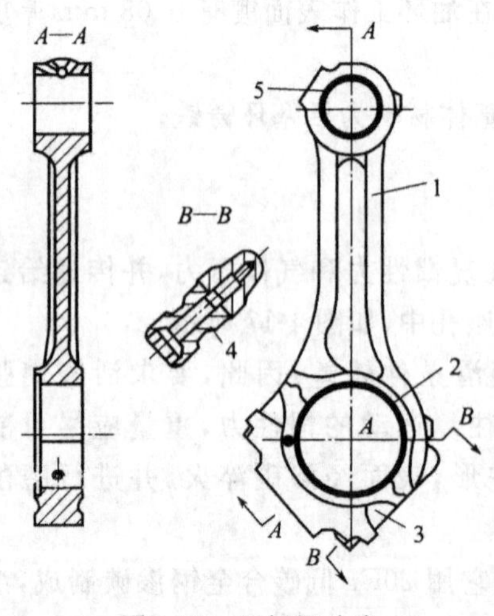

图 4-20　连杆组总成

1—连杆体;2—连杆轴瓦;3—大头盖;4—连杆螺栓;5—小头衬套

连杆组工作时既有上下往复运动,又有左右摆动;既承受活塞传来的气体压力,又承受活塞及它本身往复运动及摆动运动产生的惯性力。这些力的大小和方向周期性变化,使连杆组内部产生冲击性的交变应力——拉伸、压缩、弯曲应力等。连杆或连杆螺栓一旦断裂,往往会造成整机破坏的重大事故,所以要求连杆组应具有足够的强度和刚度,重量尽可能轻,大、小头的轴瓦耐磨。

一、连　杆

连杆的构造如图 4-21 所示,它由连杆体和连杆大头盖组成。连杆体又由小头、杆身、大头三部分组成,如图

4-22 所示。

连杆体的小头是连杆与活塞销连接的部位，做成空心圆柱体状。小头孔中压有衬套，用作减摩轴承。小头顶部加工有小孔，收集飞溅润滑的机油，引入衬套与活塞销的工作表面。停车时这个小油孔还可储存机油，以供启动时润滑活塞销。

连杆体的杆身是连杆大头与连杆小头的连接部分，一般都做成工字形断面，既能减轻重量，又能保证足够的抗弯强度与刚度。为了使连杆大、小头过渡处应力趋于均匀，提高连杆疲劳强度，杆身与大头和小头用较大的圆弧过渡连接。

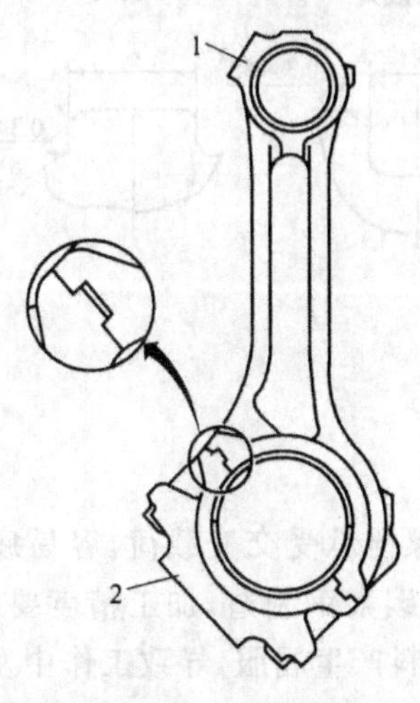

图 4-21　连杆结构

1—连杆；2—大头盖

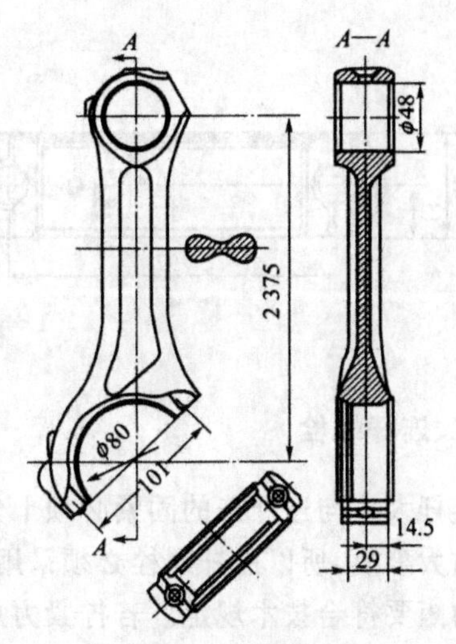

图 4-22　连杆体

连杆体的大头安装在曲轴的连杆轴颈上，故一般是做成可分的。被分开的连杆大头的下半部叫做连杆大头盖，装配时两部分用连杆螺栓固紧。连杆大头的剖分有平切和斜切两种形式，斜切的优点是结构紧凑，允许曲轴有较大的连杆轴颈，连杆能通过气缸套进行拆装，另外连杆螺栓的受力情况也有所改善。

连杆大头盖的结构如图 4-23 所示。连杆大头孔是配对加工的，装配时每一副连杆与连杆大头盖都有装配记号，不能调换。为保证装配精度，结构上要有定位措施，常见的有螺栓定位、套筒定位、止口定位和锯齿面定位等。

B/FL413F、B/FL513 系列风冷柴油机的连杆由中碳铬合金钢（39Cr5）精锻而成，经调质处理，杆身不进行机械加工，但为提高其抗疲劳强度需进行喷丸强化。连杆大头与连杆盖成 45°角剖切，并通过两道宽度 6 mm 的槽舌定位，如图 4-23 所示。

非增压与增压柴油机连杆的外形结构尺寸相同，但表面处理加工方法不同。增压柴油机的连杆经过爆裂敲击试验，在连杆大头端标注有“BF”记号；非增压柴油机连杆未经过爆裂敲击试验，在连杆大头端标注有“X”记号以示区别。柴油机修理时，增压柴油机的连杆可以用于非增压柴油机，但非增压柴油机连杆决不允许用于增压柴油机。

在 V 形柴油机中，一般采用并列连杆机构，即左、右各一气缸的两个连杆并排安装在同一曲轴连杆轴颈上。这种机构的特点是：左、右两侧气缸的活塞连杆的运动规律和受力情况完全一样，连杆结构简单，生产和维修方便，缺点是两排气缸中心线必须沿曲轴箱纵向错开一段距离，使曲轴和曲轴箱的纵向尺寸加大，曲轴刚度降低。两连杆在连杆轴颈上安装时，靠连杆大头的平面定位，而与大头盖无关，因此简化了装配。

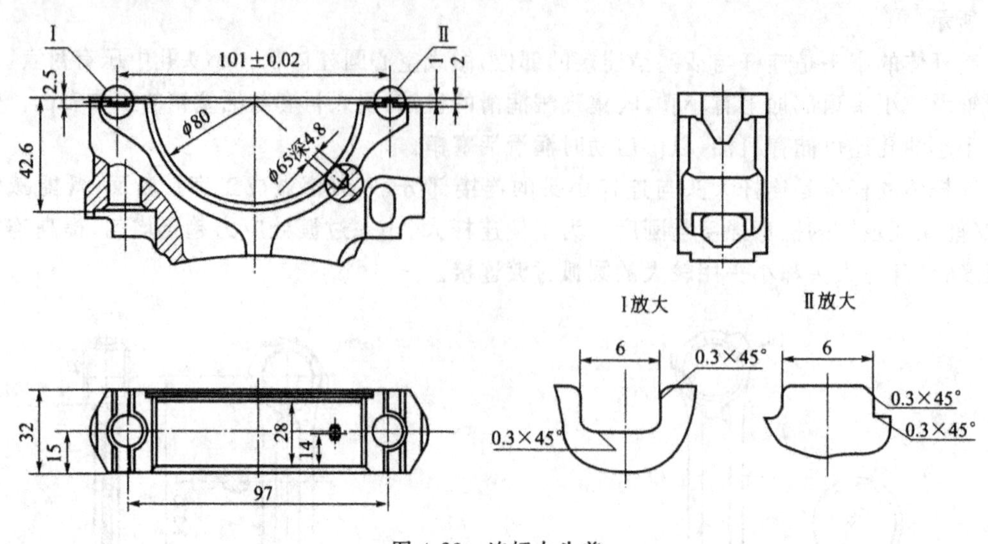

图 4-23 连杆大头盖

二、连杆螺栓

连杆大头与连杆盖的固紧必须十分可靠。由于连杆螺栓承受交变载荷，容易疲劳破坏而造成重大事故，所以连杆螺栓必须采用优质合金钢或优质碳素钢制造，加工精度要高，螺栓的拧紧力矩要符合技术规定。若拧紧力矩过大，会使螺栓材料产生屈服，导致工作中发生螺栓伸长甚至断裂；若拧紧力矩过小，会使连杆在运行中产生结合面的分离，从而使连杆螺栓断裂。连杆螺栓还应有防松措施，可采用开口销、弹簧垫圈、保险片、自锁螺母或螺纹表面镀铜等方法进行防松。

由于 B/FL413F、B/FL513 系列风冷柴油机连杆采用斜切面剖分、槽舌定位固定连杆盖，有利于抵抗应力的增加，因此，连杆螺栓连接处的负荷较小，可以采用直径较小的连杆螺栓固定。连杆盖与连杆体之间是通过两根 M13×1.5 高强度螺栓（如图 4-24 所示）紧固的。连杆螺栓用 34CrMo4 或 42CrMo4 合金钢制成，经调质处理，探伤检查。连杆螺栓采用角度拧紧方法，先给螺栓预紧 30 N·m，然后分两次进行角度拧紧，每次 60°，总拧紧角度为 120°。

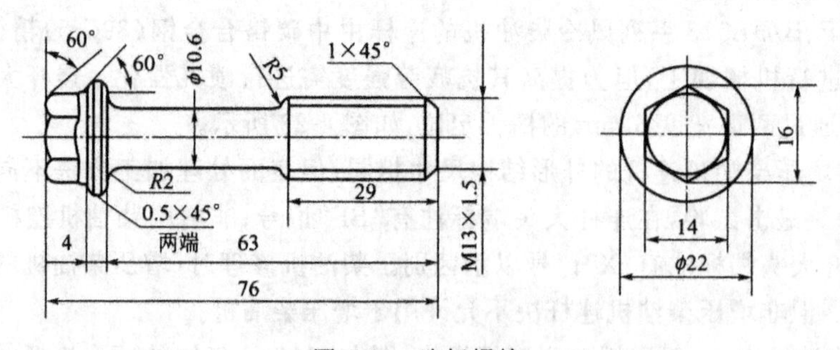

图 4-24 连杆螺栓

三、小头衬套

小头衬套常用耐磨材料铝青铜、锡青铜或铁基粉末冶金等材料制成，在衬套内表面开有直的、斜的或环形油槽，以集存润滑油，对活塞销进行冷却和润滑。

道依茨风冷柴油机的连杆小头衬套为双层合金铅青铜薄壁轴套，如图 4-25 所示，轴套钢背为含碳量 0.1%的低碳钢，厚度为 1.1 mm，耐磨层为铅青铜。衬套宽度为 39.5 mm，中间开有宽度为 4.7 mm 的油槽和 ϕ9 mm 的油孔。

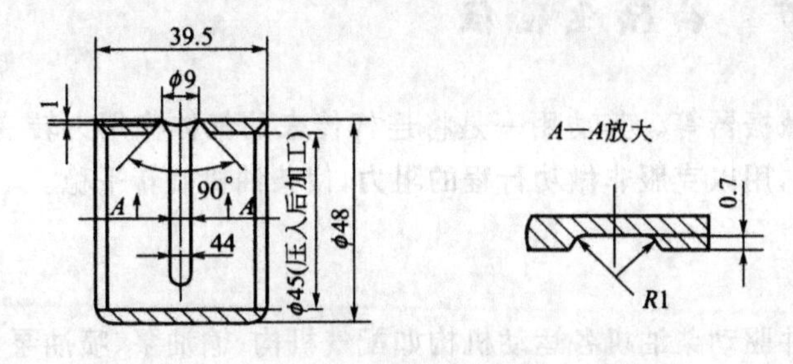

图 4-25　连杆小头衬套

衬套与活塞销的理论装配间隙为 0.004～0.060 mm。

连杆小头衬套采用飞溅润滑，在连杆小头顶部中央设有直径为 8 mm 的润滑油孔。在增压机型的连杆小头内，要求压入有加工余量的半成品衬套，再进行精镗内孔 ϕ45 mm 至成品尺寸；非增压机型可直接压入无加工余量的成品衬套。装入衬套时要注意对正油孔的位置。

四、连杆轴瓦

连杆大头孔内装有两个半圆形的连杆轴瓦，如图 4-26 所示。连杆轴瓦为带镍栅三层合金铅青铜轴瓦，钢背为碳钢，钢背上面是铅青铜主耐磨层，主耐磨层上镀金属镍栅，镍栅上面镀铅、锡软金属合金。耐磨合金具有保持油膜、减少摩擦阻力和易于磨合的作用。连杆轴瓦自由状态开口宽度为 80.2～83 mm，瓦片宽度为 27.8 mm。轴瓦与曲轴连杆轴颈的理论装配间隙为 0.060～0.118 mm。轴瓦有六级修理尺寸，级增为 0.25 mm。

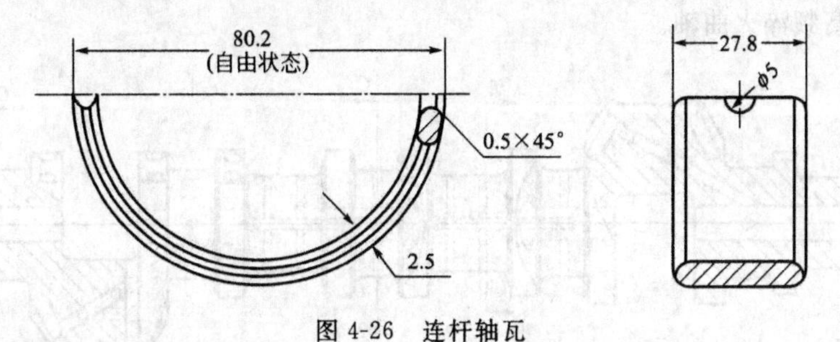

图 4-26　连杆轴瓦

连杆轴瓦靠定位销定位、止动。连杆轴瓦的接口方向应与连杆大头和连杆盖接口方向相错一个角度，如图 4-27(a)所示，如果接口方向一致[如图 4-27(b)所示]，则由于接口处可能形成的窄小缝隙，将使该处的润滑油膜失效。

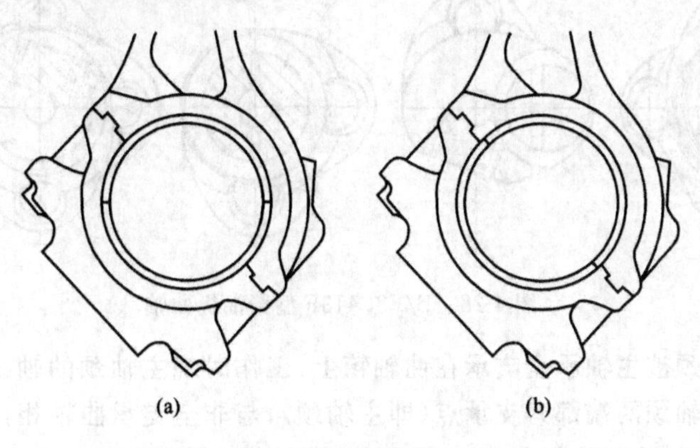

图 4-27　连杆轴瓦安装位置图

第三节　曲轴飞轮组

曲轴飞轮组包括曲轴、飞轮和扭振减振器等。其功用一是将连杆传来的气体作用力转变成扭矩，从而输出动力；再者是储存能量，用以克服非做功行程的阻力，使柴油机旋转平稳。

一、曲　　轴

曲轴的功用主要是对外输出动力，并驱动柴油机各运动机构如配气机构、输油泵、喷油泵、空压机及其他附件。

曲轴在工作时受到不断变化的气体压力和惯性力作用，传递很大扭矩，使曲轴内部产生冲击性的交变应力——扭转、弯曲、压缩和拉伸应力，并产生扭振，容易造成疲劳破坏，且各轴颈磨损严重。因此要求曲轴具有足够的强度与刚度；轴颈表面要耐磨，有良好的润滑；平衡良好，运转平稳，重量轻；还要求在使用转速范围内不产生扭振共振现象。

曲轴的结构形式可分为整体式和组合式两大类。整体式曲轴具有较高的强度与刚度，结构紧凑，重量轻，但加工较困难。组合式曲轴是将曲轴分成若干部分，分别加工，然后组装成整体，加工方便，且便于系列产品通用，但强度与刚度较差，装配工作复杂。

道依茨八缸风冷柴油机曲轴如图 4-28 所示，它由主轴颈、连杆轴颈、曲柄臂、前端、后端和平衡块等组成。一个连杆轴颈和它两端的曲柄臂以及前后两个主轴颈组成一个曲拐。该曲轴用 39 Cr5(非增压)或 34 CrNiMo6(增压)钢制成，为十字曲拐、整体锻造、多支点滑动支承、配重平衡、轴颈高频淬火曲轴。

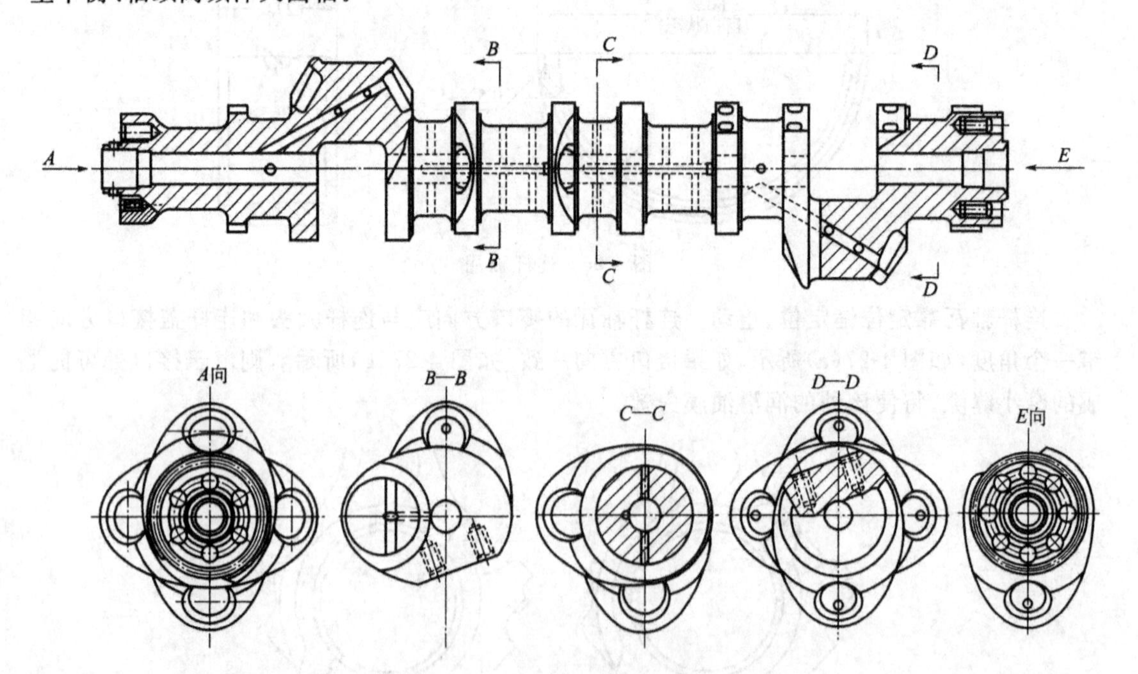

图 4-28　B/F8L413F 型柴油机曲轴

曲轴通过主轴颈被主轴承全支承在曲轴箱上，工作时绕主轴颈的轴线旋转。全支承曲轴的特点是每个连杆轴颈两端都有支承点(即主轴颈)，与非全支承曲轴相比，抗弯强度高，主轴承负荷小，但制造和结构都比较复杂。连杆轴颈与连杆大头相配合，曲柄臂把连杆轴颈和主轴颈连接起来。在主轴颈、曲柄臂和连杆轴颈中有贯通的油道，可使润滑油流入连杆轴颈表面进行润滑。

主轴颈和连杆轴颈都进行高频淬火，硬度为HRC53～56。对于增压柴油机，其连杆轴颈的过渡圆角处也要求表面淬火。因增压机工作条件更为恶劣，圆角淬火后可提高曲轴的抗疲劳强度。

曲轴的轴向移动必须加以限制才能保证曲柄连杆机构的正确位置和正时齿轮的正常间隙与正时，当曲轴受热膨胀时还应允许它能自由伸长。限制曲轴轴向移动的止推轴颈定为第三轴颈，采用翻边轴瓦或止推片止推，其轴向窜动量(间隙)为0.175～0.317 mm。连杆的轴向窜动量(间隙)为0.3～0.8 mm。

在曲轴前后端，各有一个与曲轴制成一体的传动齿轮，通过它们分别带动驱动机构及两组机油泵。这种整体齿轮结构的曲轴优点是正时准确，传动可靠，但曲轴的制造工艺比较复杂。在曲轴前端，通过6个M16×1.5螺栓将曲轴与扭振减振器、驱动发电机的皮带轮紧固在一起；在后端则通过8个M16×1.5螺栓将飞轮紧固在曲轴上。它们均采用大的拧紧力矩锁紧。

随着柴油机转速的不断提高，要求柴油机的平衡性能愈来愈高。曲轴通过配置平衡重的办法进行平衡。在八缸柴油机上，由于选用十字曲拐、V形90°夹角气缸排列和选用的发火顺序，可保证柴油机存在的三个力——旋转离心力、一次往复惯性力、二次往复惯性力都是平衡的。三个力矩中的一个力矩——二次往复惯性力矩也是平衡的，而旋转离心力矩和一次往复惯性力矩是不平衡的，这两个不平衡力矩，可通过加平衡块的方法加以平衡。

在8个曲柄臂上，除中间两个外，配置了6块平衡重。最外面两块平衡重质量为4.4 kg，里面的4块各为4 kg。每块平衡重都用两根M14×1.5高强度螺栓加以紧固。

二、飞　　轮

飞轮是一个具有很大转动惯量的铸铁圆盘，用螺栓固紧在曲轴功率输出端上。飞轮用以储存能量，克服阻力，使曲轴旋转均匀。

飞轮的主要作用是保证柴油机运转均匀。运转中，当扭矩大于平均扭矩时，飞轮将多余的能量储存起来；当扭矩小于平均扭矩时，飞轮释放能量，以带动曲柄连杆机构越过止点和克服非做功冲程的阻力，避免转速的急剧变化。此外，飞轮还可在启动时帮助克服气缸中的压缩阻力，使柴油机可在低速下平稳地运转和可能克服短时间的超负荷。

飞轮与曲轴装配后要进行平衡试验，以防止由于质量不平衡而产生离心力，引起柴油机振动和加速主轴承磨损。一经平衡试验，飞轮与曲轴的相对位置不可再变，一般都有装配定位记号。

飞轮外缘上往往刻有上止点标记或定时零度线，与飞轮壳检视窗上的标记对准时，即可找准相应气缸在上止点的位置，以便进行配气机构和喷油泵的调整。飞轮外圈还装有启动齿圈，用以与启动电机的驱动齿轮啮合，供启动时用。

道依茨风冷柴油机飞轮有多种结构形式，图4-29为其常见的两种结构。图4-29(a)结构，飞轮齿圈通过热压配合与飞轮连在一起，飞轮通过ϕ52 mm内孔与曲轴轴头定位，其内孔中的滚动轴承，作为外部零件定位和支承用。图4-29(b)结构，齿圈与飞轮通过螺栓紧固在一起，与上述结构相比，其拆装较为方便。

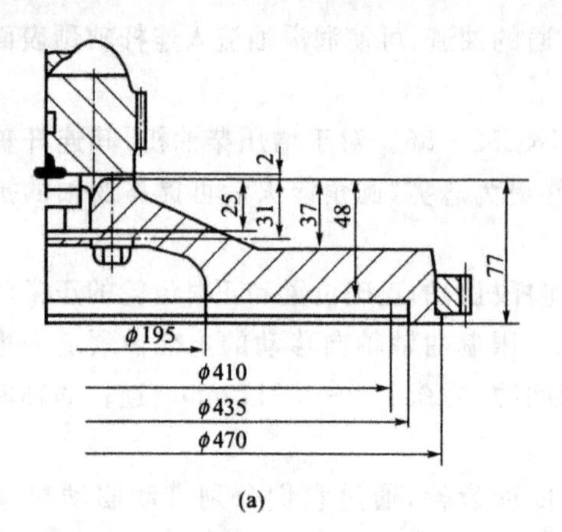

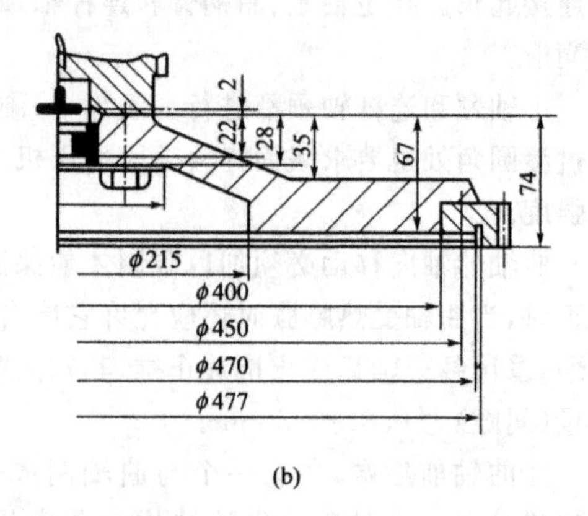

图 4-29　飞轮结构

三、扭振减振器

1. 曲轴的扭转振动

图 4-30 所示为一最简单的扭转振动系统。弹性钢杆 1 一端固定，另一端与圆盘 3 连接，并以支架 2 支托着。若将圆盘扭转一个角度，钢杆也随之被扭转，当外力去除后，在钢杆的弹力和圆盘的惯性力作用下，此系统即产生一定频率的往复扭转现象，称为扭转振动。由于钢杆内部的摩擦阻力，振动会逐步减弱以至消失，这称为自由扭转振动。每个振动系统都有一定的自由扭转振动频率（自振频率），频率的高低与钢杆的刚性和圆盘的质量有关，刚性大，质量小，频率高，反之则频率低。

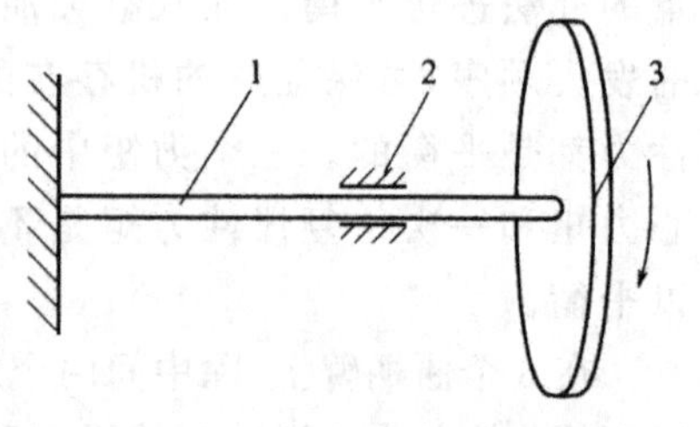

图 4-30　简单扭转振动系统

1—弹性钢杆；2—支架；3—圆盘

当系统振动时，不断施以一定频率的外力，如外力的频率与系统自振频率相同或成整数倍，且相位一致时，则扭振的振幅将越来越大，称为共振。

柴油机的曲柄连杆机构构成了一个相当复杂的扭振系统。在曲轴旋转时，其每一曲拐上轮流地作用着大小和方向都周期性变化的切向力，所以每一曲拐旋转的瞬时角速度是周期性变化的。而装在曲轴后端的飞轮因转动惯量大，旋转比较平稳，其瞬时角速度基本上可看做是均匀的。这样各曲拐就会忽而比飞轮转得快，忽而又比飞轮转得慢，形成各曲拐相对于飞轮的扭转振动。其情形类似于把飞轮端当做固定端，而把各曲拐当做具有一定旋转质量的圆盘的扭振系统，这就是曲轴的扭转振动。各曲拐切向力的变化频率为曲轴转速的一半，当此频率（或转速）和曲轴的固有自振频率相同，或能整除自振频率时，即产生共振。发生共振时的曲轴转速称为临界转速。在临界转速下运转，曲轴的扭转振幅将越来越大，轻则破坏正常的配气定时和供油定时，功率下降，噪声增大，磨损加剧；重则使曲轴扭转变形，甚至发生扭转疲劳破坏而断裂，造成重大事故。因此，柴油机使用时，为避免曲轴产生强烈的扭转共振，必须在柴油机上安装扭振减振器。

2. 扭振减振器

扭振减振器有多种形式，如橡胶阻尼减振器、液力阻尼减振器、橡胶-液力复合减振器、共振式减振器等，其中以橡胶阻尼减振器应用最为普遍。

B/FL413F、B/FL513 系列风冷柴油机采用橡胶减振器，其结构如图 4-31 所示，它由圆盘 1、橡胶 2 和减振体 3 组成，通过硫化橡胶将圆盘和减振体贴合在一起。圆盘 1 上有固定孔，通

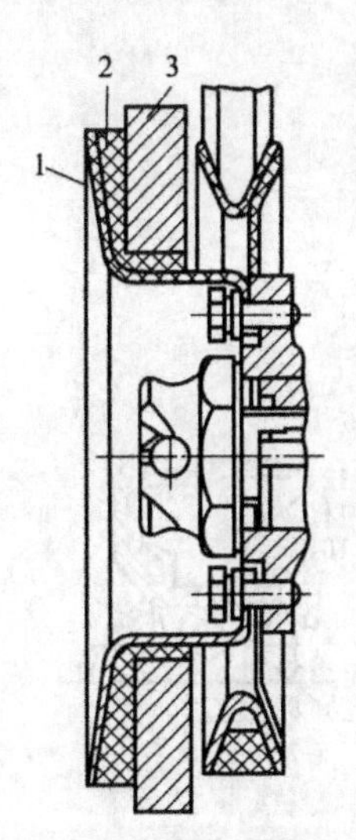

图 4-31　橡胶减振器
1—圆盘；2—橡胶；
3—减振体

过螺钉固定到曲轴自由端。曲轴扭振时，曲轴即圆盘的附加转动通过橡胶传到减振体上。由于减振体的转动惯量较大和橡胶内部的弹性阻尼，减振体不能产生与圆盘同步的附加转动，并企图阻止圆盘产生附加的转动，从而抑制曲轴的扭振。

减振器工作时，橡胶在圆盘与减振体间的相对运动中产生很大的交变切应力，吸收和消耗了曲轴扭振能量，使橡胶内部发热，所以减振器是将曲轴的扭振能量变为热能散发掉。为此，减振器要安装在通风部位，注意散热，否则会加速橡胶的老化与损坏。

橡胶减振器结构简单，工作可靠，可选择获得最大减振效果的固有频率，也可系列化，但阻尼力矩较小，靠改变胶料配方调整阻尼比较困难，一般在功率小于 440 kW 的柴油机上采用这种结构。

在 B/FL413F、B/FL513 系列机型上还常用另一种黏性减振器，如图 4-32 所示。黏性减振器由外壳 1、减振体 2、衬套 3、侧盖 4 及注油螺塞 5 组成。减振体通过衬套支承在外壳上，在外壳和减振体之间装有高黏度的硅油，它使减振体悬浮在外壳内，外壳与减振体四周的间隙为 0.5～0.7 mm。外壳与曲轴前端刚性连接。

黏性减振器与橡胶减振器的减振原理一样，但它不是通过橡胶而是通过高黏度的硅油产生剪切力来抑制外壳的附加转动。

黏性减振器的减振效果好，可用在大功率的柴油机上。但硅油的黏性因温度变化而影响减振效果，同时它不像橡胶减振器那样可对某一固定频率获得最大的减振作用。

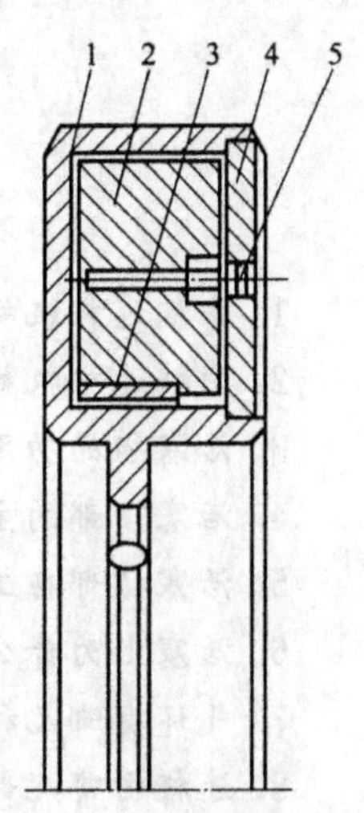

图 4-32　黏性减振器
1—外壳；2—减振体；
3—衬套；4—侧盖；
5—注油螺塞

四、曲轴径向密封圈

曲轴径向密封圈安装在曲轴的自由端（前端）和飞轮端（功率输出端），其作用是防止机体内的机油外溢和水、灰尘等进入机体内。

曲轴径向密封圈的结构如图 4-33 所示，它由金属保持架 1、橡胶密封体 12 和拉簧 11 三大部分组成。橡胶密封体的几何形状及尺寸必须精心设计与制造，它与曲轴轴颈的密封宽度为 0.1～0.2 mm，空气侧密封角 β 约为 25°，油侧密封角 α 比外侧角约大 20°。拉簧作用平面与密封棱边的外偏距离，即弹簧杠杆臂 h=0.05～1 mm。

保护唇的作用是防止水、灰尘等进入机体内，平时它处于闭合状态。当曲轴受热时，保护唇张开，使保护唇与密封唇之间不会出现负压。

橡胶密封体靠自身的弹力与拉簧的拉力将密封唇压在曲轴轴颈上，以保证一定的径向密封力。密封圈除了密封作用外，还能在接触处动态积存机油，起到冷却和自润滑作用。

目前常用的橡胶密封体有硅橡胶和氟橡胶两种。硅橡胶能保证在－54～177 ℃范围内工作，具有良好的柔韧性，但抗撕裂强度低，对装配时可能出现的损伤，特别是密封唇部位较为敏感。另外，对抗氧化（机油和某些添加剂）稳定性差，干运转性能也差。氟橡胶性能优于硅橡胶，但价格较贵。除上述两种橡胶密封体外，最近又出现了密封性能更佳的聚四氟乙烯（PTFE）径向密封圈，不但材料有了改进，结构形式也有变化，但密封机理是一样的。

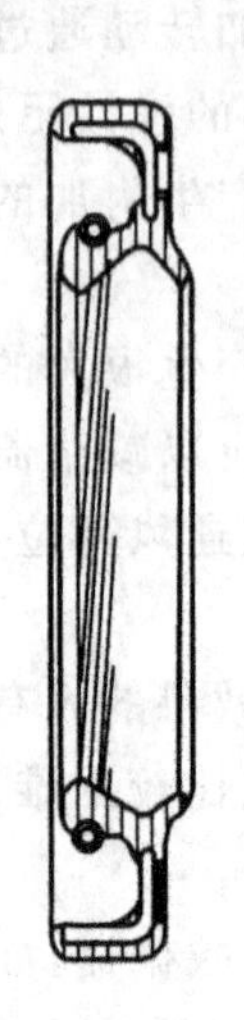

(a) 保护唇在外

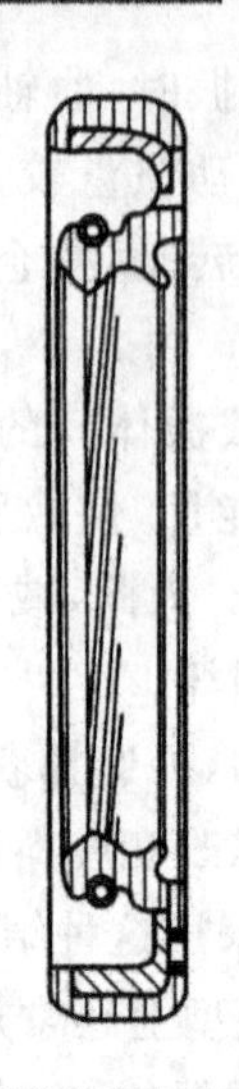

(b) 保护唇在内(逆向)

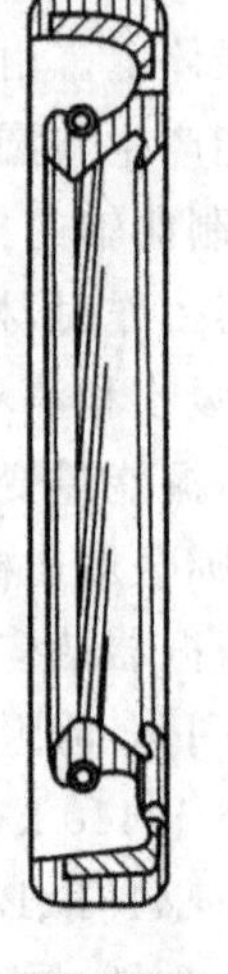

(c) 保护唇在内(顺向)

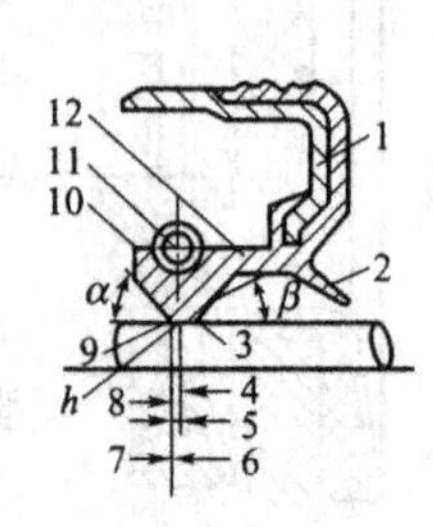

(d) 结构细部

图 4-33 曲轴径向密封圈及结构参数

1—金属保持架;2—保护唇;3—辅助密封棱边;4—弹簧作用平面;5—弹簧杠杆臂;6—空气侧;7—机油侧;8—密封面;9—密封棱边;10—密封唇;11—拉簧;12—橡胶密封体

α—油侧密封角;β—空气侧密封角

1. 曲柄连杆机构的主要作用是什么?
2. 曲柄连杆机构由哪些主要零件组成?
3. 活塞组的功用是什么?
4. 活塞顶部的主要作用是什么?
5. 活塞裙部在工作中产生变形的原因是什么? 在结构设计上如何解决?
6. 活塞上为什么要安装活塞环?
7. 气环有哪几种形式? 各有什么特点?
8. 连杆由哪几部分组成?
9. V形内燃机连杆是如何连接的? 有何特点?
10. 曲轴的主要功用是什么?
11. 曲轴上的油道有何作用?
12. 整体式和组合式曲轴各有何特点?
13. 飞轮具有哪些功能? 为什么要安装扭振减振器?
14. 为什么飞轮与曲轴装配后要进行平衡试验?

第五章 配气机构

配气机构的功用是按照柴油机各气缸的着火次序，在每一工作循环中按时开启和关闭各气缸的进、排气门，以保证各缸及时吸进新鲜、干净的空气和排除废气。

配气机构零部件的设计，在很大程度上影响柴油机的动力性能和运转可靠性。同时，配气机构的布置方式也在一定程度上影响柴油发动机的总体布置。配气机构应能保证气门在规定的时刻开启和关闭，在开启时气流应该通畅；在关闭时应能封住气缸内的高压气体，以保证柴油机有较高的充气效率，使柴油机获得较高的动力性能。当柴油机高速运转时，气门的开启与关闭动作是以很高的频率反复进行的，由于配气机构弹性系统的扭转振动，常会发生气门不按凸轮外廓所规定的规律运动，致使气门失去或部分失去凸轮的控制，导致气门晚开早关，配气机构各零件撞击、磨损加剧、噪声加重，甚至与活塞相碰，在此情况下，如何使配气机构适应高速、超速的要求，是保证柴油机工作可靠和良好性能的关键之一。

第一节　配气机构的组成及布置形式

柴油机的配气机构一般由以气门为主要零件的气门组和以凸轮轴为主要零件的气门传动组构成。按照气门相对于气缸布置的形式不同，柴油机配气机构通常分为侧置气门式配气机构和顶置气门式配气机构两种。

一、侧置气门式配气机构

图 5-1 为侧置气门式配气机构示意图，进、排气门均安置在气缸的旁边。气门组由气门、气门导管、气门弹簧、弹簧座和锁片等组成；气门传动组由挺柱、凸轮轴和正时齿轮等组成。

柴油机工作时，曲轴正时齿轮通过凸轮轴正时齿轮带动凸轮轴旋转，凸轮推动挺柱上升，挺柱顶开气门，此时气门弹簧被压缩；当凸轮继续旋转，凸起部分转过挺柱时，气门便在弹簧张力的作用下压紧于气门座上，这时气门关闭。

侧置气门式配气机构由于气门杆端距离曲轴较近，所以驱动气门需要的零件较少，这就使配气机构和凸轮轴的传动简化；气缸盖上不需要安排进、排气门及气道，结构简单并使缸盖减薄，整机高度相应减小。但是，侧置式气门必须使燃烧室延伸到气缸直径以外，形状不紧凑，限制了压缩比的提高，当压缩比大于 7.5 时，燃烧室就很难布置，因此影响内燃机的热效率。另外，进、排气道由于气门侧置拐弯增多，进、排气阻力增大，和顶置式气门比较，充气系数要减少 5%～7%。

综合以上原因，侧置式气门发动机的经济性和动力性指标都较差，用进一步提高压缩比来提高发动机性能的措施也受到限制，故柴油机几乎无例外地采用顶置气门式配气机构。

二、顶置气门式配气机构

图 5-2 为典型顶置气门式配气机构示意图，其进、排气门均布置在气缸盖上。气门组由气门、气门导管、气门弹簧、弹簧座和锁片等组成；气门传动组由摇臂轴、摇臂、推杆、挺柱、凸轮轴和正时齿轮等组成。

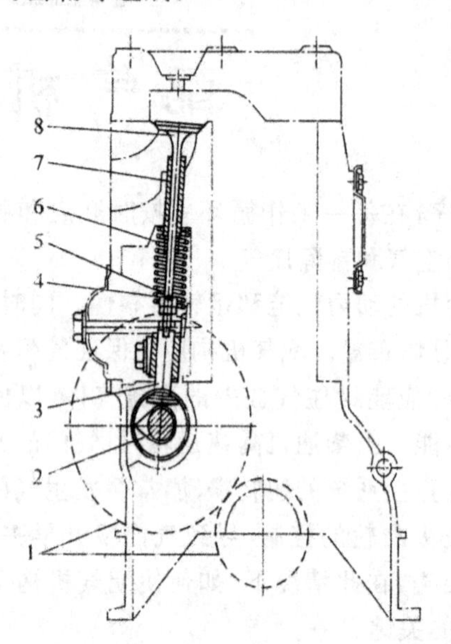

图 5-1 侧置气门式配气机构示意图

1—正时齿轮；2—凸轮轴；3—挺柱；4—锁片；5—弹簧座；6—气门弹簧；7—气门导管；8—气门

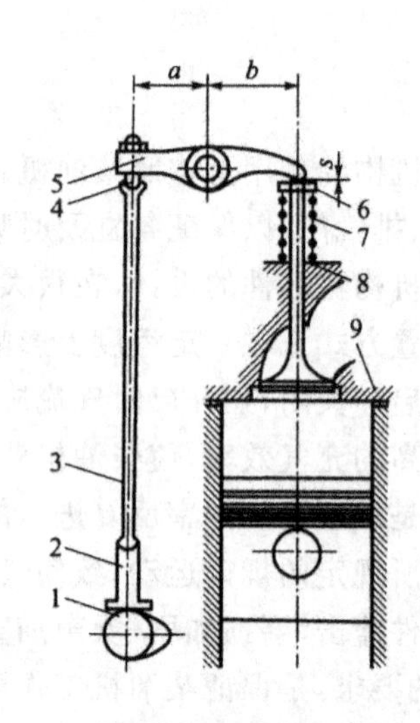

图 5-2 顶置气门式配气机构示意图

1—凸轮；2—挺柱；3—推杆；4—调节螺钉；5—摇臂；6—弹簧座；7—气门弹簧；8—气门；9—气缸盖

柴油机工作时，凸轮轴是由曲轴通过正时齿轮驱动的。当凸轮 1 凸起部分顶起挺柱 2 时，通过推杆 3、调节螺钉 4 使摇臂 5 摆动，在消除气门间隙 s 后，压缩气门弹簧 7，使气门开启。应当指出，由于摇臂的两臂 a 和 b 不等长，它们使摇臂绕着摇臂轴摆动时，左右两侧升程是不同的。当凸轮凸起部分离开挺柱后，气门便在弹簧张力的作用下压紧在气缸盖 9 的气门座上，这时气门关闭。

四冲程柴油机每完成一个工作循环，曲轴转两周，各缸的进、排气门各开启一次，即凸轮轴只需转一周，因此，曲轴与凸轮轴的转速比为 2∶1。对于二冲程柴油机，它的转速比显然为1∶1。

顶置气门式配气机构的突出优点是燃烧室比较紧凑，减少了爆燃的可能性；进、排气道由于气门顶置而减少了拐弯次数，充气系数相应提高。这些因素使得顶置式气门发动机在动力性和经济性方面都优于侧置式气门发动机，所以柴油机和多数汽油机广泛采用这种结构形式。其缺点是由于气缸盖上增加了许多机构，使发动机的高度增加。

三、B/FL413F、B/FL513 系列风冷柴油机配气机构

B/FL413F、B/FL513 系列风冷柴油机采用凸轮轴下置式定置气门配气机构，其组成如图 5-3 所示。每个气缸配置一个进气门、一个排气门，由一根凸轮轴驱动。凸轮轴置于曲轴箱 V 形夹角内，正时齿轮安装在凸轮轴后端，并通过六角螺栓固紧。正时齿轮直接由曲轴正时齿轮驱动。

挺柱支承在曲轴箱内腔上部的挺柱座上，左、右排挺柱孔夹角为97°。推杆穿过曲轴箱体上97°夹角孔，其外部罩以护管，护管的下部支承在曲轴箱护孔内，以O形密封圈密封。气门调节螺钉旋在摇臂螺孔内，可上、下旋动以调节气门间隙，调定后用螺母锁紧。摇臂支承在摇臂座轴上。

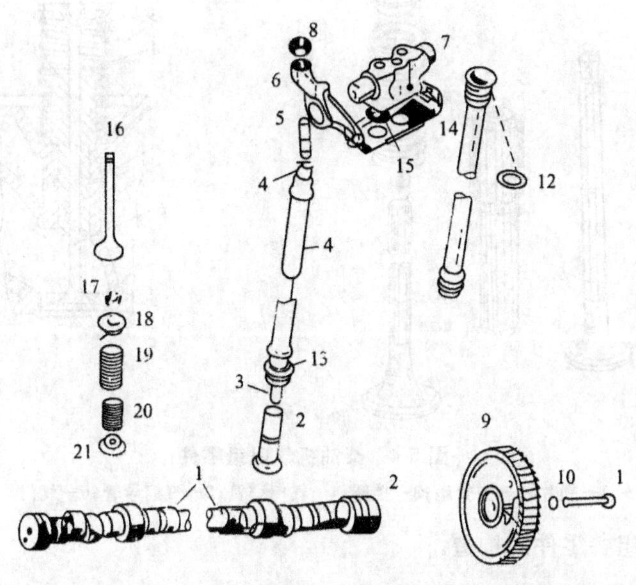

图5-3 B/FL413F、B/FL513系列风冷柴油机配气机构

1—凸轮轴；2—挺柱；3—推杆；4—护管；5—调节螺钉；6—摇臂；7—摇臂座；8—紧固螺母；9—正时齿轮
10—垫圈；11—六角螺栓；12、15—O形密封圈；13—密封圈；14—垫片；16—气门；17—锁片；
18—弹簧座圈；19—气门大弹簧；20—气门小弹簧；21—气门旋转机构(进气门)

气门弹簧有双簧、单簧两种形式，图示为双簧结构，即一个气门上两根弹簧，一大一小，旋向相反。在进气门上布置有气门旋转机构。

由于B/FL413F、B/FL513系列风冷柴油机曲轴正时齿轮与曲轴锻在一起，并为后驱动布置，处于扭振节点附近，振幅较小，故传动平稳，正时准确，拆装方便，动力性能较好。

第二节 配气机构的主要机件

一、气门组

气门组由气门、气门座、气门导管、气门弹簧、弹簧座、锁片及挡圈等组成，图5-4所示为柴油机气门组零件组成。

柴油机对气门组零件的最基本要求是气门与气门座应能严密密封，在高温条件下工作可靠，并具有足够的刚度和耐磨性。如果气门漏气，引起发动机功率下降，严重时柴油机压缩终点温度和压力太低，以致不能着火启动；在膨胀过程中，高温燃气长时间地冲刷进、排气门，使气门过热、烧损；如排气门漏气，则压缩过程的新鲜混合气漏入排气管而产生排气管放炮。

为了保证气门与气门座严密密封，气门组必须满足：

(1) 气门和气门座的密封锥面应能严密贴合，可通过研磨达到。

(2) 气门座与气门导管要有精确的同心度，气门导管和气门杆之间的间隙不能太大，以保证气门导管对气门的精确导向，使气门上、下运动时不致倾斜。

(3) 气门弹簧要有足够的刚度和预紧力，且其两端面应与气门中心线垂直，保证气门能迅速关闭，并紧紧地将气门压在气门座上。

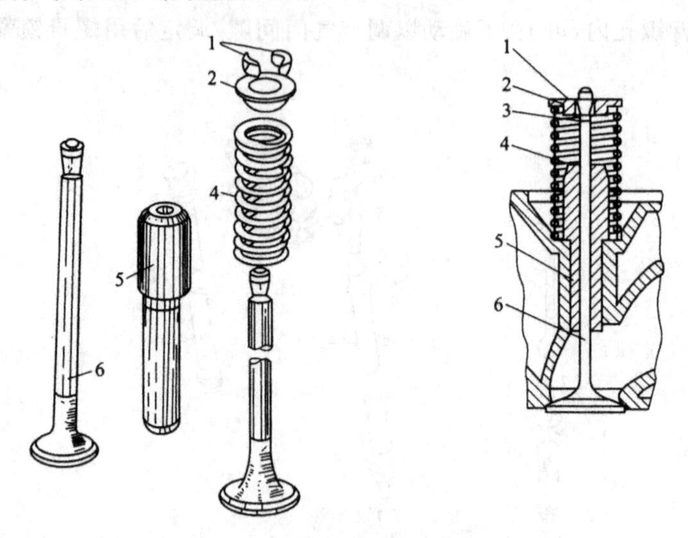

图 5-4　柴油机气门组零件

1—锁片；2—弹簧座；3—挡圈；4—气门弹簧；5—气门导管；6—气门

下面分述气门组各零件的构造。

1. 气　　门

气门的工作条件很差，头部与燃烧气体接触，受热严重，排气门温度可达 800～900℃，进气门温度亦可达 300～400℃；气门与气门座之间在惯性力和弹簧力的作用下承受冲击力，一般可达 10^4 N，强化发动机上可达 3×10^4 N；气门杆部在气门导管中作高速往复运动，润滑困难。在此恶劣的工作条件下，要封住气缸内的高压气体，使之具有良好的密封性和长期工作的可靠性，气门材料的选用以及结构设计都较为关键。

气门必须具有较高的耐疲劳强度和耐蠕变强度，以及耐高温、抗腐蚀和耐磨损的能力。进气门一般由合金结构钢制成；排气门普遍采用耐热钢制造，为了节约贵重的耐热钢及满足不同部位的工作要求，排气门头部与杆身往往用不同材料制造，盘部用耐热钢、杆身用合金钢，通过摩擦焊对接在一起。

气门头部与气门座配合的密封面一般均制成圆锥面。锥面使气门在气门座上能自动定心，促使密封面能紧密地贴合。为了保证密封，每个气门都要与气门座配对研磨，研磨后的气门不能互换。气门密封锥面的锥角一般为 45°，也有采用 30°的，如图 5-5 所示。当气门开度一定时，较小的锥角能获得较大的气流流通断面，对进气有利，同时可以减少气门落座时的相对滑移磨损。而较大的气门锥角可提高气门头部的刚度以及起到良好的气门落座时的自位作用。

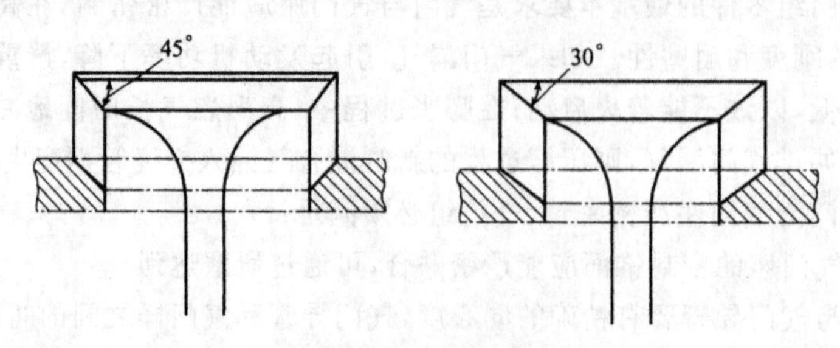

图 5-5　气门锥角

气门的座合面宽度即气门密封锥面的密封环带宽度，影响到气门头部热量导出时的热阻和密封性能，前者要求座合面的宽度越大越好，而后者又不希望座合面宽度太大。一般，气门座合面的宽度以1～2mm为宜。

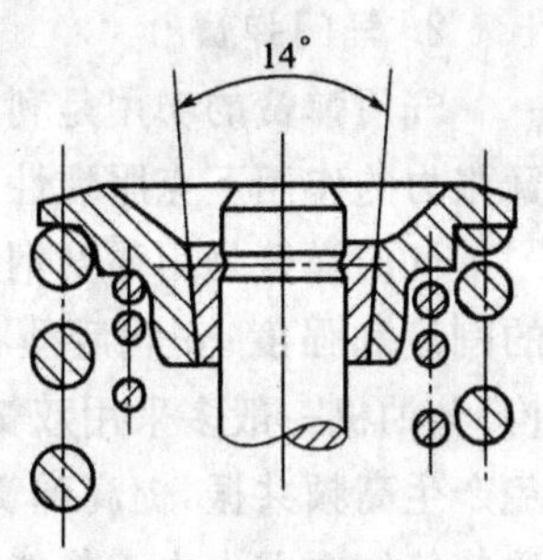

图 5-6 弹簧座的固定

进、排气门的外形相似，头部一般制成平顶。为了有利于充气，进气门头部的直径往往比排气门大。

气门头部和气门杆之间均用较大的圆弧连接，以减小气流阻力，增加气门刚度，改善气门头部的散热条件。气门杆与气门导管应很好配合，以保证其导向作用。

气门杆端和摇臂接触，承受敲击与摩擦，因此杆端需淬硬或堆焊耐磨合金，以提高它的耐磨、抗冲击能力。在气门杆的尾部，有弹簧锁片的锥形环槽，通过锥形卡块固定弹簧座圈，如图5-6所示。

B/FL413F系列风冷柴油机进、排气门结构如图5-7所示。

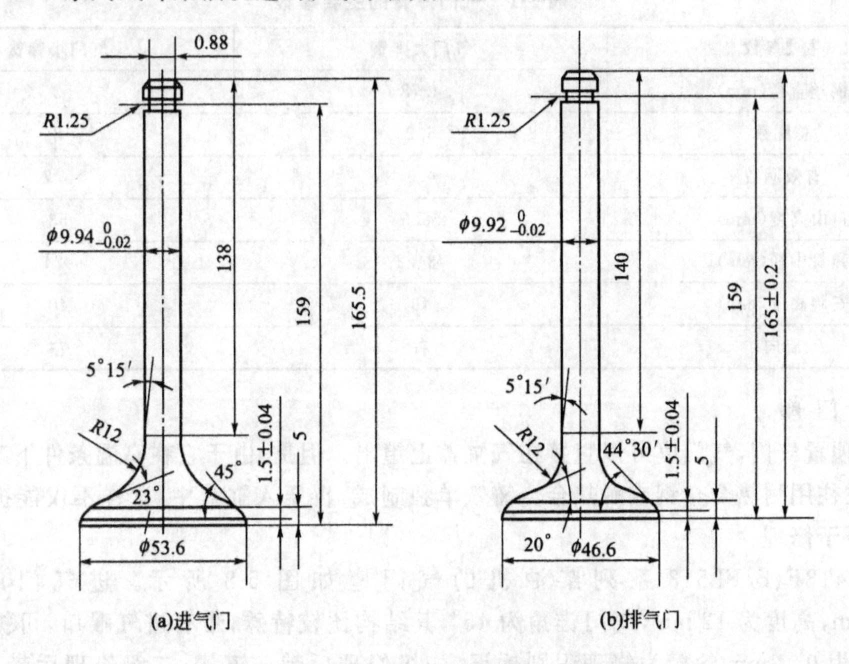

图 5-7 B/FL413F系列柴油机进、排气门

进气门头部直径为ϕ53.6 mm，杆部直径为ϕ9.94 mm，与气门导管的理论配合间隙为0.06～0.098 mm，磨损极限为0.25 mm。气门锥角45°，杆长165.5 mm，气门锥面和顶部承载面要求表面淬火。

排气门头部直径为ϕ46.6 mm，杆部直径为ϕ9.92 mm，杆身工作部分镀铬(镀层厚0.004～0.006 mm)，与气门导管孔的理论配合间隙为0.08～0.11 mm，气门锥角为44°30′。

进气门采用8Cr20Si2Ni钢制造，排气门采用5Cr21Mn9Ni4WNbN钢制造。

需要指出，增压和非增压柴油机的进气门是不同的。对于增压柴油机，由于工作负荷大，其杆身要求镀铬，而非增压柴油机不要求镀铬。至于其他方面完全一致，即增压柴油机进气门能无条件地代替非增压柴油机进气门，而非增压柴油机进气门不能代用增压柴油机进气门。

从柴油机的性能考虑，尤其是高速柴油机，由于气门开启时间短以及气门尺寸的限制，总希望气门的开度大些。但是，气门开度增大又将使其开闭速度增大，这会产生很大的加速度和惯性力，因此，气门的开度应适当。

2. 气门弹簧

气门弹簧的功用是利用其弹力来关闭气门。当驱动气门开启的推力撤除后，气门便在弹簧张力的作用下克服惯性力而与气门座紧密配合。

气门弹簧是用弹簧钢丝制成的圆柱形螺旋弹簧。为了使其工作可靠，要求它必须有足够的刚度和强度；安装后须有一定的预紧力，以防止气门跳动。气门弹簧有单簧和双簧两种结构，柴油机一般多采用双簧，而且内外簧的旋向相反。双簧因两根弹簧刚度不一致，有利于避免产生高频共振，提高弹簧的使用寿命，而且当一根弹簧折断时，另一根弹簧仍能继续工作，不致使气缸立即失去工作能力。由于气门弹簧在工作时受到很大的高频交变载荷，故弹簧采用铬钒合金钢丝制造，为了提高抗疲劳强度，弹簧常进行喷丸处理。

B/FL413F、B/FL513 系列风冷柴油机双气门弹簧的主要参数见表 5-1。

表 5-1　气门弹簧的主要参数

主要参数	气门大弹簧	气门小弹簧
钢丝直径(mm)	4.78	3
总圈数	6.2	8
有效圈数	4.5	5.7
自由高度(mm)	58.5	53
弹簧中径(mm)	ϕ34.2	ϕ24
安装高度(mm)	46	40
旋向	右	左

3. 气门座

对于顶置气门，气门座可以直接在气缸盖上镗出。但是，由于它在高温条件下工作容易磨损，所以往往用耐热合金钢或耐热合金铸铁单独制成，再压入缸盖中，这样不仅能提高使用寿命，而且便于修理。

B/FL413F、B/FL513 系列柴油机的气门座如图 5-8 所示。进气门座外径为 ϕ56.18 mm，高度为 12 mm，气门锥角为 45°，其结构比较特殊，带有进气喉口，可提高充气效率。宽度为 0.3 mm 的槽为修理识别标记，一级修理后带一道槽，二级修理后带二道槽，标准状态无槽。排气门座外径为 ϕ49.18 mm，高度为 12 mm，气门锥角为 45°，也带 0.3 mm 的修理标识槽。

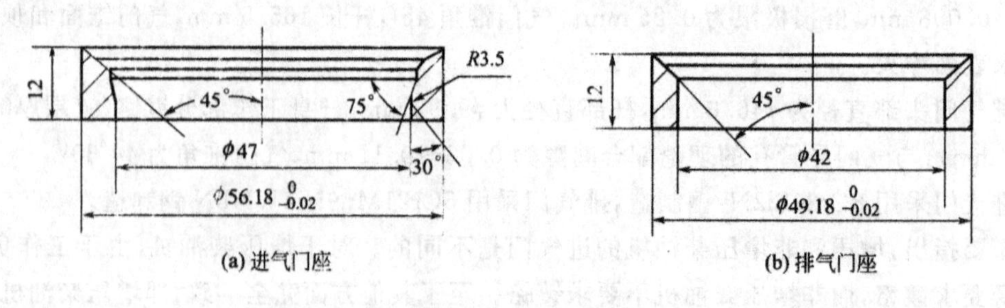

(a) 进气门座　(b) 排气门座

图 5-8　气门座

一级、二级气门座修理时应加大尺寸，每级气门座圈外径递增 0.1 mm。

为防止气门座圈的松脱，气门座圈与气门座孔采用过渡配合，其过盈量为：进气门座圈

0.13～0.18 mm，排气门座圈 0.135～0.18 mm，过盈量均取得较大。

气门座圈在保证它与气门座合面可靠密封的前提下，要求耐磨、耐腐蚀，所以，气门座圈都采用镍铬钼耐热合金铸铁制造，这种铸铁具有很高的耐磨性和耐热性，并在高温下能保持良好的强度。

4. 气门导管

气门导管工作时的润滑条件较差，为保证气门在气门导管中上、下运动，气门导管应能导向、耐磨和散热，为此，必须合理地选择气门导管的材料及气门杆与气门导管间的配合间隙。

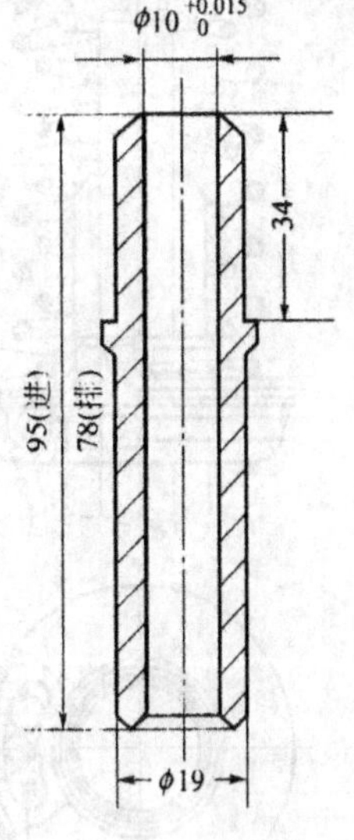

图 5-9 气门导管

进、排气门导管的结构如图 5-9 所示，均用高磷耐磨铸铁制成，加工好后热压入气缸盖中，理论过盈量为 0.025～0.056 mm。气门导管与气缸盖组装后再将孔径加工到成品尺寸。排气门导管总长较进气门导管短 17 mm，可减少排气门对气缸盖的热传导。

气门杆在气门导管中处于半干摩擦状态下工作，故气门杆和气门导管间应有适当的间隙。间隙太大，易产生漏油、漏气、积炭、气门导向与散热不良等故障；间隙过小，则不能保证摩擦表面必要的润滑和冷却，易磨损、卡住。根据气门的工作温度和气门杆直径，进气门导管与进气门杆的配合间隙为 0.06～0.095 mm，磨损极限间隙为 0.25 mm；排气门导管与排气门杆的配合间隙为 0.08～0.113 mm，磨损极限间隙为 0.6 mm。因为排气门导管热负荷较进气门大，为保证气门杆与导管孔间正常的配合间隙，防止卡死，故取排气门导管的配合间隙比进气门导管大。

为减轻排气对气门杆的高温冲刷，排气门导管伸出凸平面 6 mm，如图 5-10 所示。但总的来看，气缸盖排气凸台离气门头部较远，达 59 mm。虽然排气阻力较小，但排气对气门杆的高温冲刷作用十分强烈，这也是排气门杆与排气门导管配合间隙取得较大的原因。

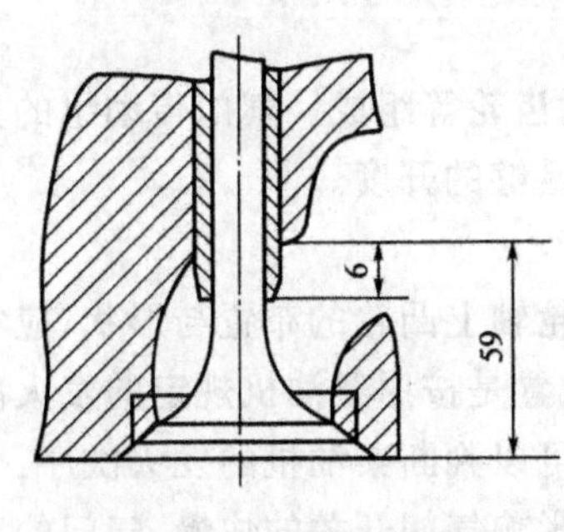

图 5-10 排气门导管与气道内凸台位置

气门导管内孔的表面粗糙度值不能太大，否则容易产生熔着磨损。最佳表面粗糙度值为 60～90 μm，气门杆经磨削加工后的表面粗糙度值为 30～50 μm，这样可以保证在配合面上有足够的机油，防止熔着磨损，改善气门导管的耐磨性能。进、排气门导管均有三种规格尺寸，其中 0 级尺寸是标准状态尺寸，一、二级为修理加大尺寸。无论哪级导管，其内径均为 ϕ10 mm，但外径尺寸每级递增 0.25 mm。

5. 气门旋转机构

气门在工作过程中若产生均匀、缓慢地旋转运动，可使气门温度均匀，也可将锥面及气门杆上的积炭擦掉。这样，不但可改善气门杆的润滑条件，而且对改善气门座及气门导管的导热都极为有利，气门座锥面也不易产生腐蚀和磨损不均匀现象。实践证明，采用气门旋转机构，往往使气门的使用寿命提高 2～5 倍。

气门旋转机构可装在气门杆上部，即为松开式气门旋转机构，也可装在气门杆底部，即强制性气门旋转机构。

B/FL413F 系列风冷柴油机只在进气门下部装有强制性气门旋转机构，如图 5-11 所示。

在进气门导管上套有一个固定不动的弹簧支承盘5,支承盘上布置有六条带斜坡的弧形凹槽,每道槽内装有钢球4和回位弹簧6。支承盘上面套有碟形弹簧3、支承圈2和卡环1,气门弹簧下端坐落在支承圈2上。

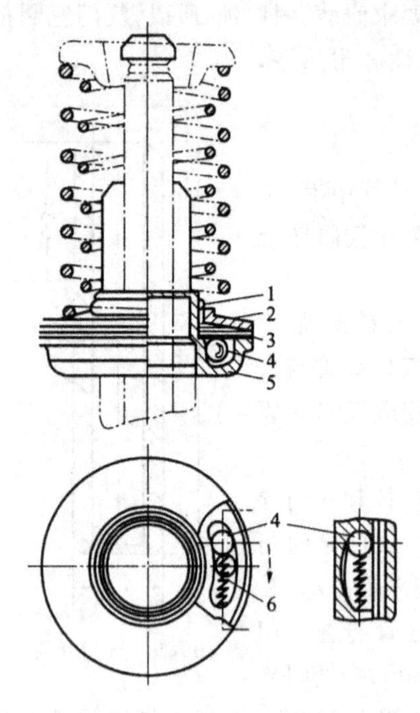

图5-11 气门旋转机构
1—卡环;2—支承圈;3—碟形弹簧;4—钢球;5—弹簧支承盘;6—回位弹簧

当气门在关闭状态时,气门弹簧的预紧力通过支承圈2将碟形弹簧3压在弹簧支承盘上,碟形弹簧3和钢球4没有接触。当气门开启时,气门弹簧通过支承圈2压缩碟形弹簧3产生变形,随着气门开度的增加,气门弹簧力不断增加,碟形弹簧变形量也增大,并与钢球4相接触,迫使钢球4向弹簧支承盘上凹槽的低处滚动一定距离,这样,几个小钢球就拖动碟形弹簧、支承圈、气门弹簧和气门旋转一个角度。这个角度不等于钢球因滚动所转过的角度,其中有一部分是碟形弹簧与滚珠之间的相对滑动。

当气门关闭时,弹簧力不断减小,旋转机构不足以带动气门反向转动,钢球与碟形弹簧之间相对滑动,碟形弹簧逐渐复原,于是钢球在回位弹簧6的作用下回到凹槽高处。这样,气门每开启一次,就转过一个角度,从而使气门旋转,减少气门座的积炭,改善密封性,并减轻气门和气门座局部过热与不均匀磨损。气门旋转的速度取决于每开闭一次气门所转过的角度和凸轮轴的转速。

二、气门传动组

气门传动组主要由摇臂轴、摇臂、推杆、挺柱、凸轮轴和正时齿轮等组成。气门传动组的主要功用是使气门根据配气定时的要求按时开启和关闭,并保证足够的开度。

1. 凸轮轴

凸轮轴是控制各缸进、排气门开启和关闭的主要元件。凸轮轴上凸轮的布置与形状,应符合配气相位和配气规律的要求。由于凸轮轴上各凸轮的相互位置是按照柴油机规定的发火次序排列,因此,根据各凸轮的相对位置和凸轮轴的旋转方向,就可以判断柴油机的发火次序。

配气凸轮的形状,对柴油机性能有着重要的影响。它不仅影响气门开关的快慢、气门的升程和运动规律,还影响着其他零件的运动规律及由此而产生惯性负荷的大小。凸轮开启与关闭气门的曲线,一般是对称的。

图5-12所示为道依茨八缸风冷柴油机的凸轮轴,用45钢制成,经正火处理。为了提高耐

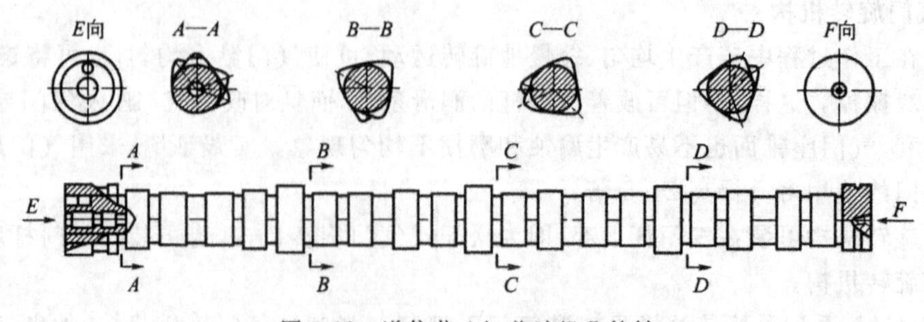

图5-12 道依茨八缸柴油机凸轮轴

磨性,各个凸轮型面和支承轴颈都经高频淬火,硬度为 HRC55～61。凸轮是由高次多项式组成,为高次方曲线凸轮,具有速度和加速度都是连续圆滑的特点,因此冲击和振动较小,保证了配气机构具有良好的动力性能,工作可靠。

在凸轮轴前端,布置有 M14×1.5 螺孔,用以紧固正时齿轮。正时齿轮通过定位销孔与凸轮轴保证确定的安装关系。正时齿轮将曲轴的动力传递到凸轮轴,驱动凸轮轴旋转。凸轮轴的旋转方向与曲轴相同,转速为曲轴的一半。

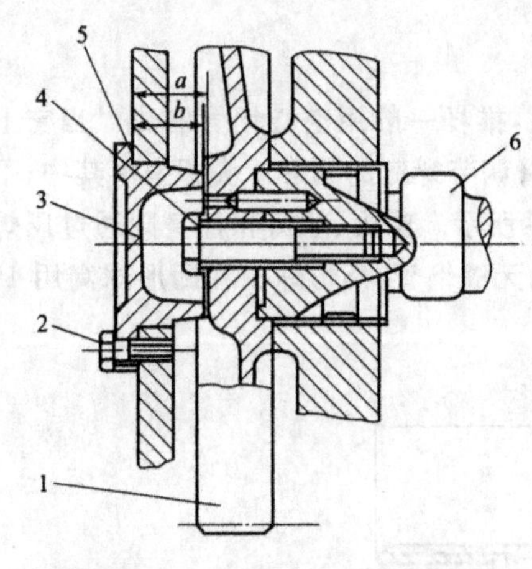

图 5-13 凸轮轴轴向定位装置

1—正时齿轮;2—螺栓;3—凸轮轴调整盖;4—螺栓;5—调整垫;6—凸轮轴

安装时凸轮轴从曲轴箱前端贯通装入,故各支承轴颈的直径大于凸轮的最大回转直径。凸轮轴通过凸轮轴衬套支承在横隔板上,轴颈与衬套的配合间隙:第一轴颈为0.060～0.137 mm,其余为0.060～0.148 mm。

凸轮轴需要轴向定位,否则,柴油机运转时,曲轴正时齿轮作用在凸轮轴正时齿轮上的轴向力使凸轮轴轴向移动,同时还使凸轮轴相对于曲轴转动一个角度,从而破坏凸轮轴的"正时"。凸轮轴轴向定位装置如图5-13所示,凸轮轴调整盖用六角螺栓紧固在曲轴箱后端面上,当凸轮轴向前窜动时,受到横隔板端面的限制(抵在正时齿轮端面上),向后窜动时,受凸轮轴调整盖止推面的限制。为了使凸轮轴转动自如,必须保证凸轮轴有一定的轴向间隙。轴向间隙的调整由增减布置在凸轮轴调整盖与曲轴箱后端面间的调整纸垫来实现,个别情况下也可通过修磨凸轮轴调整盖止推面的办法进行调整,保证其轴向间隙($a-b$)在 0.25～0.70 mm 范围内。

2. 挺柱

挺柱的作用是将凸轮的推力传给推杆和摇臂,以开启进、排气门。挺柱在工作中,是沿着轴线作往复运动。在凸轮轴的作用下向上运动,凸轮的推力撤除后,在其本身重力、推杆的重力以及气门弹簧力的作用下向下运动。此外,挺柱还受凸轮的横向分力作用,使其压向缸体。由于这两个分力的作用,使挺柱与凸轮间的磨损严重且不均匀,影响着气门间隙;同时,挺柱与缸体间的磨损亦不均匀。

B/FL413F、B/FL513 系列柴油机挺柱如图 5-14 所示。

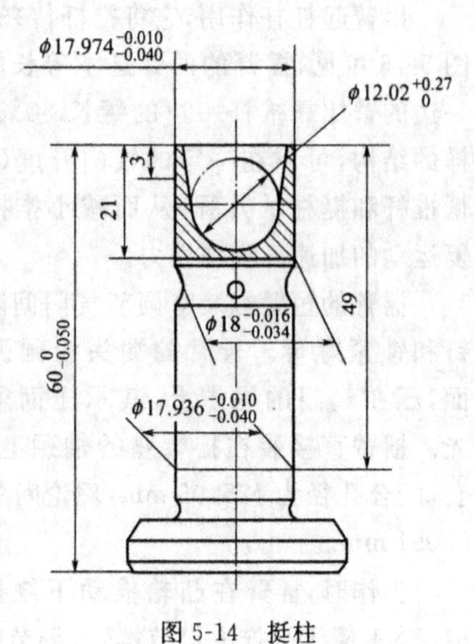

图 5-14 挺柱

挺柱由含有铬、镍、钼等合金的冷却激铁制成。在与凸轮接触的表面,为获得很高耐磨性,采用冷激法得到白口组织,深度为 2～6 mm,硬度为 HRC52～58。挺柱的总长度为 60 mm,头部直径为 ϕ34 mm,导向部分直径为 ϕ18 mm。外圆表面略带桶形,中间大,两头小,中间截面为 ϕ18 mm,上截面为 ϕ17.974 mm,下截面为 ϕ17.936 mm。因为略呈桶形,当挺柱歪斜时,由于它的自位作用,仍可保证凸轮型面全宽与挺柱表面相接触,从而可减小接触应力。

为使磨损均匀，挺柱中心线偏离凸轮宽度中心线 1.5 mm，这样使挺柱在工作时产生一个绕其轴线旋转的转动力矩。

挺柱上部布置有 ϕ12.02 mm 的球窝，以支承推杆球头。为在两者间形成油膜，球窝半径比球头大 0.1 mm，球头与球窝间的贴合面应达 85%。

由于挺柱侧面承受着凸轮工作时产生的侧向力，为此要合理选择导向长度以及它与挺柱座孔的配合间隙。挺柱导向部分的长度为 50 mm，与挺柱座孔的理论装配间隙为 0.016～0.052 mm。

3. 推杆

推杆的作用是将挺柱的运动传给摇臂。为减轻重量，推杆一般用空心钢管制成。当它上下运动时，有少量的摆动，因此上端焊一个凹形球窝，摇臂调节螺钉的圆形球头即坐落其中；下端焊一个凸形球头，坐落在挺柱的凹形球窝中，如图 5-15 所示。球头、球窝和杆身则通过压焊的办法连接在一起。杆身部分为一根 ϕ12 mm×3 mm 的无缝钢管，凸形球头和凹形球窝用 15 钢经渗碳淬火处理。

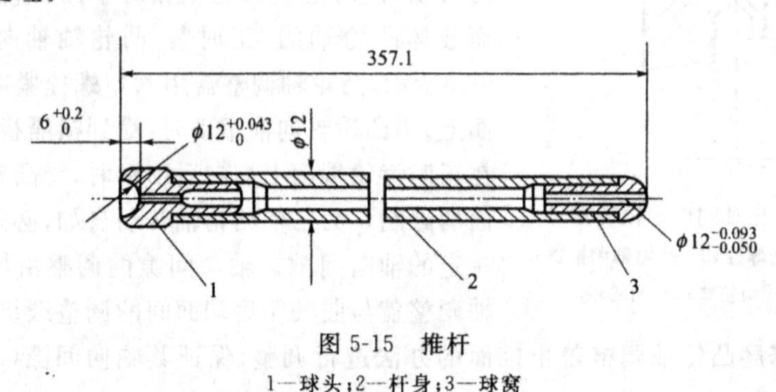

图 5-15 推杆

1—球头；2—杆身；3—球窝

推杆的内孔为润滑油道，工作部分长度为 357.1 mm。

4. 摇臂

摇臂起杠杆作用，它将推杆传来的力改变方向和大小后作用在气门上，用以开启气门。由图 5-16 可见，摇臂的两臂是不等长的。靠气门一边的臂比靠推杆一边的臂长 30%～50%，这样的结构，可以在一定的气门开度（升程）下降低推杆和挺柱的升程，从而减小推杆与挺柱往复运动的加速度和惯性力。

摇臂的短臂端装有调节气门间隙的调节螺钉和锁紧螺母。长臂的端头为圆弧形工作表面，压在气门的尾端上，其承压面须经淬火磨光。摇臂直接装在摇臂座的轴颈上，中间无衬套，配合孔径为 ϕ25.05 mm，理论间隙为 0.05～0.091 mm。

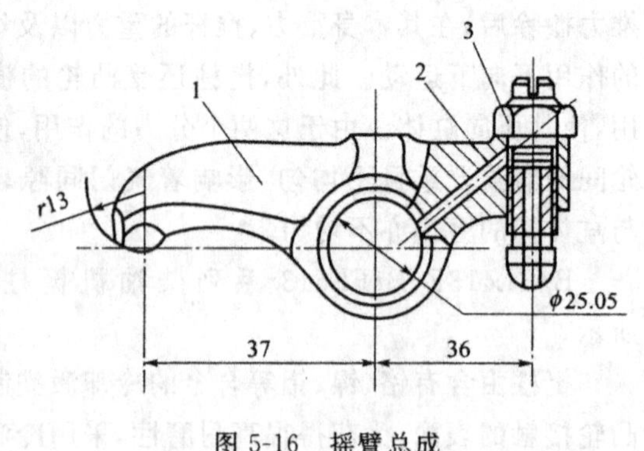

图 5-16 摇臂总成

1—摇臂；2—调节螺钉；3—锁紧螺母

工作时，摇臂在凸轮推动下绕摇臂座摆动，摇臂一端与气门杆头部接触，另一端通过 M12×1 螺纹孔拧入调节螺钉，调节螺钉的头部球面与推杆的球窝接触，在摇臂座孔与调节螺钉孔之间有 ϕ4 mm 小孔沟通，作为润滑摇臂轴颈的油道。摇臂与推杆端、摇臂与摇臂座轴间的润滑是采用来自挺柱座、挺柱、推杆、摇臂内油道的压力供油方式。

调节螺钉是用来调整进、排气门间隙的。进气门间隙为 0.2 mm,排气门间隙为 0.3 mm。

5. 摇臂座

摇臂座是摇臂的支承元件,其结构参见图 5-3。座体长为 55 mm,高为 33 mm。通过两根 M10 的双头螺栓紧固到气缸盖上,并且在摇臂座轴、摇臂端面与气门室侧边有一块经淬火的薄钢片,以防摇臂摆动时擦伤室壁。

摇臂座用合金铸铁制成,表面经磷化处理。

第三节 配气相位和气门间隙

一、配气相位

发动机每个气缸的进、排气门开始开启和关闭终了的时刻,用曲拐相对于上、下止点位置的曲轴转角来表示,称配气相位。配气相位反映了进、排气门的实际开闭时刻和持续时间。用环形图来表示的配气相位,称配气相位图,如图 5-17 所示。

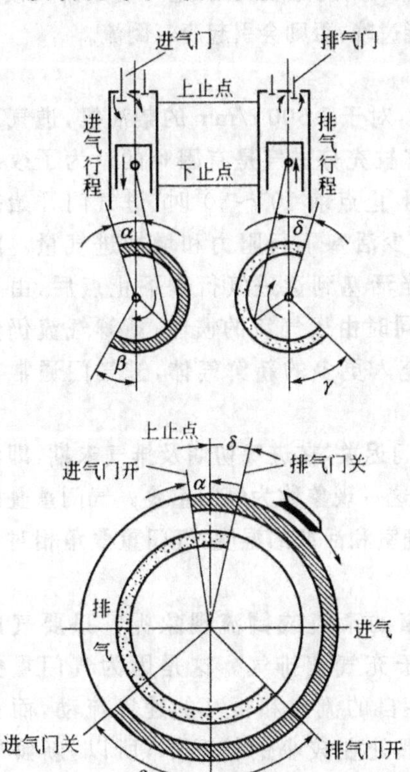

图 5-17 配气相位图

在前面分析四冲程柴油机基本工作原理时,曾把进气、压缩、做功和排气四个过程划分为四个相等的行程,每个行程的曲轴转角为 180°。这样,排气门是在膨胀行程终点(下止点)开启,在排气行程终点(上止点)关闭;进气门在排气行程终点(上止点)开启,在进气行程终点(下止点)关闭。实践表明,如果采用这种配气相位,则进气很不充分,排气很不干净,柴油机的动力和经济性能都要受到很大的影响。

在高速柴油机中,一个活塞行程经历的时间只有百分之几甚至千分之几秒,因此进、排气的时间很短。此外,由于受结构和强度的限制,进、排气门从开始开启到完全打开和从开始关闭到完全关死都需要一定的时间,这段时间之内,气门处于半开状态,流通面积很小,进、排气产生很大的节流,因此,有效的进、排气时间就更短了。

为了使气缸最大限度地进气和排气,必须设法延长进、排气的时间(即曲轴转角)。实际使用柴油机的换气过程都要求气门是提前开启、滞后关闭的,这就使得实际进、排气过程比一个行程长得多。

由图 5-17 可见,进、排气门的开启和关闭,均不在上、下止点,而有提前角及延迟角。气门的早开与迟关,增大了总的气门开启时间,能使每个工作循环尽可能多地吸进空气和尽快地排净废气,以获得柴油机最大功率。四冲程柴油机的换气过程可以分为三个阶段:自由排气、强制排气和进气。

1. 自由排气阶段

自由排气阶段是在做功冲程后期进行的。这时燃气压力已降至 0.3~0.4 MPa,对于膨胀做功已无多大作用。当活塞达到下止点以前把排气门打开就可以利用废气的压力向气缸外排气，这个提前打开排气门的时间用曲轴转角表示时叫做排气提前角，一般在下止点前 40°～80°范围内。这段时间虽然很短，但因排气压力高，流速大，排出的废气量可以达到 60%以上。自由排气降低了气缸内的压力，使活塞回行阻力减小，同时排气门提前开启，等到活塞经过下止点回行时，排气门已有较大开度，使排气通畅，可以提高排气效果。

2. 强制排气阶段

活塞达到下止点，自由排气阶段结束。气缸内压力降到 0.12 MPa 以下，此时排气门已经开大，活塞回行时使剩下的废气进一步排出气缸。排气门的关闭时刻对废气的排除程度有很大的影响。如果排气门在活塞到达上止点时关闭，由于排气门逐渐关闭时的节流作用，气缸内的残留废气就会较多，因而影响下一循环的充气。为解决这个问题，通常把排气门推迟到上止点以后再关闭，避免由于节流而排气不净。这个延迟关闭排气门的时间用曲轴转角表示时叫延迟角，一般非增压柴油机延迟 10°～30°，增压柴油机延迟 30°～70°。排气门的滞后关闭，还可利用排气惯性在活塞下行以后继续排气。但推迟排气门关闭的时间不能过晚，否则会引起废气倒流。

3. 进气阶段

现代柴油机转速较高，进气冲程所经历的时间极短，对于 1 500 r/min 的柴油机，进气冲程只占 0.025～0.032 s 的时间，在这么短的时间内使气缸充分进气是有困难的。为了改善进气过程，也应使进气门早开晚关。一般，在排气行程上止点前 10°～30°时，进气门开始打开，以便使进气冲程开始时气门已有足够大的开度，减少活塞下行阻力和增加进气量。随着活塞下行，气缸内形成负压，新鲜气体便流入气缸；当活塞到达进气行程下止点后，由于存在进气阻力，气缸中的压力仍低于进气管中的压力，同时由于气流的惯性，新鲜气流仍然高速流入气缸。为了利用气流的惯性来增加进气量，充入更多的新鲜气体，进气门通常在下止点后 40°～80°关闭。

从配气相位图 5-17 可看出，由于进气门早开与排气门迟关，在进气初期及排气末期，即活塞上行到上止点附近出现了进、排气门同时开启的现象，这一现象称为气门重叠。气门重叠的曲轴转角 $\alpha+\delta$ 称为气门重叠角。增压柴油机为降低燃烧室和活塞的温度，气门重叠角相对比非增压柴油机的大。

进、排气门重叠，会不会出现新鲜气体与废气乱窜的紊流或倒流现象呢？只要气门重叠角选择适当，非但不会出现上述现象，反倒有利于充气和排气。这是因为气门重叠的时间很短，充入的新鲜气体和排出废气的气流，以各自的流向和很高的速度流动，而且这时排气门是趋于关闭、进气门刚开启，它们的开度都处在较小的情况下，所以，新鲜气体不会随废气排出，而废气也不会倒流进入进气管中；相反，进气却对排气起扫气作用，更有利于换气。

图 5-18 为四冲程柴油机的配气定时图。

气门（尤其是排气门）的提前开启，对活塞膨胀做功又有什么影响呢？图 5-19 所示为柴油机的进、排气能量损失示意图。图中①点表示提前角过大，排气门提前开启后气缸内的压力下降较多，使膨胀功的损失增加，示功图不丰满（如点划线所示），指示功率降低；③点表示提前角过小，使排气行程气体压力 p_1 增加（如虚线所示），即活塞克服气体的压力而作的负功增加，指示功率也降低；②点表示提前角适当，膨胀功的损失较少（如阴影线面积 a），活塞受到 p_1 阻力而造成的挤压损失也较少（如阴影线面积 d），泵气损失 $b+c$ 的阴影线面积也最小，故总的能量损失少，示功图较丰满，指示功率增加。

对于不同的柴油机，由于结构形式与转速各不相同，因而配气相位也不相同。合理的配气相位应根据柴油机性能要求，通过试验确定。道依茨 B/FL413F 系列风冷柴油机的配气相位如图 5-20、表 5-2 所示。

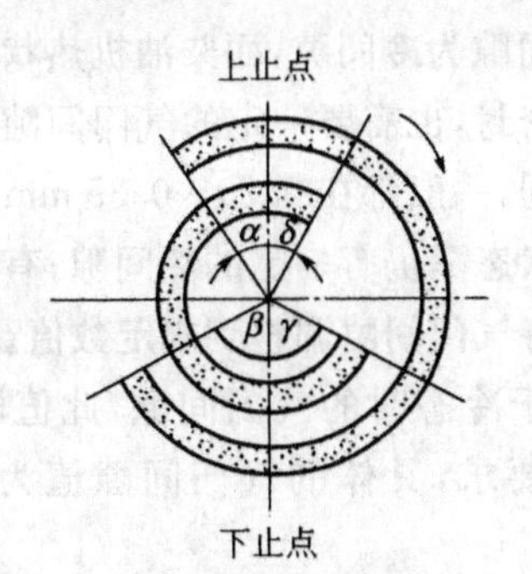

(a) 非增压柴油机
进气提前角α:10°～30°
进气延迟角β:40°～80°
排气提前角γ:40°～80°
排气延迟角δ:10°～30°
气门重叠角(α+δ):20°～60°
进气延续角:230°～290°
排气延续角:230°～290°

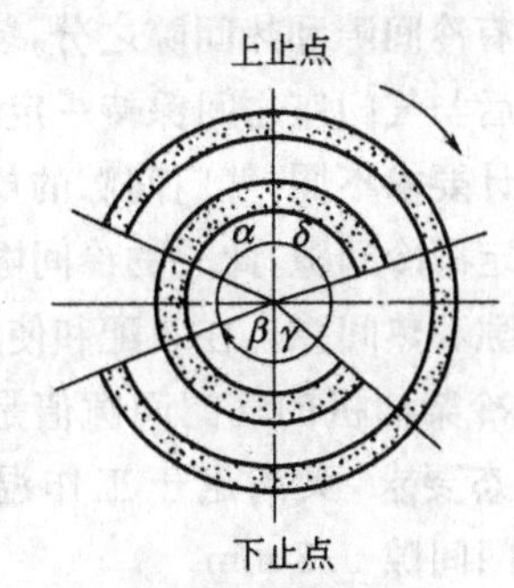

(b) 增压柴油机
进气提前角α:30°～70°
进气延迟角β:40°～70°
排气提前角γ:40°～70°
排气延迟角δ:30°～70°
气门重叠角(α+δ):60°～140°
进气延续角:250°～320°
排气延续角:250°～320°

图 5-18 四冲程柴油机配气定时图

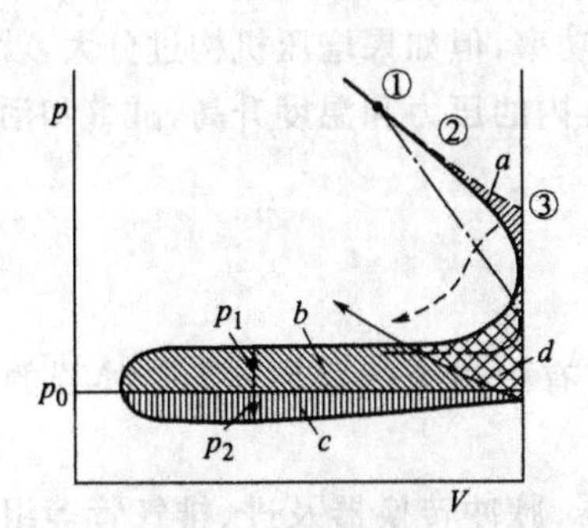

图 5-19 柴油机进、排气能量损失示意图

p_0—大气压力；

p_1—排气行程气缸内气体对活塞的正压力；

p_2—进气行程气缸内产生的负压力

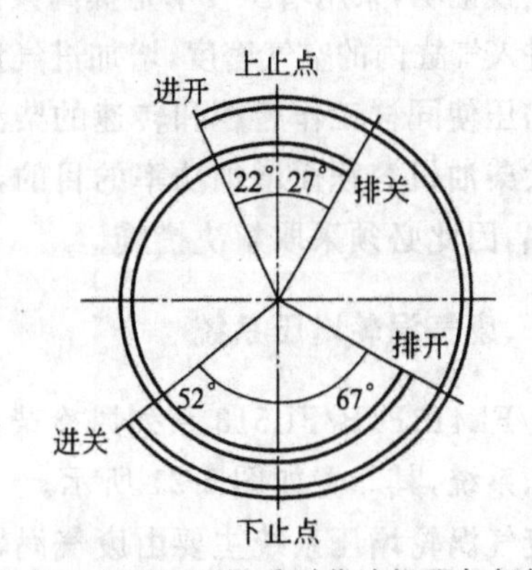

图 5-20 B/FL413F 系列柴油机配气相位图

表 5-2 B/FL413F 系列柴油机的配气相位参数

配气相位	数值	配气相位	数值
进气提前角 α	22°	进气门延续角	254°
进气延迟角 β	52°	排气门延续角	274°
排气提前角 γ	67°	气门重叠角 α+δ	49°
排气延迟角 δ	27°		

二、气门间隙

气门杆与摇臂间在装配时需要留有间隙，这个间隙就叫气门间隙。柴油机工作时，气门组和气门传动组零件都将受热膨胀、随温度升高而伸长，如果在室温下装配时无足够的气门间隙，则在热状态下，气门将被顶开，造成气缸漏气，使柴油机的功率下降，同时，将使气门密封表

面严重积炭，甚至烧坏气门。为此，气门传动组在室温下装配时必须留有适当的间隙，以补偿气门及各传动零件的热膨胀。

气门间隙有冷间隙和热间隙之分，装配时保证的间隙为冷间隙，而柴油机热状态下（工作时）为使气门关闭后与气门座之间保持一定的压力，保证密封，也需要一定的气门间隙即热间隙。根据各柴油机设计要求不同，气门间隙的规定数值也不同，一般都在 0.20～0.35 mm 范围之内。有的柴油机只规定了冷间隙，此时的冷间隙值能保证热状态下仍有一定的热间隙；有的柴油机则分别规定了冷间隙和热间隙。在装配和使用过程中，应将气门间隙调整到规定数值。

道依茨风冷柴油机的气门间隙值是指柴油机处于冷态时的气门间隙，此值既适应于道依茨柴油机的冷态要求，又满足于工作温度状态下的要求，具体的气门间隙值为：进气门间隙 0.2 mm，排气门间隙 0.3 mm。

第四节　废气涡轮增压系统

提高柴油机功率有多种方法，如增加气缸工作容积、提高柴油机转速等，但是，这些方法在生产中受到很大限制，增加气缸容积使柴油机的体积、重量增加；提高转速，会增加运动件的惯性力，增加活塞与缸套磨损及油耗。

实践证明，采用增压技术是提高柴油机功率的一个很有效方法。其做法是将空气进行压缩，提高进入气缸内的空气密度，增加进气量，与更多的燃油混合并充分燃烧，进而提高柴油机功率。

增压使同样工作容积和转速的柴油机能获得较大功率，但如果增压机构过分大，就失掉了不增大柴油机容积而增加功率的目的，同时增压使气缸内的压力和温度升高，缸壁和活塞也容易过热，因此必须采取解决措施。

一、废气涡轮增压系统

B/FL413F、B/FL513 系列风冷柴油机采用的是带有中间冷却器和脉冲转换器的废气涡轮增压系统，其布置如图 5-21 所示。

废气涡轮增压系统主要由废气涡轮增压器、中冷器、脉冲转换器及进、排气管等组成。压气机从大气中吸入空气，并使空气的压力与温度增加，增压后的空气经中冷器冷却后，按柴油机的工作顺序分别进入各个气缸。柴油机每两个气缸排出的高温废气，经排气歧管汇流到相应的排气管，然后再经脉冲转换器进入增压器的涡轮箱，驱动涡轮高速旋转，涡轮带动同轴的径向压气机，使通过压气机的空气压力增高，空气密度增大。压缩后的空气进入中冷器，经过中冷器的空气在吸气冲程进入燃烧室，废气经排气管排出再进入增压器。

下面对 B/FL413F、B/FL513 系列风冷柴油机废气涡轮增压系统中主要零部件的结构进行分析。

二、废气涡轮增压器

1. 增压器

增压器主要由压气机及驱动装置组成。根据驱动方式的不同，增压器分为机械式增压器和废气涡轮式增压器两种。柴油机通过曲轴驱动压气机的称机械式增压器；用废气通过涡轮驱动压气机的称废气涡轮式增压器。废气涡轮式增压器因利用废气的能量而具有总效率高的优点，故得到广泛应用。

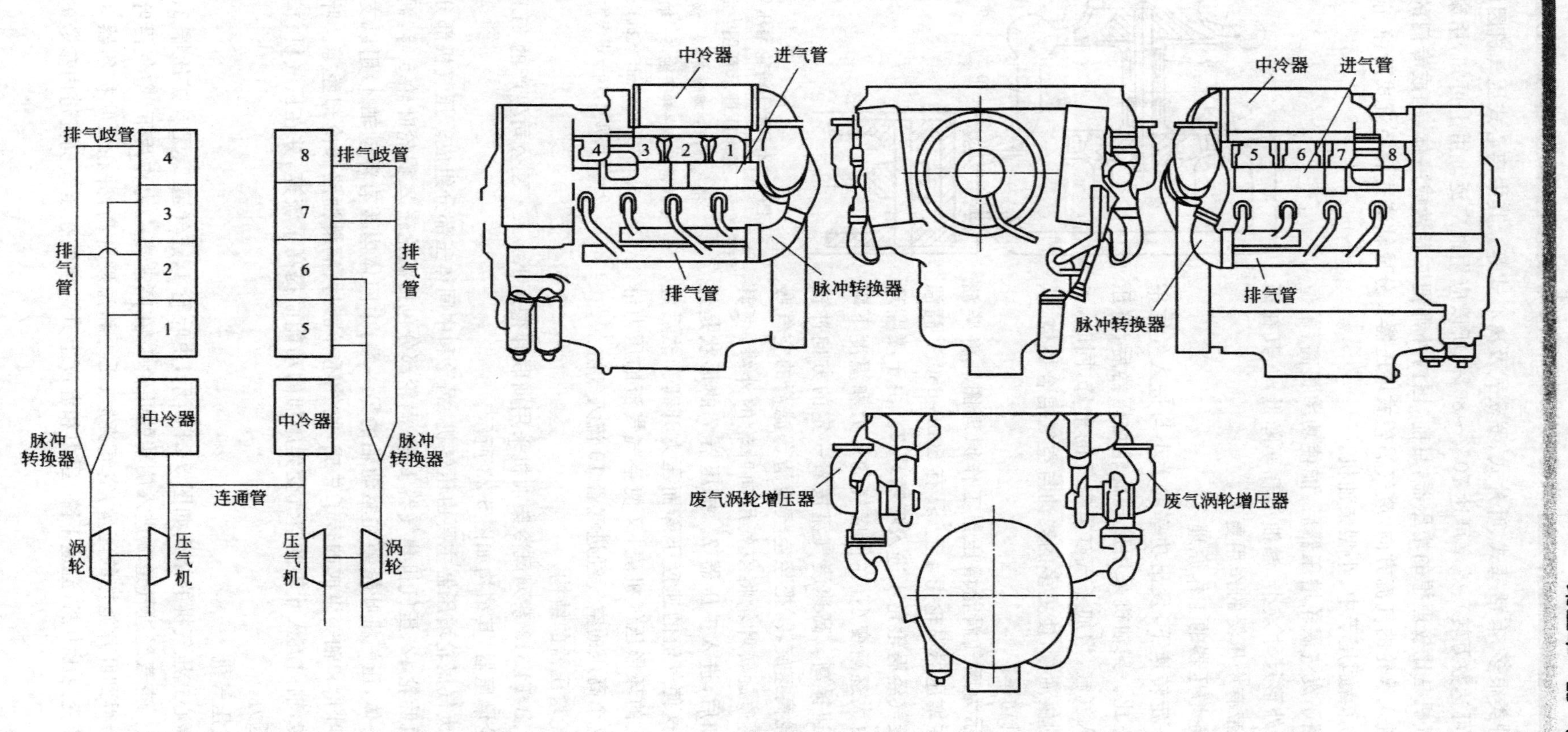

图 5-21　增压系统简图与系统布置图

压气机的种类很多，有活塞式、叶片式、罗茨式及离心式等。其中离心式压气机因体积小、转速高(每分钟可达数万转)、效率可达70%～80%，所以应用很广泛。由上可知，用废气涡轮驱动离心式压气机是比较理想的增压器，目前，国内外都把二者做成一体，构成专门的废气涡轮增压器。按进入涡轮的气流方向，废气涡轮式增压器又分成轴流式和径流式两种，前者适用于大型柴油机，后者适用于中、小型柴油机。

柴油机采用了废气涡轮增压器后，能使功率提高，单位马力重量减少，外形尺寸减小，燃油消耗率降低，尤其在高原地区，柴油机带有增压器的作用更大。

2. 废气涡轮增压器的工作原理

柴油机在一定转速下，发出功率的大小与进入气缸中的空气密度成正比。柴油机采用废气涡轮增压器后，将压缩了的空气充入气缸，增加了气缸里空气的重量，同时，也增加了喷油泵的供油量，使更多的柴油与空气混合燃烧，从而提高了柴油机功率。

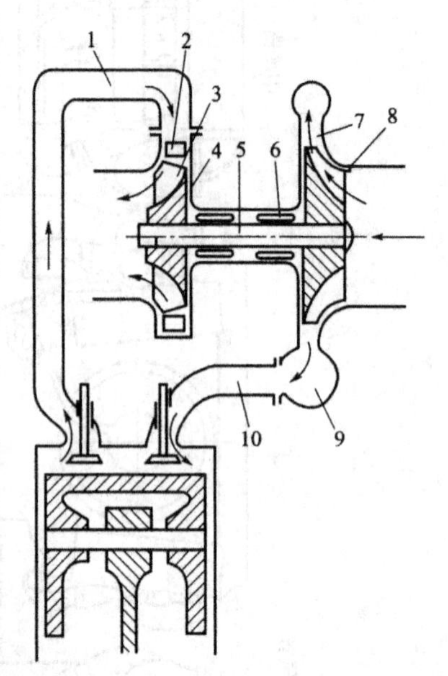

图 5-22 废气涡轮增压器工作原理示意图

1—排气管；2—喷嘴环；3—涡轮；4—涡轮壳；5—转子轴；6—轴承；7—扩压器；8—压气机；9—压气机壳；10—进气管

图 5-22 所示为废气涡轮增压器工作原理图。将柴油机排气管1接在增压器涡轮壳4上，具有500～650 ℃高温和一定压力的废气经涡轮壳4进入喷嘴环2。由于喷嘴环的通道面积是由大逐渐变小，在使废气的压力和温度下降的同时，速度迅速提高。高速废气流按着一定的方向冲击着涡轮3，使涡轮高速旋转，把经空气滤清器滤清的空气吸入压气机内。高速旋转叶轮将空气甩向叶轮的外缘，使其速度和压力增加后，进入扩压器7。扩压器7的形状是进口小而出口大，这使气流的速度下降而压力升高。然后经过断面由小到大的环形压气机壳，又使空气气流的压力继续升高，最后，这个高压的空气经进气管10流入气缸。

3. 废气涡轮增压器的结构

B/FL413F、B/FL513 系列风冷柴油机采用前联邦德国 K·K·K 公司生产的 3LDZ 型或 K27 型废气涡轮增压器，其结构如图 5-23 所示。

由图可知，废气涡轮增压器主要由压气机、涡轮和中间体三部分组成。压气机部分包括单级离心式压气机叶轮12、压气机集气器1等；涡轮部分包括涡轮壳2、涡轮叶轮5等，涡轮叶轮与驱动轴制成一体，压气机叶轮装在驱动轴的另一端；中间体内装有浮动轴4，用以支承由压气机叶轮、涡轮叶轮和轴等组成的转子总成，此外还有密封、润滑油路和冷却腔等。叶轮与涡轮同步高速旋转，轴向流入叶轮的空气受到施加的动能而提高了流速，并在压气机、扩压器和涡壳中转变为压力。

(1) 离心式压气机

径向轴流离心式压气机的结构如图 5-24 所示，由叶轮1、进气道2、无叶扩压器3、集气器4等零部件组成。空气经进气道2进入旋转的叶轮1，在高速离心力作用下，空气沿叶片流道向外流动。由于得到叶片施加的能量，空气流速、压力和温度升高，并在无叶扩压器3和集气器4中将动能转变为压力能，流速下降，压力和温度上升。空气在压气机流道内参数的变化如图 5-25 所示。

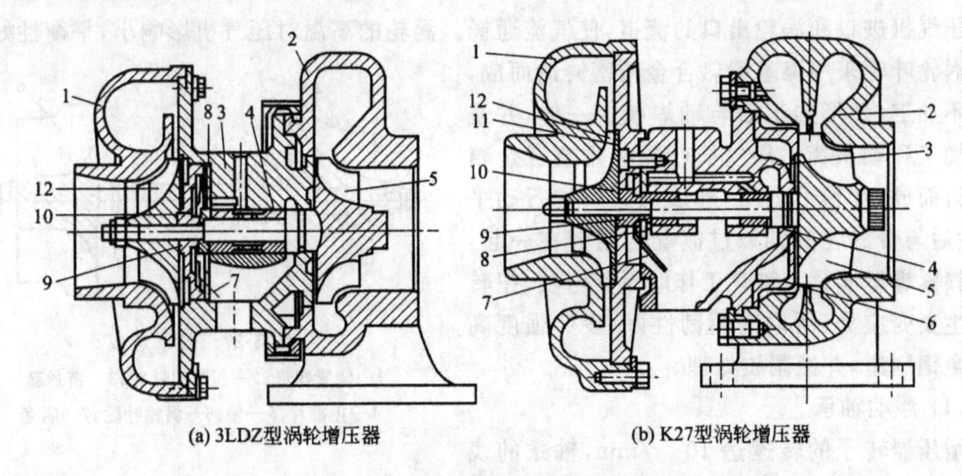

图 5-23　废气涡轮增压器的结构

1—压气机集气器；2—涡轮壳；3—中间壳体；4—浮动轴承；5—涡轮叶轮；6—隔热板；7—挡油板；8—止推轴承；9—密封套；10—压气机端密封环；11—压气机后体；12—压气机叶轮

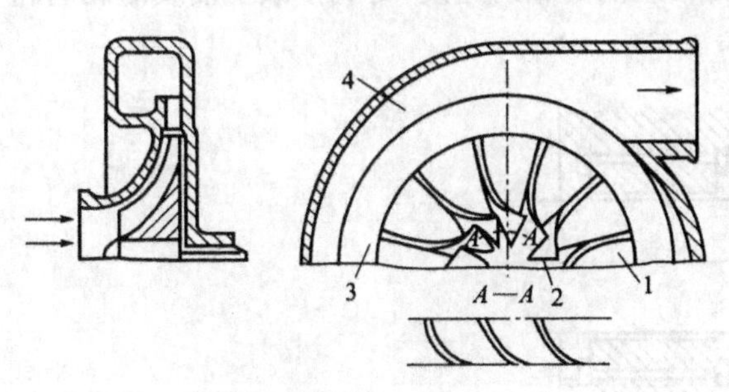

图 5-24　离心式压气机

1—叶轮；2—进气道；3—无叶扩压器；4—集气器

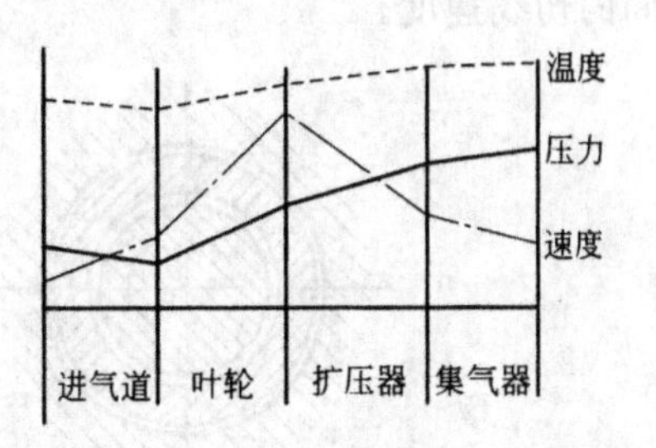

图 5-25　空气在压气机流道内参数的变化

(2) 涡轮

涡轮主要由旋转的径流式叶轮 3、喷嘴环 2 和涡壳 1 等零件组成，如图 5-26 所示。涡轮是将柴油机排出的废气能变为机械能的转换器，是废气涡轮增压器中压气机的动力源。柴油机排出的废气经涡壳、无叶喷嘴环进入径流式叶轮内膨胀做功，带动与涡轮同轴的压气机叶轮高速旋转，输出能量。

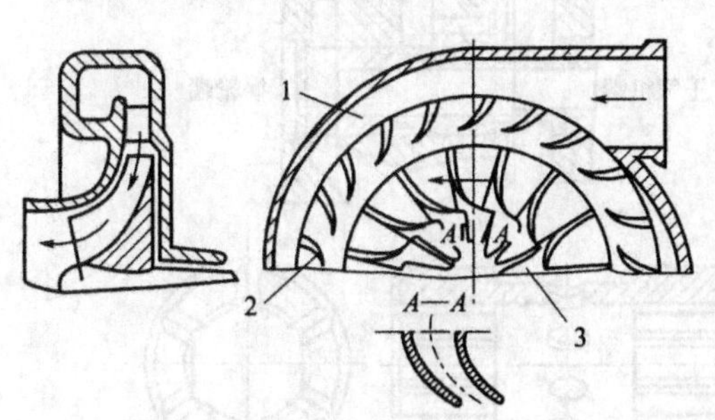

图 5-26　涡轮

1—涡壳；2—喷嘴环；3—径流式叶轮

3LDZ 型增压器涡壳为单通道，K27 型增压器为双通道，与等压涡轮叶轮配合使用。由于采用无叶喷嘴环，涡壳尺寸小，但壁厚，质量占增压器总质量的 50% 以上，以保证超速试验或涡轮叶片损坏时，飞散的叶片不至于击穿涡壳。涡轮增压器通过涡壳支承到与排气管相连的脉冲转换器上，为此，涡壳还要有足够的刚度，以防止变形。

(3) 转子总成

涡轮叶轮 6、压气机叶轮 2、锁紧螺母 1 及密封套 3 等零件装在一根轴上，构成涡轮增压器的转子，如图 5-27 所示。涡轮叶轮和压气机叶轮采用背对背、轴承内置的结构。这种结构不影响压气机进口和涡轮出口的流道，使气流通畅。涡轮的高温对压气机影响小，平衡性好。

涡轮叶轮采用镍基耐热合金精密铸造而成，叶形不加工，外形加工后与轴焊接成一体，并最后精加工和动平衡。压气机叶轮采用铝合金精密浇铸而成，叶形不加工，外形加工后进行动平衡，然后与带涡轮的轴以过渡配合组装在一起，并用锁紧螺母固紧。轴在工作时承受弯曲、扭转而产生交变应力，所以需用韧性好、疲劳强度高的合金钢制造，并经调质处理。

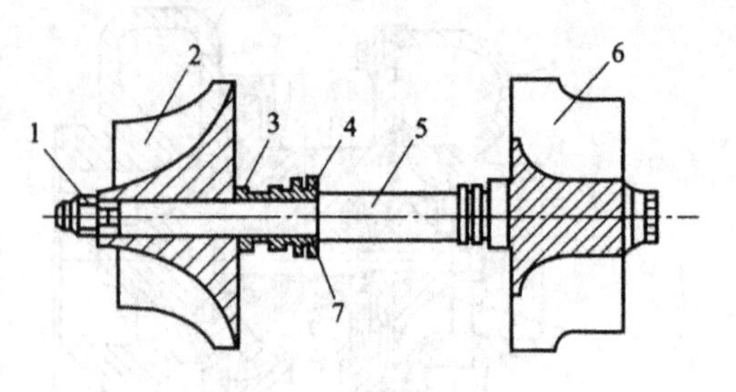

图 5-27　转子总成

1—锁紧螺母；2—压气机叶轮；3—密封套；4—止推片；5—轴；6—涡轮叶轮；7—隔套

(4) 浮动轴承

增压器转子的转速达 10^5 r/min，轴颈的线速度超过 50 m/s，所以采用了浮动轴承。浮动轴承实际上是套在轴上的浮动环，如图 5-28(a)所示，环与轴以及环与轴承座之间都有间隙，形成两层油膜。工作时，轴承本身也转动，内、外层油膜不但起减振和阻尼作用，而且可降低轴与轴承间的相对速度，有利于减小油膜的旋涡和油层间的切线速度。

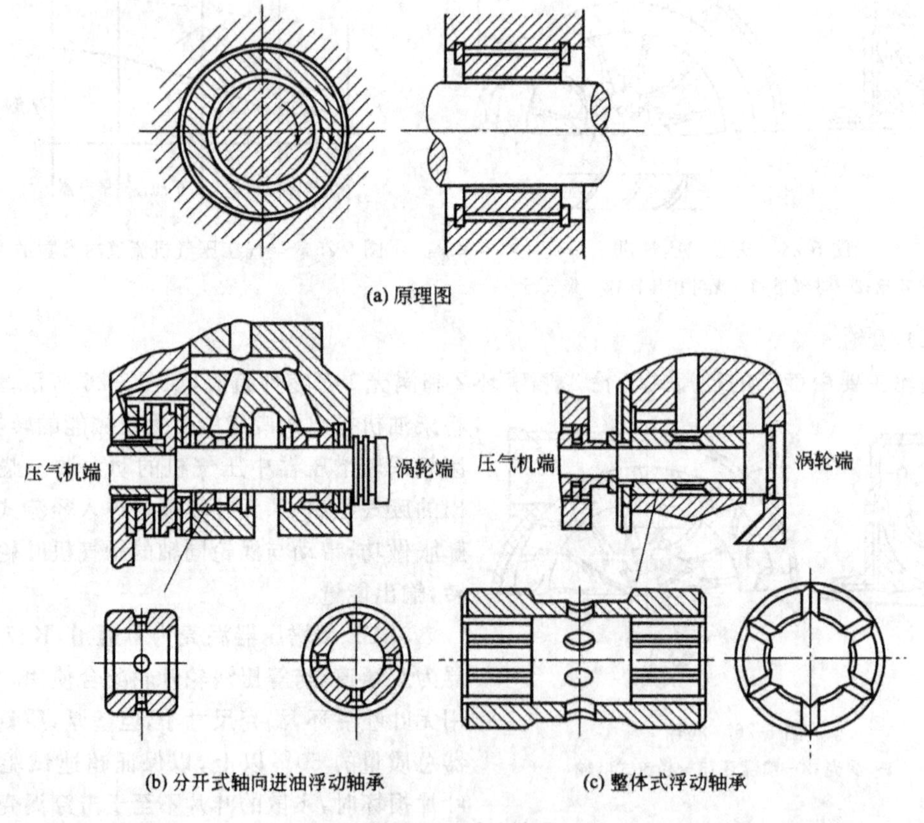

图 5-28　浮动轴承

浮动轴承内、外间隙，对轴承工作性能影响很大。从抑制油膜旋涡要求考虑，间隙要小一点；从轴承冷却、润滑和增强减振效果的要求考虑，又希望间隙大一点。一般内间隙为 0.05 mm 左右，外间隙为 0.1 mm 左右，外间隙约为内间隙的 2 倍。浮动轴承的壁厚为 3～5 mm。分开式浮动轴承长度与轴颈直径之比为 0.5～0.9。

K27型增压器用的是分开式轴向进油浮动轴承，如图5-28(b)所示，3LDZ型增压器用的是整体式浮动轴承，如图5-28(c)所示。整体式浮动轴承是在增压器转子间只用一个轴承，其结构简单、零件少、止推轴承大为简化，但工艺要求高，旋转惯性大；分开式浮动轴承是在转子内侧的两边各放一个轴承，其尺寸小、旋转惯性小、加工简单。

浮动轴承内孔及端面都开有油槽，为存油和布油用，保证启动时有一定的润滑。轴承内、外表面的同心度要求高，油槽、油孔位置须对称，以保证良好的动平衡。浮动轴承采用径向进油，轴承的刚度和承载能力较好。

(5) 推力轴承

压气机叶轮和涡轮叶轮上气体作用的综合结果，使转子轴产生轴向力，该力是变化的，由推力轴承承受。推力轴承产生的摩擦损失约占涡轮增压器全部摩擦损失的25%～35%。在推力轴承的左、右止推面上各有四个油槽(见图5-29)，它们形成四个扇形油楔承力面。每个扇形承力面上，沿周向加工出0.5°～1°的斜面或在开槽处开进油孔，使推力轴承有单独的润滑油路，以保证润滑与冷却。

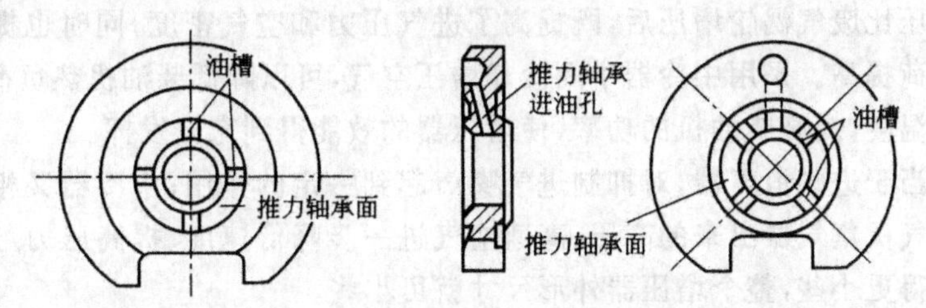

图5-29 推力轴承

推力轴承由钢背和铅青铜金属带冲压而成，并经精细加工。增压器转子总成的轴向间隙为0.1～0.2 mm。

(6) 密封装置

漏气会降低涡轮增压器效率，而且高温燃气窜入轴承后，使其工作温度上升，引起机油结胶或烧毁轴承等零件。漏油会堵塞与污染压气机及通往柴油机的进气管和附件，如中冷器。为阻止机油窜入涡轮和压气机的气体流通部分以及高压、高温燃气窜入润滑油道内，在中间体内设有既能封油、又能封气的活塞环密封装置，如图5-30所示。活塞环分别装在涡轮和压气机端的密封槽中，它和侧壁及环槽间都有间隙，与轴也不直接接触。活塞环的弹力使其涨紧在壳体上。活塞环可用单环或双环，用双环时开口位置应错开180°，以减少漏气。

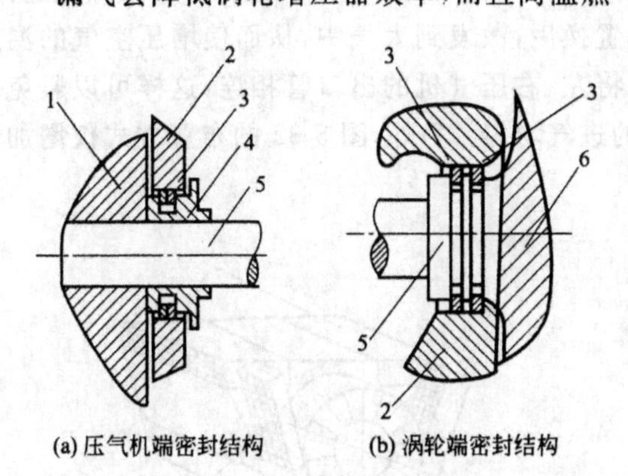

图5-30 活塞环密封装置

1—压气机叶轮；2—密封装置壳体(中间体和压气机后体)；3—活塞环；4—密封套；5—转子轴；6—涡轮叶轮

(7) 润滑、冷却与隔热

增压器轴承的润滑和冷却，采用柴油机润滑系统内的机油。机油进入中间体上方的机油进口处后分成两路，一路润滑浮动轴承，一路润滑推力轴承(见图5-23)，然后汇流到中间下部，直接返回油底壳。

K27型增压器在涡轮背面与中间体之间安装了隔热板6[见图5-23(b)]，隔热板与中间体之间为一空腔，起空气隔热的作用。

增压器的涡轮蜗壳外面装有铁皮做的隔热罩，罩内有铝箔，以将涡轮热量反射回去；有时直接在蜗壳外(包括排气管)包敷隔热材料，如铝箔内充填玻璃纤维。采用隔热措施后，蜗壳和排气管外的温度可降低 100K(100 ℃)以上。

4. 增压比

增压比是废气涡轮增压器的主要性能指标，以 π_k 表示，它是压气机的出口压力 p_k 与进口压力 p_0 之比值，即：$\pi_k=\dfrac{p_k}{p_0}$。

涡轮增压器按增压比的大小可分为低、中、高三种形式。$\pi_k<1.4$ 为低增压式，$\pi_k=1.4\sim2.0$ 为中增压式，$\pi_k>2.0$ 为高增压式。一般 $\pi_k>1.8$ 时，就要采用中间冷却器，以降低压气机出口的空气温度，使进入气缸的空气密度增大。

三、中 冷 器

采用高增压比废气涡轮增压后，既提高了进气压力和空气密度，同时也提高了进气温度，使柴油机热负荷提高。采用中冷器中间冷却增压空气，可以降低柴油机热负荷，特别是降低气缸盖和活塞的温度，提高柴油机的功率，使增压器的效能得到充分发挥。

中冷器相当于进气消声器，对抑制进气噪声起到一定的作用；中冷器又相当于一扩压器，使从增压器压气机集气器出来的高压、高速空气进一步降低速度、提高压力，这样有可能使压气机集气器做得更小些，整个增压器外形尺寸就可小些。

风冷柴油机采用空气一空气单程交错冷却式中冷器，其空气流通方式如图 5-31 所示。它是利用两种气体通过中冷器壁面时，一种气体的温度升高来降低另一种气体的温度。

每台柴油机用两个中冷器，分装在柴油机顶部风罩的两侧，即左、右排气缸盖的上方，如图 5-32 所示。中冷器直接布置在柴油机的冷却系统中，由柴油机冷却风扇直接供给所需的冷却空气。从增压器压气机出来的高温、高压空气通过中冷器，再经进气管进入柴油机燃烧室内，风压室内的冷却空气交错通过中冷器，经过热置换后，散发到大气中，从而使增压空气的温度得以降低。两个中冷器进口处的管子连通，即将左、右压气机的出口管相连，这样可以避免压气机不供气而发生喘振，同时使左、右排气缸的进气均匀。另外，图 5-32 的布置方式仅增加了柴油机的高度，而柴油机的宽度和长度均未变。

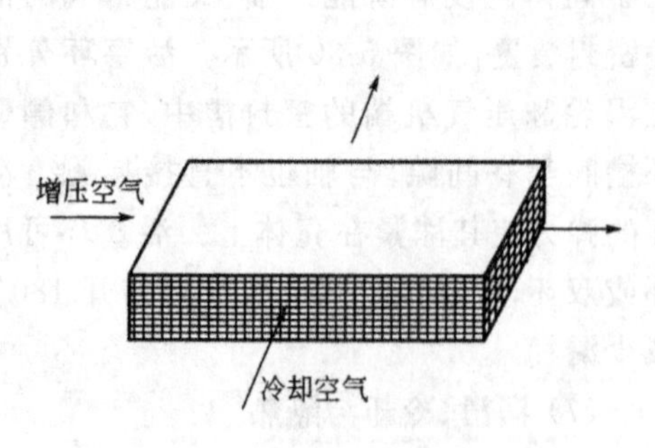

图 5-31　中冷器空气流通方式

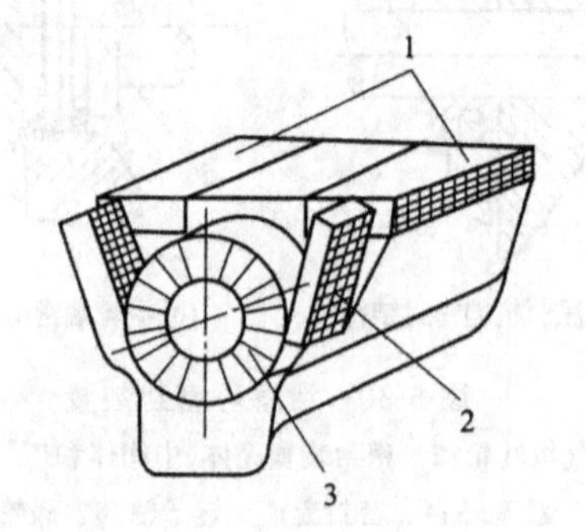

图 5-32　中冷器布置示意图

1—中冷器；2—机油冷却器；3—风扇

中冷器的结构为铝质双面板翅式垂直冷却中冷器，由集气室 3、冷却空气侧齿形冷却带 1、增压空气侧齿形冷却带 6、端板 2、侧板 4 和 5、隔板 7 等组成，如图 5-33 所示。冷却空气侧齿形冷却带1与增压空气侧齿形冷却带6置于两块平隔板7之间，隔板厚度为0.7 mm，它将冷却空气和增压空气层隔开。在各冷却带两侧加侧板4和5封固，侧板厚度为10 mm，用以形成空气通道，并增加中冷器刚度。在芯部两端焊有端板，端板厚度为20 mm。

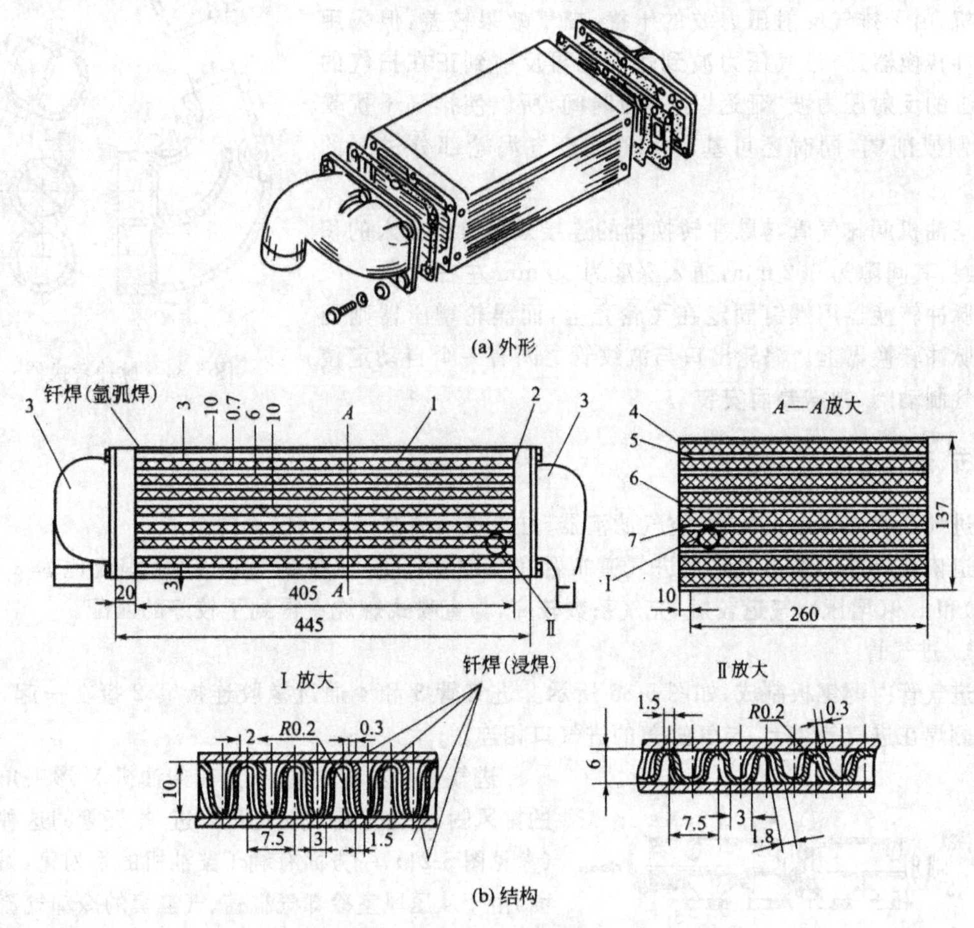

图 5-33 中冷器

1—冷却空气侧齿形冷却带；2—端板；3—集气室；4、5—侧板；
6—增压空气侧齿形冷却带；7—隔板

增压空气侧冷却带层数比冷却空气侧多，其冷却带齿高度比冷却空气侧要高，因而传热面积要比冷却空气侧大。增压空气侧冷却带与隔板的接触面积要比冷却空气侧大，这是因为中冷器的热阻主要在增压空气侧，增大增压空气侧的传热面积和与隔板的接触面积，才能保证增压空气侧和冷却空气侧具有相等的传热量，以使中冷器得到充分利用。

增压空气侧通道的截面积比冷却空气侧大，以减小阻力。

中冷器的工作压力为0.15 MPa，破裂压力为10 MPa。

四、脉冲转换器

脉冲转换器的结构如图5-34所示，它相当于一个三通管，但又不是三通管。

柴油机排气过程是以压力波的形式出现，在排气口处的压力是变化的。如果在排气口处用一根比较粗的排气管与它相连接，则排气压力波就要在其中膨胀，脉冲能量被损失掉；如用与排气口截面积相当的较小排气管同排气口相连接，那么压力波就会在排气管内传递出去。

当压力波传到脉冲转换器收缩喷嘴最小截面处，由于引射作用会使正在换气的另一排气管内的压力降低，增强了该缸的扫气效果，三缸、六缸、十缸等柴油机采用的脉冲转换器就是这种情况。对于二缸、四缸、八缸等柴油机，由于排气反射压力波的干扰，扫气效果较差，但采用了脉冲转换器后，排气压力波到达涡轮再反射到正在扫气的另一缸的反射压力波"延迟"了一段时间，所以使排气干扰受到抑制或削弱，同时还可基本上消除废气涡轮部分进气的缺点。

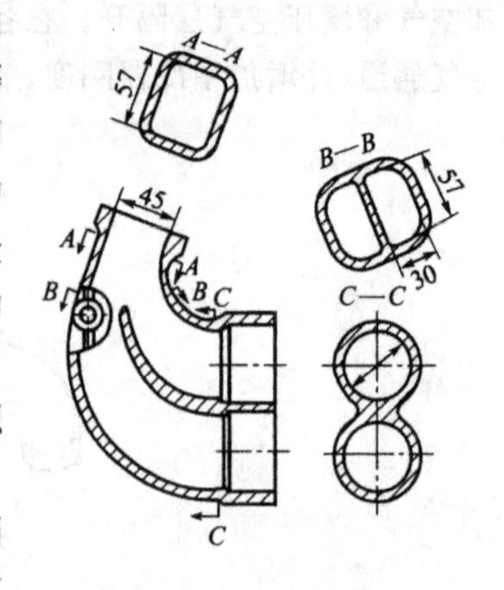

图 5-34　脉冲转换器

柴油机两排气管与脉冲转换器的连接采用自由插入的积炭密封，其间隙为 0.2 mm，插入深度为 30 mm 左右。

脉冲转换器用螺钉固定在飞轮壳上，而涡轮增压器则固定在脉冲转换器上。涡轮出口与波纹管之间有一个自动定位的排气制动阀（视需要而安装）。

五、进气系统

进气系统主要由进气管、空气滤清器、缸盖进气道及一些连接元件组成。

道依茨风冷柴油机气缸盖进气道布置在气缸盖上部，为螺旋气道，进气涡流比为 3.6（非增压）和 1.9（增压），气道较短，充气系数较高，与直喷式燃烧室得到了较好的匹配。

1. 进气管

进气管由薄钢板制成，如图 5-35 所示。进气管 3 和 4 通过橡胶连接套 2 接在一起，法兰盘 5 侧焊在进气管道上，与气缸盖的进气口相连。

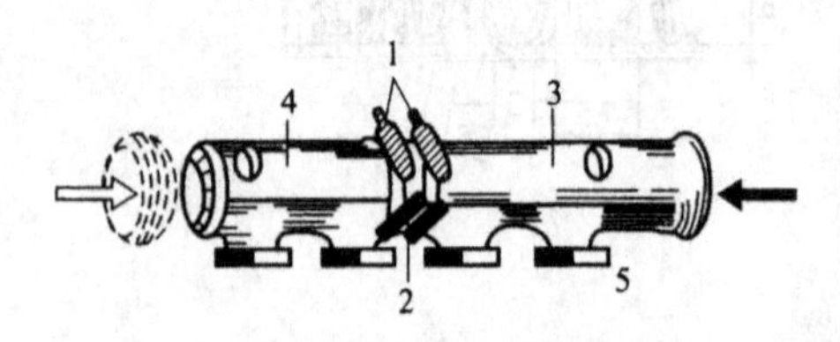

图 5-35　进气管

1—卡箍；2—橡胶连接套；3、4—进气管；5—法兰盘

进气管有左右两组，布置在柴油机 V 形夹角外面的排风侧，并位于排气管上部。进、排气管的这种布置（参见图 5-21），一方面有利于柴油机的系列化；另一方面，由于从压风室冷却气缸盖、气缸套的冷却气流速度较大，排气管对进气管的加热作用（主要是热辐射）影响不大，所以不会引起充气系数的下降。当柴油机在运转时，用手去触摸进气管不烫手，而当柴油机停止运转稍过片刻再去摸进气管，则烫得无法触及。

进气管采用集中供气方式，其安装布置如图 5-36 所示。根据空气滤清器的布置及使用要求，允许从发动机前端或后端进气。

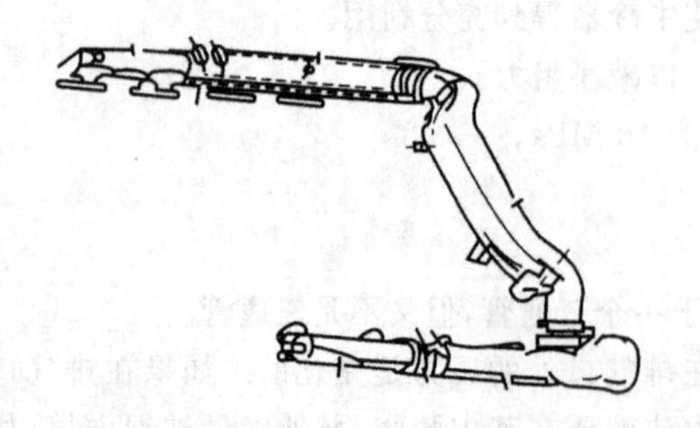
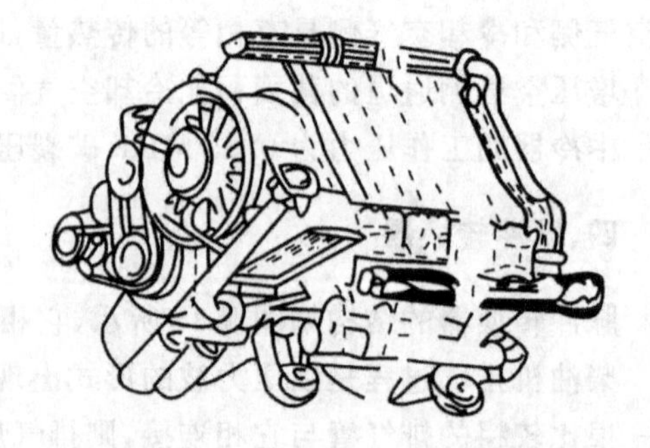

图 5-36　集中进气管及布置

2. 空气滤清器

供给柴油机气缸的空气，不仅要求数量多，还必须清洁。尤其工程机械经常在尘土很大的场地工作，空气滤清更为必要。因为空气中含有的尘土和砂粒，将加速气缸、活塞、活塞环以及气门等的磨损，从而降低柴油机的使用寿命。

空气滤清器的作用就是清除空气中的杂质和灰尘，将空气过滤洁净再进入气缸内。根据净化方式不同，空气滤清器分为干式、湿式、旋风式及混合式多种。B/FL413F、B/FL513 系列风冷柴油机主要采用干式空气滤清器。干式空气滤清器又分带积尘器和带抽尘阀两种，其中以带抽尘阀的使用最为普遍，如图 5-37 所示。

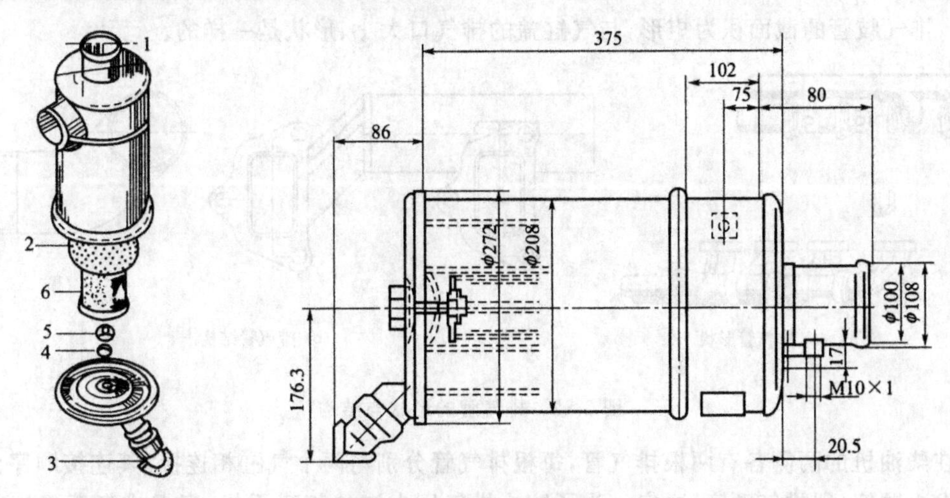

图 5-37　干式空气滤清器

1—滤筒；2—纸滤芯；3—抽尘阀；4，5—螺母；6—安全滤芯

空气由侧孔进入，首先经过纸滤芯 2 滤清，再经过安全滤芯 6（毛毡）滤清，然后由上部引出，滤清下来的灰尘，直接由抽尘阀抽出。

这种空气滤清器的容量有 4～21 m³/min 多种规格，供不同机型选用。对于 V 形八缸机来说，主要采用 12 m³/min（单独供气）和 21 m³/min（集中供气）两种。

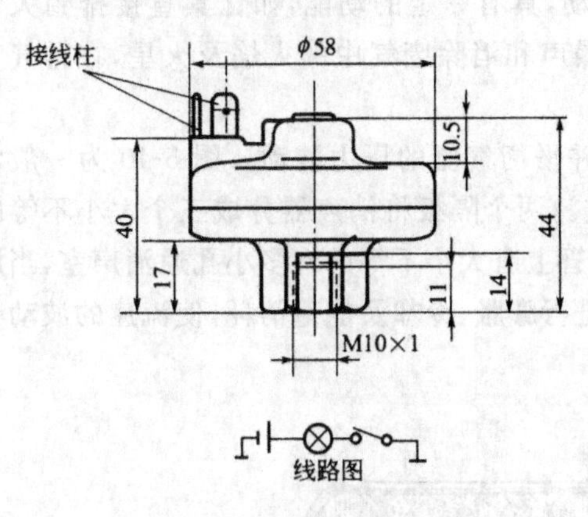

图 5-38　维护指示传感器

干式空气滤清器允许水平安装和垂直安装。在水平安装时，应注意改变抽尘阀的位置（见图 5-37）。

为了监测空气滤清器的工作状况，保证柴油机正常工作并延长其使用寿命，在滤清器上布置有维护指示传感器，如图 5-38 所示。指示器直接感受排气口的真空度，当真空度达 4.9（1±10%）kPa 时，发出指示信号，此时滤清器应进行维护和保养。除了电保养指示开关之外，还有机械式保养指示器。

六、排气系统

排气系统主要由气缸盖排气道、排气管、排气消声器等组成。

1. 排气管

柴油机气缸内的废气，通过排气管排除到机体之外。增压柴油机上的排气管还有特殊的作用，将各气缸排出的废气引入涡轮增压器内，作为废气涡轮增压的能源。

由于柴油机的排气温度很高，排气管除要求气流阻力小外，还必须能够承受高温，因此，排气管往往采用整体铸铁结构。

排气管一般采用后排气，也允许采用前排气及中间上、下排气，但以后排气及中间上、下排气为主，因为这种结构布置的排气管道短、阻力小，前排气只在特殊情况下使用。

道依茨八缸柴油机排气管的形状与结构如图 5-39 所示，排气管在柴油机上的布置参见图 5-21。排气歧管的截面积为矩形，与气缸盖的排气口大小、形状是一样的。

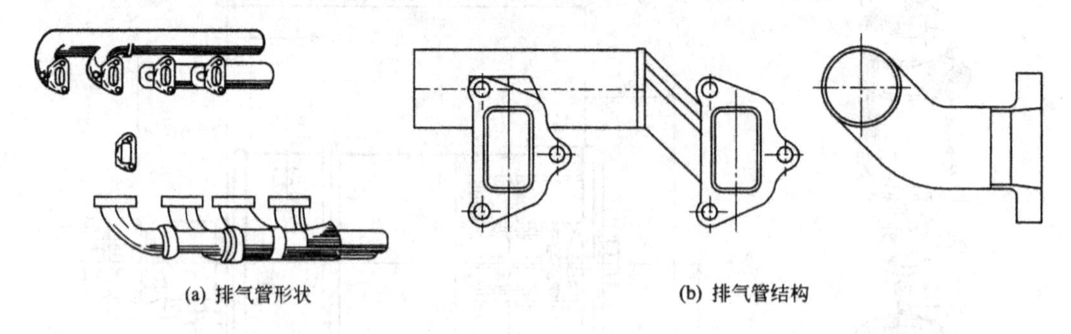

(a) 排气管形状　　(b) 排气管结构

图 5-39　排气管的形状与结构

在柴油机的两侧各有两根排气管，每根排气管分别与两个气缸相连接，其连接顺序由柴油机的发火顺序(即排气顺序)决定。为了防止排气压力波的相互干扰，每根排气管连接的相应气缸发火间隔应不小于 240°曲轴转角，八缸柴油机的发火顺序为 1—8—4—5—7—3—6—2，故对于左侧排气歧管(飞轮端看)，应是 1 缸与 3 缸、2 缸与 4 缸相连；对于右侧排气管，则是 5 缸与 6 缸、8 缸与 7 缸相连。

2. 排气消声器

由于高温废气在排气管中以高速脉动形式流动，具有一定的动能，如让其直接排到大气中，会产生强烈的排气噪声，引起公害。为了减小噪声和消除废气中的火焰及火星，在排气管的出口处装有排气消声器。

消声器的消声原理，是消耗废气流动的能量，并平衡气流的压力波动。图 5-40 为一般消声器的结构，它主要由外壳 1、内管 3 及隔板 2 组成。两个隔板将消声器分成三个大小不等的消声室。废气由内管一端流入，从另一端排出。内管上有大小不等的许多小孔通消声室，当脉动的废气流过内管时，由于可通过小孔出入，不断进行膨胀、冷却及能量消耗，使流速的波动幅度得以减小，噪声随之减弱。

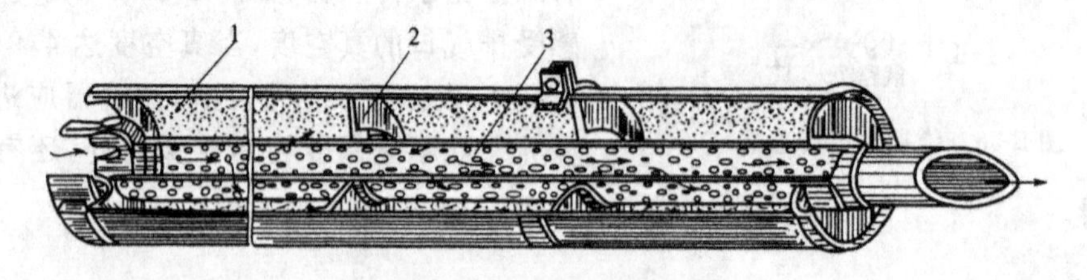

图 5-40　排气消声器

1—外壳；2—隔板；3—内管

复习思考题

1. 配气机构的主要功用是什么？由哪几部分组成？
2. 什么是侧置气门式配气机构？
3. 顶置气门式配气机构有何优点？
4. 进气门与排气门有何不同？
5. 为什么柴油机气门弹簧采用双簧？
6. 为什么要设置气门旋转机构？
7. 什么是配气相位？
8. 为什么进、排气门要提前打开和滞后关闭？
9. 为什么要采用涡轮增压系统？说明废气涡轮增压器的工作原理。
10. 什么是中冷器？柴油机都必须安装中冷器吗？
11. 为什么进气管要安排在位于排气管上部？
12. 空气滤清器的作用是什么？有哪几种形式？
13. 排气管的作用是什么？
14. 消声器是如何消除柴油机噪声的？

第六章

传动机构

传动机构是将来自曲轴的一部分动力传递给维持柴油机正常工作所需的各种附件——如配气机构、喷油泵、风扇、机油泵等动作，并驱动空压机、液压泵等辅助装置工作，为配套机械提供动力。

第一节 传动机构的布置形式

柴油机采用的齿轮传动机构，通常的布置形式主要有三种：即前传动齿轮机构、后传动齿轮机构和混合传动齿轮机构。

1. 前传动齿轮机构

这种布置方式是指将传动用的齿轮机构布置在曲轴前端（自由端）。由于曲轴自由端直径允许较细，故可以采用节圆直径较小的齿轮，且齿轮的圆周速度较低，必要的加工精度也可较低。另外，整个机构可以设计得比较紧凑，机构的拆装和调整也较方便，所以应用广泛。但是，对于多缸长曲轴来说，在通过共振转速时，曲轴自由端的振幅最大，该振动会影响柴油机的配气和喷油定时，使柴油机工作不正常，与此同时，传动机构本身也将受到剧烈磨损。

2. 后传动齿轮机构

这种布置方式是将传动用的齿轮机构布置在最后一道曲轴轴颈与飞轮之间。这个位置靠近扭振节点，扭振时振幅小，影响也小，所以传动平稳、正时准确可靠，但是，这种布置对维修保养往往不利。

3. 混合传动齿轮机构

这种布置方式是上述两种传动方式的综合，即一部分（重要）传动机构后置，一部分传动机构前置，其特点是兼顾了前传动和后传动布置形式中正时准确、传动可靠和维护保养方便等优点，但结构较为复杂。

第二节 传动机构的结构与特点

一、结　构

B/F413F、B/F513 系列风冷柴油机的传动机构属于混合传动布置形式，其凸轮轴传动、喷油泵传动、风扇传动等布置在曲轴后端，机油泵传动、发电机传动等布置在曲轴前端。

从具体布置来讲，由于所用风扇不同（ϕ390 mm、ϕ360 mm），又有两种具体不同的结构形式。

图 6-1 为采用 ϕ360 mm 风扇时（即不带风扇传动齿轮箱）的传动机构，一般用于非增压柴油机。其传动路线如下：

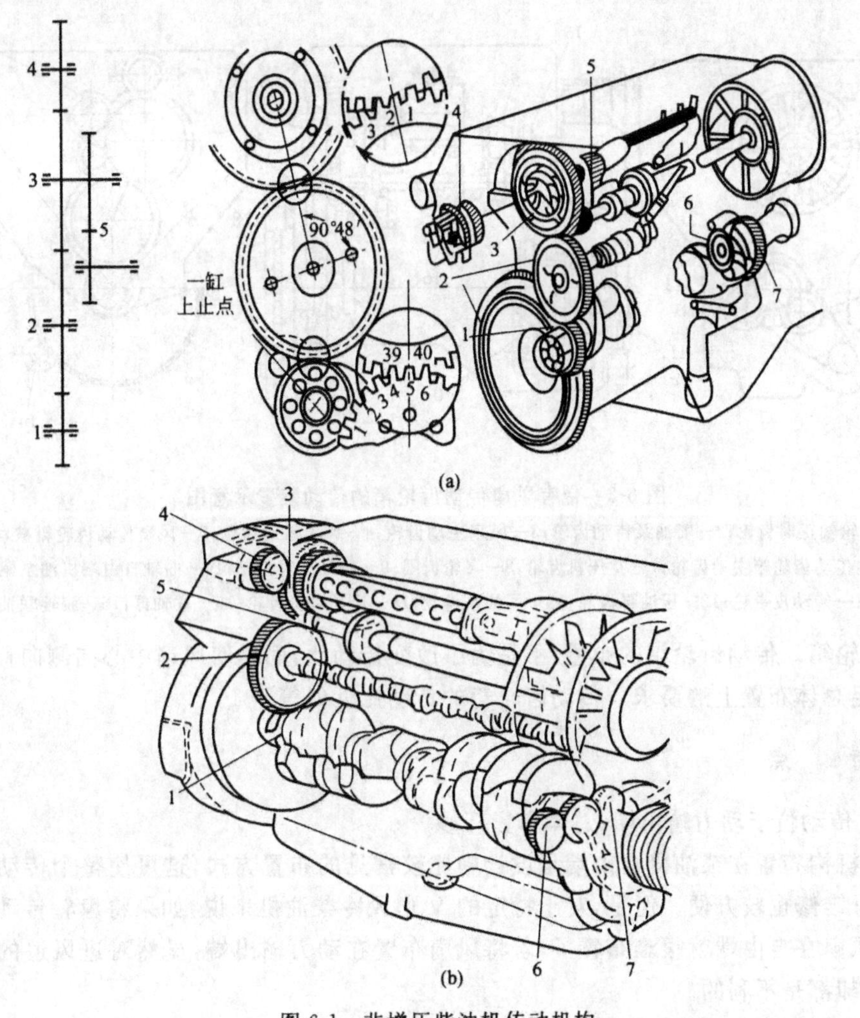

图 6-1　非增压柴油机传动机构

1—曲轴正时齿轮；2—凸轮轴正时齿轮；3—喷油泵-风扇双联齿轮；4—液压泵或空压机齿轮；
5—风扇传动齿轮；6—机油泵齿轮；7—曲轴前端齿轮

曲轴后端，通过曲轴功率输出端上与曲轴制成一体的曲轴正时齿轮 1 驱动凸轮轴正时齿轮 2 和喷油泵-风扇双联齿轮 3 的外侧齿轮，以此驱动配气机构和喷油泵；通过喷油泵-风扇双联齿轮 3 的内侧齿轮与风扇传动齿轮 5 啮合，以驱动风扇传动轴旋转，经胶辊弹性联轴节、液力耦合器使风扇旋转；同时，喷油泵-风扇双联齿轮 3 的外侧齿轮还与液压泵或空压机齿轮 4 啮合，以驱动液压泵或空压机工作。

曲轴前端齿轮 7 与机油泵齿轮 6 啮合，驱动压油泵和回油泵两组机油泵工作。

在传动路线中，可以通过改变风扇传动中主动齿轮与被动齿轮的齿数，由此构成风扇转速人为调节环节，以满足不同的要求。发电机由安装在曲轴自由端的皮带轮驱动，部分柴油机的空压机也由此皮带轮驱动。另外，由于风扇传动后置，风扇传动轴布置在两排缸 V 形夹角中间，有效地利用了 V 形夹角空间，使柴油机的轴向长度尺寸得以缩减，结构比较紧凑。

图 6-2 为带有风扇传动齿轮箱的传动装置示意图，风扇直径 ϕ390 mm，一般用于增压柴油机。

增压柴油机的传动机构与非增压柴油机的传动机构基本相同，区别仅在于增加了一个风

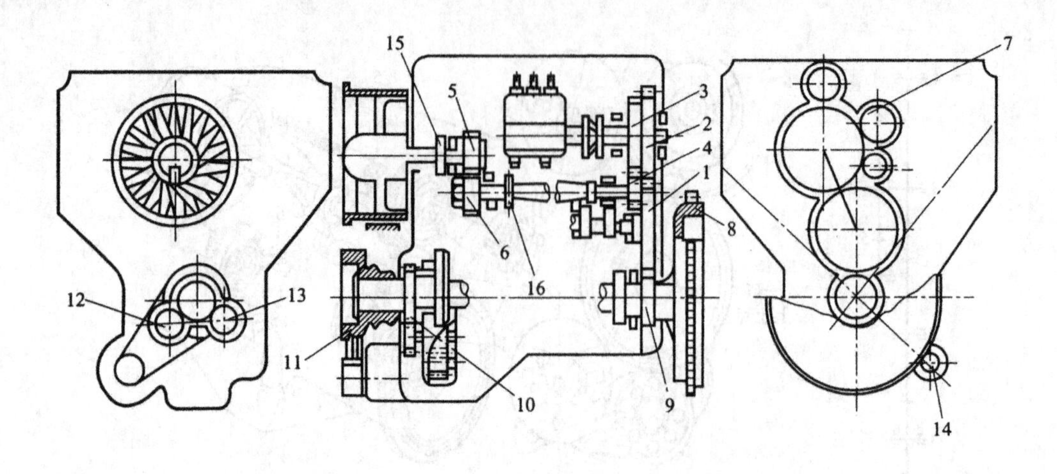

图 6-2　带有风扇传动齿轮箱的传动装置示意图

1—凸轮轴正时齿轮；2—喷油泵传动齿轮；3—风扇主动齿轮；4—风扇被动齿轮；5—风扇传动齿轮箱被动齿轮；6—风扇传动齿轮箱主动齿轮；7—空压机齿轮；8—飞轮齿圈；9—曲轴正时齿轮；10—曲轴自由端机油泵驱动齿轮；11—传动皮带轮；12—压油泵齿轮；13—回油泵齿轮；14—启动电机齿轮；15—联轴器；16—胶辊联轴节

扇传动齿轮箱。传动齿轮箱的布置，不是为了改变传动比，而是使风扇中心向侧向移动一段距离，以满足总体布置上的要求。传动齿轮箱的传动比近似等于 1。

二、特　　点

1. 主传动位于动力输出端，总体布置巧妙

传动机构布置在柴油机自由端是设计中比较常见的布置方式，这可使整个传动机构结构紧凑，而且维修也较方便。但是，对于特定的 V 形风冷柴油机来说，如果将齿轮传动机构布置在前端，风扇在自由端就很难布置了，若将风扇布置在动力输出端，显然对进风道的布置和柴油机的冷却都是不利的。

道依茨风冷柴油机将风扇布置在自由端，主传动布置在动力输出端，风扇传动轴布置在两排缸 V 形夹角中间，压油泵、回油泵等辅助传动布置在自由端，得到了比较紧凑的布置方案，是比较巧妙的。

2. 传动平稳，噪声小，相位准确可靠

由于主传动后置，曲轴正时齿轮与曲轴整体制造，减少了由于连接间隙引起的振动以及扭振对于传动机构的影响；另外，采用圆柱斜齿轮传动，重叠系数大，啮合平顺，传动平稳，而且对时间相位要求严格的配气凸轮和喷油泵传动轴，尽可能靠近曲轴，缩短传动链，减少了传动误差。这样，使得风冷柴油机传动平稳，噪声小，相位准确可靠。

3. 结构简单，零件数量少

由于整体布局紧凑，传动链短，使整个传动机构中只有 12 个斜齿圆柱齿轮、一对皮带轮、一根弹性轴、一个胶辊联轴节和一个液力耦合器。

4. 装配调整方便

斜齿圆柱齿轮，只要零件合格，可直接装配，无需间隙调整，侧隙检查也很方便。

5. 合理采用挠性元件

风扇传动链中采用了弹性联轴节，改善了风扇传动系统的平稳性和工作可靠性，提高了使用寿命。

第三节　正时齿轮的安装

一、气门定时

在装配凸轮轴时，必须使凸轮轴正时齿轮的正时记号和曲轴正时齿轮的正时记号对准，否则不能保证凸轮轴和曲轴应有的相对位置，即不能保证各个气门按规定时刻开闭。

如图 6-3 所示，在凸轮轴正时齿轮 2 上，有两个齿有倒角并标有颜色，而曲轴正时齿轮 1 只有一个齿有倒角。安装过程中，两者必须啮合正确。

二、喷油定时

对于柴油机，不但凸轮轴需要“正时”，喷油泵也需要“正时”。在装配喷油泵驱动齿轮时，必须使凸轮轴正时齿轮的正时记号和喷油泵驱动齿轮的正时记号对准，否则不能保证凸轮轴和喷油泵应有的相对位置，即不能保证各喷油泵按规定时刻喷油。

如图 6-4 所示，在凸轮轴正时齿轮 1 上有一个倒角齿，喷油泵驱动齿轮 2 上有两个倒角齿。安装过程中，两者必须啮合正确。

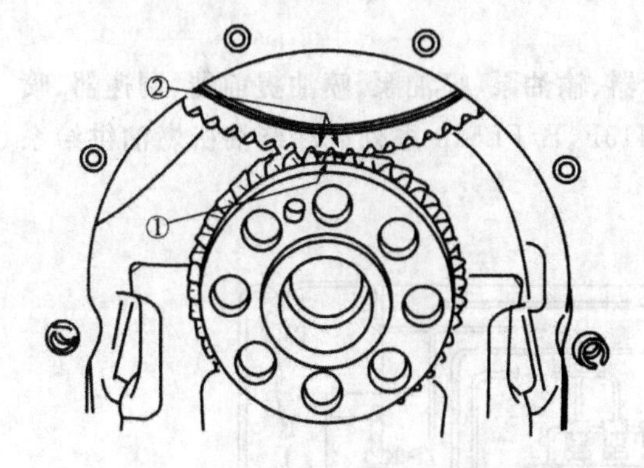

图 6-3　凸轮轴/曲轴正时齿轮安装位置
1—曲轴正时齿轮；2—凸轮轴正时齿轮

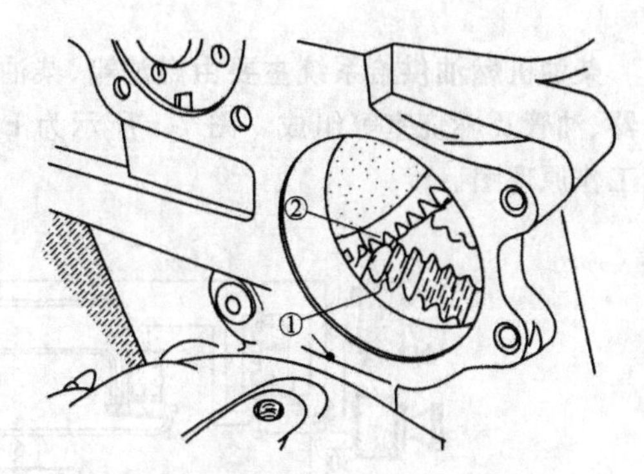

图 6-4　凸轮轴/喷油泵正时齿轮安装位置
1—凸轮轴正时齿轮；2—喷油泵驱动齿轮

1. 传动机构的作用是什么？有哪几种形式？
2. 柴油机三种齿轮传动机构各有何特点？
3. 如何正确安装正时齿轮？

第七章

燃油供给系统

为了使柴油机能连续、正常地工作，必须对其气缸不断地供应可燃混合气。柴油机燃油供给系统的任务，是按照柴油机工作过程的要求，定时、定量、定压顺序地向各缸燃烧室内提供干净的燃油，使燃油良好雾化，与空气形成均匀的可燃混合气，并自行着火燃烧，把燃油中含有的化学能转变为机械功。

第一节　燃油供给系统的组成

柴油机燃油供给系统主要由燃油箱、柴油滤清器、输油泵、喷油泵、喷油提前器、调速器、喷油器、油管及燃烧室等组成。图 7-1 所示为 B/FL413F、B/FL513 系列风冷柴油机燃油供给系统工作原理图。

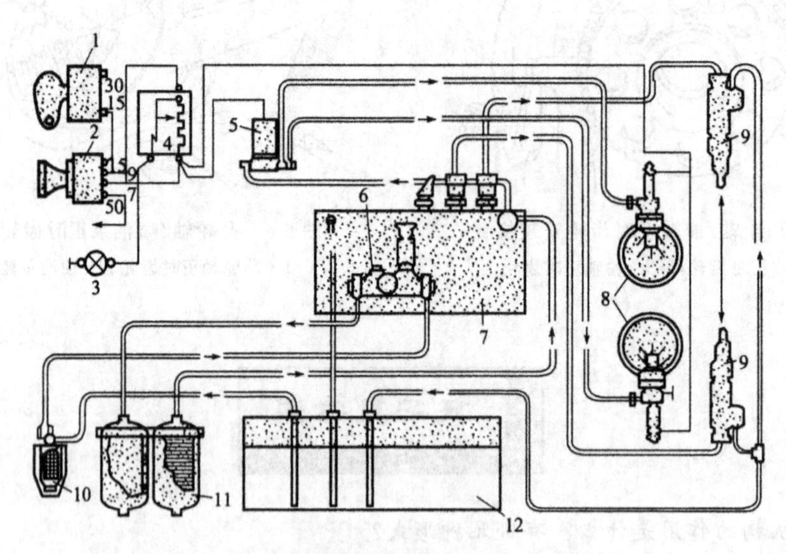

图 7-1　燃油供给系统工作原理图

1—带钥匙的开关；2—加热启动开关；3—加热指示灯；4—加热电阻；5—电磁阀；6—输油泵；7—喷油泵；8—火焰加热塞；9—喷油器；10—燃油粗滤器；11—两级燃油滤清器；12—燃油箱

图 7-2 所示为 B/FL413F、B/FL513 系列风冷柴油机燃油供给系统布置及走向图。

油箱中的柴油经沉淀和粗滤器的初步滤清，被吸入低压输油泵稍加增压后输送到两级燃油精滤器，进一步滤去杂质后进入高压喷油泵。喷油泵将低压柴油增压，经高压油管、喷油器喷入燃烧室。喷油器泄漏及过剩的柴油，经回油管汇集后流回燃油箱。精滤后的柴油还通到电磁阀，在冬季需冷启动加热时，控制继电器使电磁阀门打开，燃油分成两路分别进入置于左、右进气管内的火焰加热塞，火焰加热塞电阻丝因电路接通而红热，点燃燃油，进而实现进气加热；不需进气加热时，电磁阀关闭，燃油就进不到火焰加热塞内。

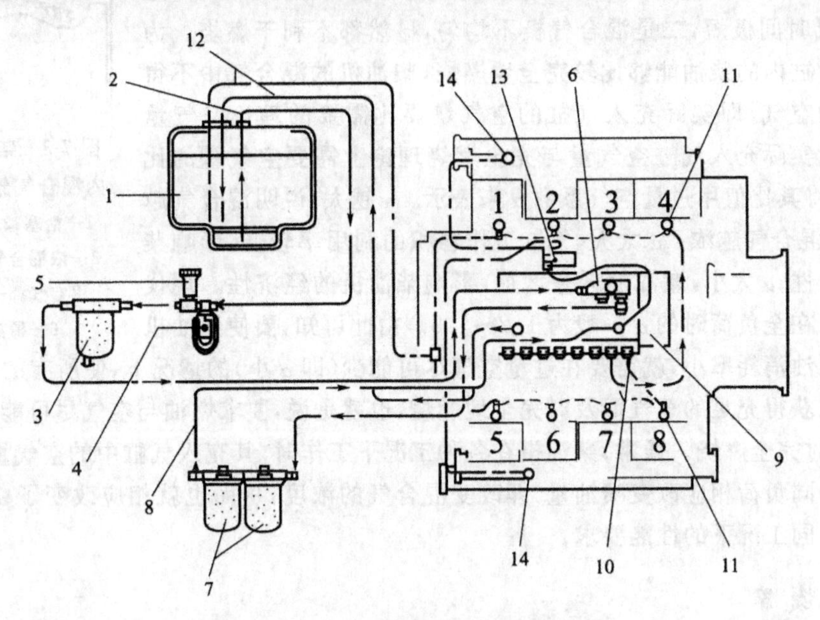

图 7-2　燃油供给系统布置及走向图

1—柴油箱；2—至输油泵油管；3—柴油滤清器(可附带油水分离器)；4—柴油粗滤器；5—手动输油泵；6—输油泵；7—柴油滤清器；8—至喷油泵油管；9—喷油泵；10—高压油管；11—喷油器；12—柴油回油管；13—电磁阀；14—火焰加热塞

从柴油箱到喷油泵入口这段油路的油压是输油泵建立的。输油泵的出油压力一般为40～300 kPa，故这段油路称为低压油路。低压油路的主要作用是供给喷油泵足够的清洁柴油。从喷油泵到喷油器这段油路的油压是喷油泵建立的，油压一般在一百至数百个大气压，故称此段油路为高压油路。高压油路的主要作用是增大燃油压力，使柴油通过喷油器呈雾状喷入燃烧室。在燃烧室中，燃油与空气混合而形成可燃混合气，并自行着火燃烧。

如柴油机长期停放或拆卸燃油系管路及部件后，为了排除油路中的空气，使燃油充满喷油泵，需在启动前用手动输油泵泵油，同时要拧开燃油滤清器上的放气螺塞，经排气后再拧上。

第二节　混合气的形成与燃烧室

一、混合气的形成及特点

在吸气冲程，活塞下行，进气门开启，气缸内充入新鲜空气。当压缩冲程接近终了时——约上止点前 10°～15°曲轴转角，气缸内气体压力可在 3 000 kPa 以上，温度可达 600 ℃以上，这时才将柴油喷入其中。从喷油开始到喷油结束的相应曲轴转角只有 15°～35°，假定曲轴转速为 2 000 r/min，15°的曲轴转角仅相当于 1/800 s。柴油喷入气缸后，须经蒸发、气化、与空气混合等准备过程才开始燃烧。由于准备过程的时间极短，致使混合气的形成极不充分，故混合气也极不均匀。图 7-3 为柴油喷入气缸后混合气分布情况的示意图，从图中可以看出，气缸内各处燃油与空气的混合情况很不一致，有的地方燃油过多而空气少，甚至没有空气；有的地方则空气多而燃油少，甚至完全没有燃油；但也有某些地方燃油与空气混合适中，成为首先着火燃烧的着火点。

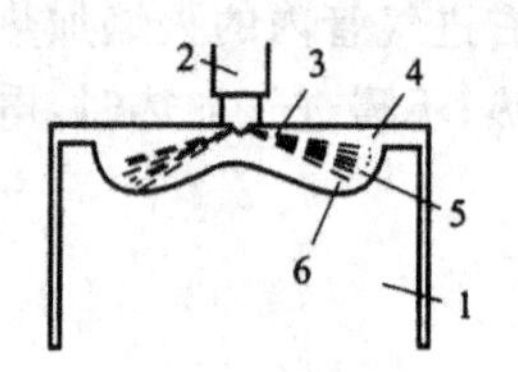

图 7-3　柴油机气缸内混合气分布示意图
1—活塞；2—喷油器；3—浓混合气；4—未利用空气；5—着火点；6—稀混合气

综上所述，在柴油机混合气形成过程中，有两个明显的特点：一是混合气形成时间极短，二是混合气极不均匀，显然都不利于燃烧。为了使喷入气缸内的柴油能够比较完全地燃烧，柴油机的混合气中不得不用较多的空气，即实际充入气缸的空气量要比需要的理论空气量多。为衡量实际充入气缸空气量与完全燃烧理论上需要空气量的比例关系，常将其比值用过量空气系数 α 来表示。α 越大，说明混合气越稀；α 越小，混合气越浓。α 太大，气缸工作容积的利用率较低，影响柴油机的动力性；α 太小，燃油消耗量增加，影响柴油机的经济性。现代高速柴油机在全负荷时的 α 一般为 1.2～1.5。由此可知，要使柴油机功率大而燃油消耗率小，就需要在过量空气尽可能少（即 α 小）的情况下，使所有的燃油分子都尽可能早地获得充足的氧气而及时完全地燃烧，也就是说，要求燃油与空气尽可能迅速地混合均匀，并及时完全燃烧。通常，柴油机在各种工况下工作时，其充入气缸中的空气量大致不变，而是依据不同负荷相应改变喷油量，即改变混合气的浓度，从而也就相应改变了 α 值，以适应柴油机在不同工况下的性能要求。

二、燃 烧 室

柴油机的燃烧室是可燃混合气形成和燃烧的场所，燃烧室的结构形式以及它与供给系的匹配恰当与否，对于形成混合气的品质和燃烧的质量有很大影响，进而影响到柴油机的动力性、经济性以及工作噪声和排气成分。为了提高柴油机的动力性、经济性及减少对环境的污染，对柴油机燃烧室提出下列要求：

（1）在保证完全燃烧的前提下，能燃烧尽可能多的燃油，以充分利用进入气缸内的空气，有利于提高柴油机的动力性。

（2）混合气形成要及时，燃烧要完全。燃烧过程中的能量和热量损失要尽可能少，以有利于提高柴油机热效率。

（3）最高爆发压力不应过高，以免受力零件的机械负荷过高。

（4）压力增长率不太高，使柴油机工作柔和。

（5）在任何工作条件下都能可靠启动。

（6）排气中有害气体含量小，污染低。

实际上，由于影响因素复杂，要同时满足以上要求是相当困难的。因此，一般只根据柴油机的用途和使用特点，着重满足某些要求而兼顾其他要求。在柴油机的发展过程中，人们研究并使用了许多不同类型的燃烧室。早期是利用燃油喷注与燃烧室形状的适当配合，使喷注比较均匀地分布于空气之中以促进混合气的形成；随着柴油机转速的提高，又进一步设法利用空气的运动来帮助燃油与空气混合。

目前，根据混合气形成的原理和燃烧室的结构特点，基本上可分为直接喷射式燃烧室和分隔式燃烧室两大类。直接喷射式燃烧室是由活塞顶与气缸盖组成的单一的密闭空间，采用多孔喷油器将燃油直接喷射到燃烧室中；分隔式燃烧室是由位于活塞顶部的主燃烧室和位于缸盖内的副燃烧室组成，使燃烧分为两个阶段进行，有利于燃油与空气的充分混合和燃烧。

我们接触到的道依茨风冷柴油机 513 系列增压机型和非增压机型都采用 ω 形燃烧室，这是一种半开形、直接喷射式燃烧室。这种燃烧室的活塞顶部有比较深的 ω 形凹坑，其口径比气缸直径小得多(见图 7-4),它利用挤压涡流和进气涡流来促进混合气的形成。当活塞进行压缩时,活塞顶周围的空气不断被挤压流入凹坑而产生涡流,待活塞上行至上止点前 8°～10°时,涡流速度最大,此时,多孔喷油器以较高的喷油压力(20 MPa 左右)将燃油喷入其中,大部分燃油分布在燃烧室空间与空气混合而形成混合气,少部分燃油受空气涡流作用黏附在燃烧室的壁面上形成油膜。开始燃烧后,油膜才迅速蒸发,被空气涡流带走,并与空气形成可燃混合气而燃烧。当活塞开始下行时,气体从凹坑中流出,再一次产生涡流,有利于未被利用的空气进一步混合、燃烧。

除了活塞压缩过程中形成的挤压涡流外,ω 形燃烧室还配以螺旋进气道来进一步改善混合气的形成与燃烧。螺旋进气道的示意图如图 7-5 所示。进气道为螺旋蜗壳形,空气进入气缸时,形成绕气门、气缸轴线旋转的进气涡流,使得进气既有圆周方向的切向运动,又有轴线方向的运动。切向速度与轴向速度之比称为进气涡流比,涡流比越大,说明涡流越强,越有利于形成混合气。

采用螺旋进气道,能产生较大的涡流比,有利于燃油与空气的混合,可以降低对喷油装置的要求,使柴油机工作良好。

ω 形燃烧室形状比较简单、结构紧凑、散热面积小、热效率高、雾化良好,所以燃料经济性好。同时,由于它总有一部分燃油在燃烧室空间先形成混合气而着火,故启动性也较好,但它对燃油系统要求较高。多孔喷油器的喷孔容易堵塞,柴油机工作比较粗暴,排气污染也较严重。

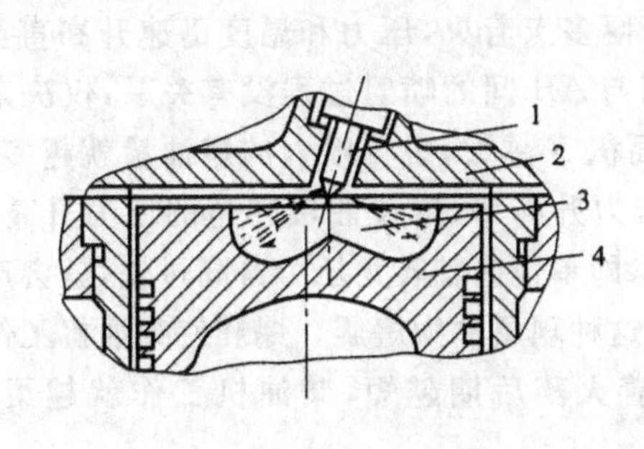

图 7-4　ω 形燃烧室

1—喷油器;2—气缸盖;3—燃烧室;4—活塞

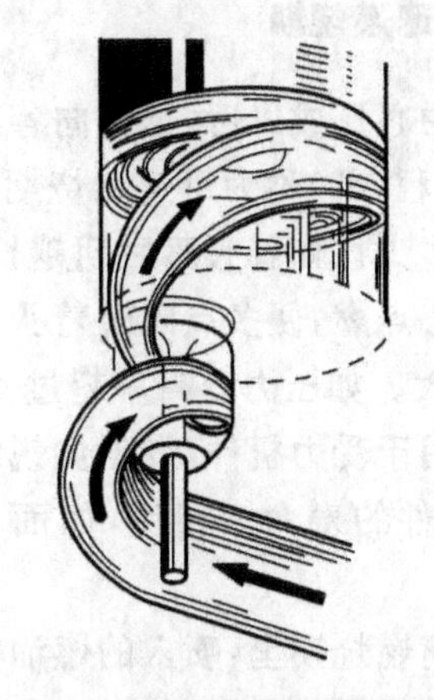

图 7-5　螺旋进气道示意图

第三节　柴油机的燃烧过程

柴油机的燃烧过程如图 7-6 所示。为方便起见,把燃烧过程分为四个阶段来研究。

一、着火落后期

在压缩行程中,由于空气的压力和温度不断升高,柴油的自燃温度逐渐降低,至图中①点便达到自燃着火温度。如在 O 点开始泵油,因高压油管有弹性变形,压力波有传播过程,要到 A 点后才开始向燃烧室内喷射柴油。此时气缸内空气的温度为 J,显然远远高于柴油的自燃温度。但喷入的柴油并不能立即着火燃烧，细小油粒须经吸热汽化、蒸发、与空气混合等物理、化学准备过程，直至 B 点才能完成这个准备过程。AB 过程(Ⅰ)称为着火落后期。在 B 点，燃烧室中一处或几处首先完成了这一准备，开始着火燃烧形成火焰中心，压力线便偏离压缩线迅速升高。

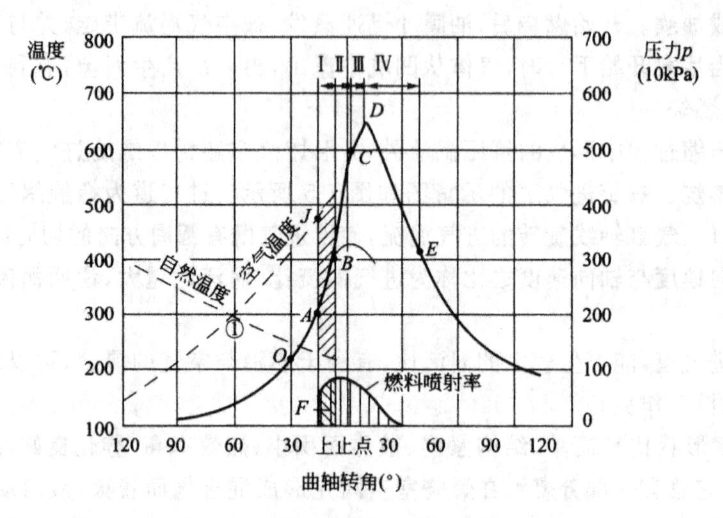

图 7-6　柴油机的燃烧过程

二、迅速燃烧期

火焰中心形成以后，迅速向各处传播，燃烧室中便多点着火，压力和温度迅速升高直至 C 点。BC 过程(Ⅱ)称为迅速燃烧期。BC 的压力升高与 AB 间的喷射过程没有关系，仅决定其喷射量的多少。如着火落后期越长，对应的双影线面积 F 越大，说明喷入的燃油量就越多，一经火焰中心点燃，便多点同时着火，使燃烧速度与压力升高率(单位曲轴转角的压力升高量) $\Delta p/\Delta\theta$ 增大。如压力升高率超过 400～600 kPa/(°)，即单位曲轴转角压力升高过快，就会产生冲击波作用于受力机件，发出尖锐的敲击声，通常把这种现象称为爆震。爆震使柴油机工作粗暴，影响机件的寿命。相反，如面积 F 越小，说明着火落后期越短，柴油机工作就越柔和、平稳。

在迅速燃烧期里，喷入的燃油在高温燃烧气体影响下，迅速完成物理、化学准备而燃烧(着火落后期接近零)，此期间的放热量达整个循环放热量的 50%，放热率 $dQ/d\theta$ 达最大值。迅速燃烧期一般在上止点后 8°～10°结束。

三、缓慢燃烧期

当已经喷入燃烧室的燃油以很快的速度燃烧完时，喷油器仍在喷油，此时一方面由于燃烧室里的温度、压力很高，几乎边喷油边燃烧；但同时又由于燃烧室中氧气减少，废气很多，使燃烧越来越慢；并且活塞开始向下止点运动，燃烧室的体积不断增大。综合上述情况，压力升高变得比较缓慢，燃烧几乎是在等压情况下进行，如图中 CD 曲线段。CD 过程(Ⅲ)称为缓慢燃烧期。

缓慢燃烧期约延续到上止点后 15°～20°，燃烧压力和燃烧温度达最大值，最高压力一般可达 6～9 MPa，最高温度可达 700～2 000 ℃，到 D 点的放热量可达每循环燃烧总放热量的 70%～80%。喷油一般在最高温度前结束。

缓慢燃烧期由于在高温缺氧条件下进行,燃烧不完全,容易产生炭烟随废气排出,影响经济性和废气净化问题,因此,改善混合气形成的质量,使燃烧进行得完全,是提高柴油机动力性和经济性的关键。

四、过后燃烧期

达到最高温度以后,虽然喷油已停止,但仍有少量燃油继续在燃烧,如图中 *DE* 曲线段。*DE* 过程(Ⅳ)称为过后燃烧期或补燃期。由于燃烧是在活塞逐渐下行情况下进行的,往往延续到排气开始。一般认为放热量达到每一循环燃烧总放热量的 95%～97%时补燃期结束。在此时期由于气缸内温度和压力下降,混合气运动速度减慢,废气量增多,使燃烧速度与放热率都大大降低;部分燃油或因高温缺氧不能充分燃烧而裂化成游离的碳,或因局部空气过分稀释而降低温度,致使燃烧不完全、冒黑烟。因补燃期放出的热量转变为有效功的很少,相反却使柴油机的热负荷增加,排气温度升高,冷却系热负荷加重,经济性和动力性都下降,因此,要改善混合气的形成质量,使燃油与空气充分混合,应在上止点附近就能基本上完成燃烧过程,尽可能缩短补燃期,以减少补燃和冒烟。

第四节 燃油的喷射装置

喷射装置主要由喷油泵和喷油器两部分组成,二者用高压油管连接。每个气缸都装有一对结构完全相同的喷油泵和喷油器,各缸喷油泵(称为分泵)则集中装在一个壳体内(称总泵)。柴油机工作时,依靠供油凸轮轴驱动各缸的分泵,使燃油产生高压。高压燃油再经高压油管输送到各缸的喷油器内,最后被喷入各缸的燃烧室中。对于四冲程柴油机,供油凸轮轴的转速为曲轴转速的 1/2,供油凸轮轴每转一周,各缸供油一次。

一、喷 油 泵

喷油泵又称高压泵,是柴油机燃油供给系统中最重要的一个部件。它的作用是提高燃油压力,并根据柴油机工作过程的要求,定时、定量、定压地向燃烧室内供给燃油。

1. 对喷油泵的基本要求

(1) 根据柴油机工作循环的要求,保证一定的供油开始时间和供油延续时间。

(2) 根据柴油机负荷大小,供应所需燃油量。负荷大时,供油量应增多;负荷小时,供油量应相应减少。

(3) 根据燃烧室形式和混合气形成方法的不同要求,应保证喷油器喷出的燃油细散,使之和燃烧室中的空气均匀混合。

(4) 为了避免喷油器的滴漏现象,喷油泵必须保证供油停止迅速。

(5) 多缸柴油机的喷油泵还应保证:按柴油机着火次序供给各缸均匀的燃油,各缸供油不均匀度不大于 3%～4%;各缸喷油提前角要一致,相差不能大于 0.5°曲轴转角;各缸的喷射延续角相等。

2. 喷油泵的种类

喷油泵的结构形式很多,根据作用原理可大体分为:柱塞式喷油泵(也称滑阀式喷油泵),它是靠柱塞往复运动进行泵油;转子分配式喷油泵,它是靠转子的转动进行泵油;PT 泵,它是根据液压原理靠改变供油压力来调节供油量。由于柱塞泵结构简单紧凑、便于维修、使用可靠、供油量调节比较精确,所以应用最为普遍。

柱塞式喷油泵按构造又分为单体式和整体式。单体式喷油泵的所有零件都装在泵体中,其喷油泵凸轮通常和配气凸轮做在一根轴上,调速器装在机体内。这种喷油泵除了用于单缸柴油机外,还多用于小型多缸柴油机和大缸径柴油机上。整体式喷油泵是把几组泵油元件共同装在一个泵体中,它有单独的喷油泵凸轮轴,并带有调速器、输油泵等部件。这种喷油泵结构紧凑,调整方便,易于安装,为目前中、小功率高速柴油机所广泛采用。

3. 柱塞式喷油泵的工作原理

为使喷油泵能够供给喷油器以高压燃油,就必须有一对精密配合的柱塞和柱塞套组成的柱塞偶件。柱塞偶件是用优质合金钢制成,经过热处理和研磨,以严格控制其配合间隙(间隙值一般为0.001 5~0.002 5 mm),保证燃油的增压及柱塞偶件的润滑间隙。柱塞偶件是选配成对的,不能互换。

柱塞式喷油泵的一般结构如图 7-7 所示。柱塞 8 在柱塞套 7 中作往复运动,柱塞套的两侧开有两个油孔,与泵体上的低压油腔相通;在柱塞套上方有出油阀 5 和出油阀座 6,利用出油阀弹簧 3 将出油阀压紧在阀座上,与柱塞顶一起构成一个压油空间。柱塞上部钻有中心孔和径向孔,柱塞的圆柱表面上铣有斜槽,下端利用柱塞弹簧 9 压在挺柱中的垫块 12 上。

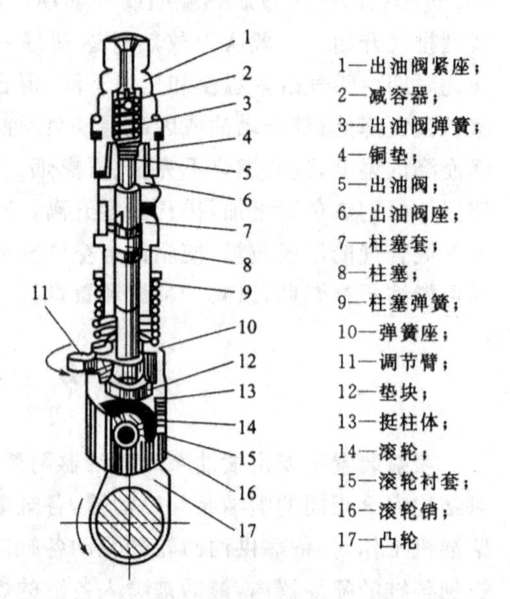

图 7-7 柱塞式喷油泵的一般结构

柱塞式喷油泵的工作过程是:当凸轮轴转动时,凸轮的凸起部分推动挺柱运动,压缩柱塞弹簧 9 使柱塞上行。当柱塞上端空腔的柴油受到压缩时,柴油将迫使出油阀离开阀座,经出油口和高压油管到达喷油器。当凸轮凸起部分转过后,柱塞在柱塞弹簧 9 的作用下向下移动,出油阀随之关闭。

下面以图 7-8 来进一步详细分析柱塞式喷油泵的工作原理。

柱塞式喷油泵的泵油作用主要由柱塞 1 和柱塞套 2 这对精密偶件的相对运动来实现。图 7-8(a)表示柱塞在最低位置时,燃油自低压油腔经柱塞套两侧油孔 4 和 8 进入,充满柱塞上面的泵腔。图 7-8(b)表示柱塞向上移动时,起初有一小部分燃油被挤回低压油腔,直到柱塞顶面将油孔完全封闭为止,柱塞继续上升,其上部密封油腔中的燃油被压缩而产生高压,当此压力增大到足以克服出油阀弹簧 7 的作用力时,燃油便推开柱塞套上面的出油阀 6 经高压油管进入喷油器。当柱塞再继续上升到图 7-8(c)所示位置,斜槽 3 的边缘与油孔 8 的下边缘接通时,泵腔内高压油便通过柱塞的轴向中心孔、径向孔、斜槽 3 和油孔 8 回到低压油腔,泵腔中油压迅速下降,出油阀在弹簧力作用下迅速落座、回位,喷油即结束。此后,柱塞虽仍继续上行到上止点为止,但已不再泵油。柱塞向下移动时,如图 7-8(d)所示,又有燃油从低压油腔进入泵腔,这样,柱塞在柱塞套中不断上下运动,喷油泵便将高压燃油定期供给喷油器。

从上述泵油过程可以看出,这种喷油泵柱塞运动的总行程——即柱塞上、下止点间的距离 h 是定值[见图 7-8(e)],它取决于凸轮的最大升程。而柱塞也并非整个上移行程都能泵油,只是在柱塞完全封闭油孔 4 和 8 之后到柱塞斜槽 3 和油孔 8 接通前这一段行程 h_g 才能泵油，h_g 称为柱塞的有效行程。显然，柱塞泵每次泵出的油量取决于有效行程的长短。

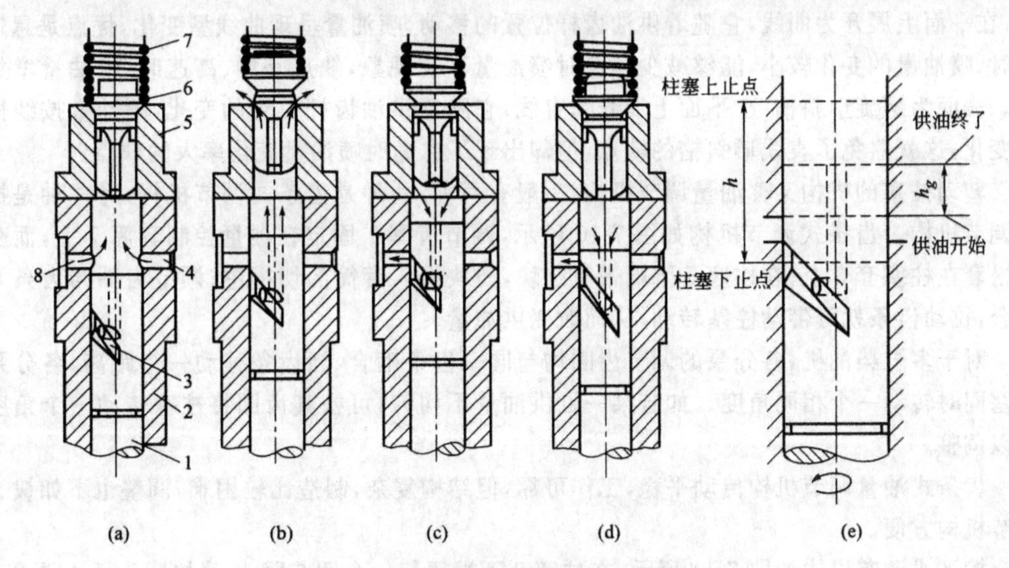

图 7-8　柱塞式喷油泵泵油原理示意图

1—柱塞；2—柱塞套；3—斜槽；4，8—油孔；5—出油阀座；6—出油阀；7—出油阀弹簧

从作用上说，柱塞套上的两个径向孔，与斜槽相对的一个是回油孔，另一个为进油孔。为了加工方便，并防止进油时节流增大和产生涡流，进、回油孔通常都在同一高度上；有些柱塞偶件，为了提高柱塞头部的密封性，使回油孔布置成低于进油孔；也有的柱塞套上只有一个孔，既起进油作用又起回油作用。

喷油泵供油量应能根据柴油机负荷进行调节，亦即当柴油机的负荷改变时，喷油泵供油量也应相应变化。从以上所述可知，只要改变柱塞的有效行程就可以改变喷油泵的供油量，即可以通过改变斜槽和柱塞套上油孔的相对位置来改变供油量。将柱塞按照图中箭头所示的方向转动一个角度时，柱塞有效行程增加，供油量就加大；若按照与此相反方向转动一个角度时，柱塞有效行程减小，供油量就减少。当柱塞转到斜槽正对着柱塞套上的油孔时，柱塞有效行程等于零，喷油泵处于不供油状态，柴油机便停止工作。

根据柱塞斜槽布置形式的不同，调节供油量可以有以下三种方式，如图 7-9 所示：图 7-9(a)表示供油始点不变、供油终点改变的柱塞，柱塞顶面为一平面，而下部有斜槽，这种柱塞应用最多。图 7-9(b)表示供油始点改变而供油终点不变的柱塞，这种调节方式适用于要求供油量和转速的变化一致的柴油机(例如船用柴油机)上。图 7-9(c)表示供油始点和终点都变化的柱塞，这种调节方式对于负荷和转速经常变化的柴油机较为有利，它可使柴油机工作比较柔

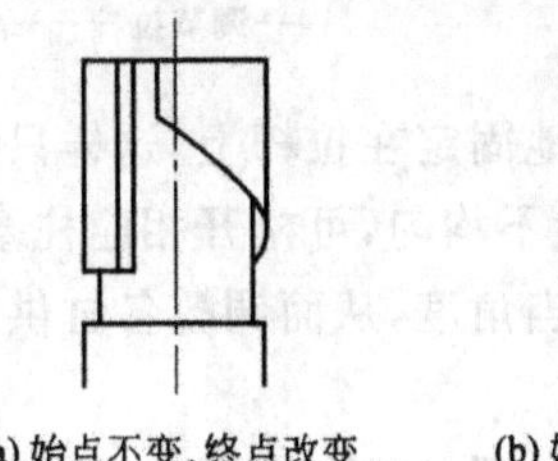

(a) 始点不变、终点改变

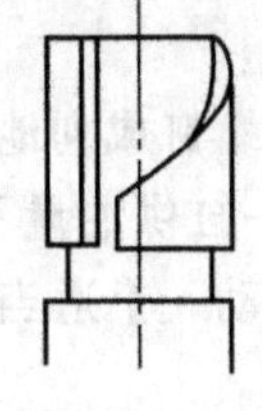

(b) 始点改变、终点不变

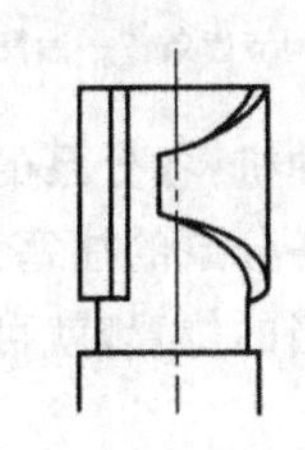

(c) 始点和终点都变化

图 7-9　喷油量的三种柱塞

和，但是结构和工艺比较复杂。

柱塞斜槽的形状有的做成螺旋形，为了简化工艺，也有做成直线形的。表面为直线形的斜槽，在平面上展开为曲线，它随着供油齿杆位置的移动，喷油量呈现曲线型变化，优点是怠速运转时，喷油量的变化较小，能够减少怠速时喷油量不均现象，缺点是中、高速时，喷油量增加缓慢。表面为螺旋形斜槽，在平面上展开为直线，它随着供油齿杆位置的变化，喷油量按线性关系变化，这就避免了直线形斜槽的缺点，但却出现了怠速时喷油量变化率大的缺点。

转动柱塞的机构又称油量调节机构，一般有两种：一种是齿条式调节机构，另一种是拨叉式调节机构。齿条式调节机构如图 7-10 所示，调节齿圈 1 固定在油量控制套筒 7 上，而套筒是松套在柱塞套 3 上；在柱塞 5 下端带有凸块，凸块嵌入套筒的切槽中；调节齿圈与齿条 6 相啮合，拉动齿条就可带动柱塞转动，从而改变供油量。

对于多缸柴油机，各分泵的调节齿圈均与同一齿条啮合，当齿条移动一个距离，各分泵的柱塞同时转动一个相同角度。如若某一缸供油量不均匀，可松其齿圈将柱塞转动一个角度来加以调整。

齿条式油量调节机构传动平稳，工作可靠，但结构复杂，制造比较困难，调整也不如拨叉式调节机构方便。

拨叉式调节机构如图 7-11 所示，在柱塞 2 下端压装一个调节臂 1，臂的球头插入调节叉 5 的凹槽中，调节叉用螺钉固定在调节拉杆 4 上，为防止拉杆与调节叉的相对转动或拉杆在壳体内转动，拉杆上铣有定位平面。推动调节拉杆，就可以使柱塞转动，从而达到改变供油量的目的。

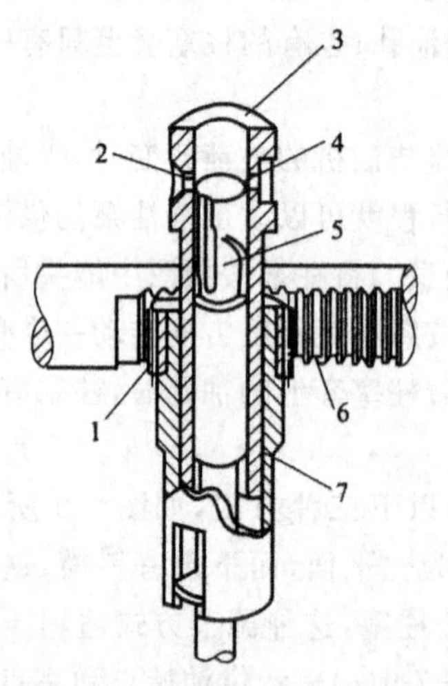

图 7-10　齿条式油量调节机构
1—调节齿圈；2—进油孔；3—柱塞套；4—回油孔；
5—柱塞；6—调节齿条；7—油量控制套筒

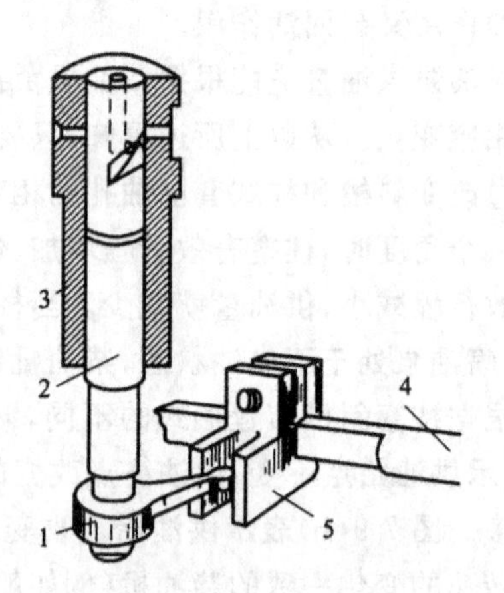

图 7-11　拨叉式油量调节机构
1—调节臂；2—柱塞；3—柱塞套；
4—调节拉杆；5—调节叉

对于多缸柴油机，各分泵的调节叉用螺钉成列地固定在拉杆上，这样只要左、右移动拉杆，就可以同时转动各分泵的柱塞。如若某一缸供油量不均匀，可松开相应柱塞调节叉，将它在拉杆上移到一个适当的位置，就可使柱塞转动一个适当角度，从而调整各缸供油的均匀性。调好后，固紧调节叉。

拨叉式调节机构结构简单，制造方便，易于修理，而且材料利用率高，国产系列喷油泵均采用这种调节机构。

4. 出油阀的工作原理

出油阀的作用是保证燃油达到一定压力时才能进入高压油管，同时又可防止高压燃油从高压油管倒流回喷油泵内。

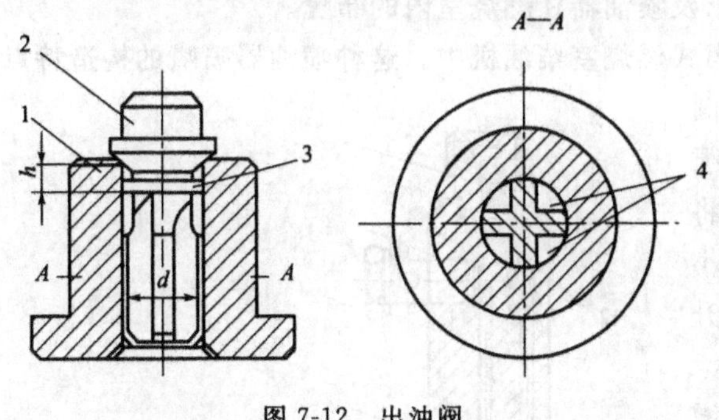

图 7-12 出油阀

1—出油阀座；2—出油阀；3—减压环带；4—切槽

出油阀是一个单向阀，装在柱塞偶件的上面，它的构造如图 7-12 所示。出油阀的上部为圆锥面，在弹簧压力作用下与阀座严密配合，用来隔绝高压油管与柱塞顶上泵腔的油路。出油阀的杆部呈十字形断面，既起导向作用，又能通过燃油。出油阀的中部为圆柱面，称为减压环带，它的作用是使柱塞在供油终了时，迅速地将高压油管内的燃油压力降低，促使喷油器立即停止供油，以防止喷孔出现后滴现象。

出油阀和出油阀座称为出油阀偶件，它与柱塞偶件一样，也是一对选配的精密偶件。出油阀与阀座的锥形座面都经过研磨，选配成对后不许互换。为了保证出油阀偶件的密封性，锥形密封带的宽度应为 0.4～0.5 mm。减压环带与出油阀座孔的配合间隙很小，以保证密封性能。

出油阀的工作过程如下：出油阀在高压油管内油压和出油阀弹簧压力的作用下，压紧在阀座上。当柱塞上升到封闭住进油孔时，泵腔内油压升高，当压力超过出油阀弹簧的预紧力和高压管内的燃油残余压力时，出油阀密封锥面脱离阀座开始上升，但此时还不能立即出油，一直要等到减压环带离开阀座导向孔，即出油阀上升起 h 高度后，才有燃油进入高压油管。同时，因环带以上的体积占据了高压油管相应的空间，使高压油管的油压迅速上升。喷油结束时，出油阀在出油阀弹簧作用下开始下降，减压环带一经进入导向孔，泵腔与高压油管间便被切断，阻止高压油管的油流向泵腔。出油阀继续下降 h 距离落座后，高压油管内马上空出一个圆柱体体积 Ah（A 为减压环带的截面积），因而使高压油管内油压急剧下降，喷油器就可以立即停止喷油，避免了喷油器的滴漏现象。如果没有减压环带，则在出油阀与阀座圆锥面贴合后，高压油管中瞬间内仍存在着很高的剩余压力，将使喷油器发生滴漏现象。

二、喷 油 器

喷油器又称喷油嘴，它将喷油泵泵来的高压燃油以雾状形态喷入燃烧室，使燃油在燃烧室与空气形成良好的可燃混合气。因此，对喷油器的基本要求是：有一定的喷射压力、一定的射程、一定的喷雾锥角、喷雾良好，喷油终了时能迅速断油、没有滴油现象。

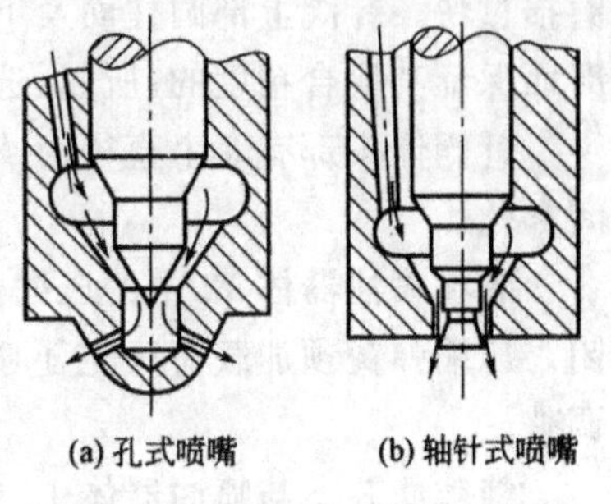

(a) 孔式喷嘴　(b) 轴针式喷嘴

图 7-13 闭式喷油器的头部结构

柴油机常用的是闭式喷油器。闭式喷油器在不喷油时，喷孔被一个受强力弹簧压紧的针阀所关闭，将燃烧室与高压油腔隔开。在燃油喷入燃烧室前，一定要克服弹簧的压力，才能把针阀打开，这就是说，燃油要具有一定的压力才能开始喷射。这样能够保证燃油的雾化质量，能够迅速切断燃油的供给，不发生燃油的滴漏现象。

喷油器的头部喷嘴有孔式和轴针式两种结构，如图 7-13 所示。孔式喷油器主要用于直接喷射式燃烧室柴油机中。由于喷孔数可有几个且孔径小，因此，它能喷出几个锥角不大、射程较远的喷柱。一般喷油孔的数目为1～7个，喷孔直径为ϕ0.25～ϕ0.5 mm。喷孔的数目与方向取决于各种燃烧室对于喷雾质量的要求及喷油器在燃烧室内的布置。

轴针式喷油器通常用于涡流式和预燃式燃烧室柴油机中。这种喷油器喷嘴的构造特点是在针阀下端的密封锥面以下伸出一个倒圆锥体形的轴针。轴针伸出喷孔外面，使喷孔形成圆环状狭缝，这样，喷油时，喷柱将呈空心的圆锥形或圆柱形，喷孔断面大小与喷柱的角度形状取决于轴针的形状和升程，因此要求轴针的形状加工得很精确。

由于燃烧室形式不同，对于增压、非增压机型，喷油器的具体结构并不相同，明显判别是喷孔数目、喷孔角度和喷孔直径等。B/FL413F、B/FL513系列柴油机采用长型孔式喷油器，其结构如图7-14所示，它主要由喷油器体12、喷油嘴偶件9、压缩弹簧5、推杆7等组成。

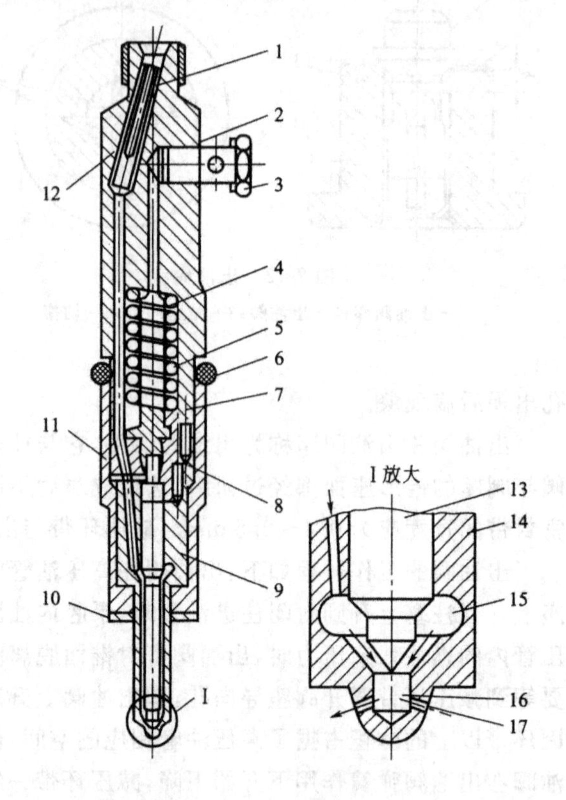

图7-14　长型孔式喷油器

1—缝隙滤芯；2—垫圈；3—回油空心螺钉；4—调整垫；5—压缩弹簧；6—密封垫圈；7—推杆；8—接合座；9—喷油嘴偶件；10—密封垫片；11—螺帽；12—喷油器体；13—喷油嘴针阀；14—喷油嘴针阀体；15—高压油腔；16—压力室；17—喷孔

喷油器的主要零件是用耐磨、耐冲击的优质合金钢制成的针阀13和针阀体14，两者合称为喷油嘴偶件。针阀上部的圆柱表面用以同针阀体内圆柱面做高精度的滑动配合，配合间隙约为0.002～0.004 mm。此间隙过大则可能发生泄漏而使油压下降，影响喷雾质量；间隙过小时，针阀不能自由活动。针阀中部全部露出在针阀体的环形油腔中，其作用是承受由油压造成的轴向推力以使针阀上升，故此锥面称为承压锥面。针阀下端锥面与针阀体上相应的内锥面配合，以实现喷油器内腔密封，故称为密封锥面。针阀体密封锥面的锥角为60°，针阀锥角为60°30′，以得到较窄的密封带宽度(约0.6 mm)，保证良好的密封压力，而又不致使锥面磨损过快。针阀上部圆柱面及下端锥面同针阀体上相应的配合面通常是经过精磨后再相互研磨而保证其配合精度的，所以，选配和研磨好的一副喷油嘴偶件是不能互换的。

针阀体头部有3个直径为ϕ0.405 mm的喷孔，喷孔夹角为142°，以配合燃油在燃烧室空间雾化。

装在喷油器体12中的压缩弹簧5通过推杆7使针阀紧压在针阀体密封锥面上，将喷孔关闭。压缩弹簧预加载荷决定了喷油嘴的开启压力，开启压力值大小可由压力调整垫4进行调整。

缝隙滤芯1与喷油器体12的内孔表面组成缝隙式滤清器。滤芯圆柱面上铣有六条均匀分布的油槽，油槽开口交错分布于上、下两端且互不相通。燃油从上端油槽进入后只能从滤芯与喷油器体内孔表面之间很小间隙进入相邻的下端油槽，所以细小杂质被阻挡在上端油槽内。

来至喷油泵的高压燃油经过缝隙式滤清器、喷油器体12中油道进入针阀体上端的环形槽内。高压燃油一方面对针阀承压锥面产生向上的轴向推力，另一方面顺针阀下端表面上的两道油槽到达密封锥面。当油压升高到作用在承压锥面上的轴向推力足以克服压缩弹簧5的预紧力时，针阀迅速开启，燃油经喷射孔喷入燃烧室。当喷油泵停止供油时，高压油管内的油压急速下降，针阀在压缩弹簧作用下落座，喷孔关闭，喷油过程结束。

从喷油嘴偶件配合表面泄漏的燃油，经喷油器体上的回油孔及外接回油管流回油箱。

喷油器的开启压力：

FL513——(23.5＋8)MPa

BFL513——(27＋8)MPa

喷油器通过叉形压板压紧在气缸盖上的喷油器安装孔座内，并用铜垫圈10密封，防止漏气。由于喷油器工作条件很差，其头部与燃气直接接触，温度很高，会引起针阀的膨胀与变形，因此，针阀与针阀体孔配合处的正常间隙容易被破坏而发生滞住黏着现象。为了消除这种现象，在高速强化柴油机上广泛采用这种长型孔式喷油器，使其针阀的导向部分远离燃烧室，以避免在高温工作时引起针阀与针阀体孔配合处的变形和滞住。

第五节 调 速 器

调速器是当柴油机负荷变化时，能在一定范围内自动调节喷油泵供油量，保持柴油机转速稳定的一种自动控制装置。

一、柱塞式喷油泵的速度特性

喷油泵每工作循环供油量在理论上只取决于油量调节杆(拉杆或齿杆)的位置，也就是柱塞上螺旋槽相对柱塞套上进、出油孔的周向位置，但实际上供油量还受到柴油机转速的影响。柴油机转速增高，柱塞移动速度增大。在柱塞上移时，柱塞虽尚未封闭柱塞套上进、出油孔，但由于高速运动时燃油流动的节流作用，燃油来不及从进、出油孔流出就开始供油，所以喷油泵出油阀实际开启时刻早于柱塞完全遮闭进油孔的时刻，致使喷油泵开始供油的时刻略有提前。同理，在压油接近终了时，也有类似的节流作用，柱塞虽然上移到其螺旋槽已与油孔连通，但泵腔内的油压一时还来不及下降，使出油阀的实际落座时刻延迟，致使喷油泵停止供油的时刻稍有推迟。

由于进、出油孔对燃油流动产生节流作用，使出油阀早开晚闭，相当于柱塞的实际有效行程增大，这样，即使油量调节杆位置不变，随着柴油机转速增高，喷油泵的供油量也随之增大；反之，随着转速的降低，供油量略为减少。当油量调节杆位置一定时，喷油泵循环供油量随转速而变化的关系就称为喷油泵的速度特性。

二、柴油机使用调速器的必要性

喷油泵速度特性对柴油机的工作有很大影响，对于工况(负荷和转速)多变的高速柴油机是极其不利的。

在柴油机工作过程中，负荷往往会发生很大变化，而且经常会遇到负荷突变的情况，如车辆行驶过程中遇到障碍，负荷突然增加，此时，如不及时地增加柴油机的供油量，就会造成转速下降，甚至有停车的危险；反之，当负荷突然减小时，如供油量不及时减小，则使转速急剧上升，很容易造成“飞车”事故。

通常，油量调节杆固定在某一供油位置，柴油机在某一转速下稳定运转，但若突然减少了负荷，油量调节杆一时还来不及向减少供油量的方向移动，柴油机转速就会迅速增高，而这时由于喷油泵速度特性的作用，喷油泵循环供油量反而增大，促使柴油机转速进一步提高。这样相互影响的结果，使柴油机转速越来越高，严重时会出现超速，甚至发生“飞车”事故。对柴油机来说，超速是很危险的，因为这时混合气形成时间更短，燃烧过程剧烈变化，会出现排气冒黑烟和柴油机过热等现象。而且，由于柴油机的运动零件重量较大，超速时会产生很大惯性力，使某些零件承受过大的机械负荷，严重时就会引起零件损坏。因此柴油机必须限制超速。

此外，柴油机还经常遇到低速空转（怠速）的场合，如短暂停车、启动暖车、变速器换挡等，柴油机在低速空转时只供给很少量燃油，这部分燃油发出的能量只能克服柴油机内部的摩擦阻力，这时柴油机工作的稳定性主要取决于此时柴油机内部摩擦阻力（即机械损失）的变化和气缸内气体做功变化的相互关系。这两者可用平均机械损失压力 p_m 和平均指示压力 p_i 的变化来表示。一般，柴油机随转速增加，平均机械损失压力 p_m 都略有增加。为了使低速空转稳定，必须在转速增高时，使平均指示压力 p_i 减小，而在转速降低时使其增大。p_i 的这种变化过程可以用图 7-15(a)所示汽油机怠速的情况来说明。汽油机怠速工作时，由于进气门关闭造成的强烈节流，使平均指示压力 p_i 随转速的升高而迅速下降，这时如发动机内部阻力稍有变化，引起转速从 n_1 改变到 n_2 或 n_3 的变化量并不大，因此可以认为是稳定的。但是柴油机的情况则不一样，如图 7-15(b)所示，在柴油机怠速运转时，油量调节杆保持在最小供油位置，这时如果某种原因（如润滑油黏度的变化）使柴油机内部阻力略有增大，则其转速就略为降低，但由于喷油泵速度特性的作用，每循环供油量反而减少，这就促使转速进一步降低，如此循环作用，最后将使柴油机熄火；反之，如果柴油机内部阻力略有减小，则将导致柴油机怠速转速不断升高，所以柴油机的怠速是很不稳定的。

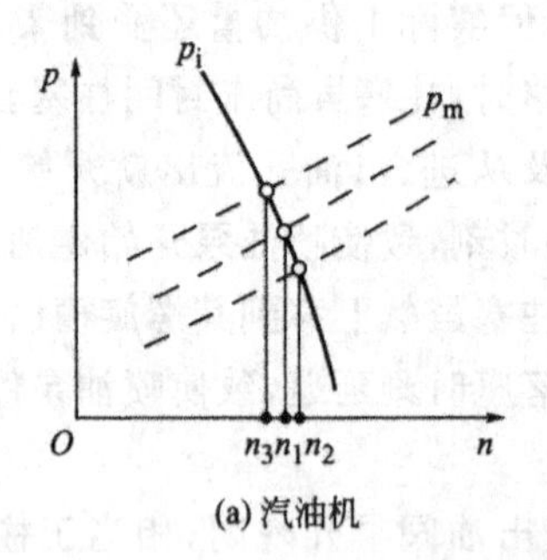

(a) 汽油机

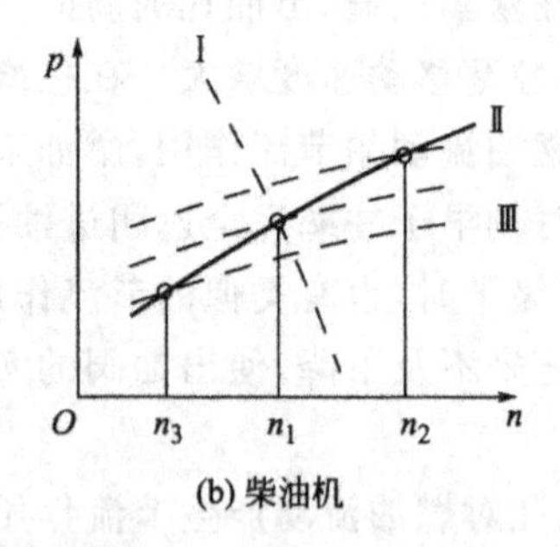

(b) 柴油机

图 7-15　怠速运转情况

Ⅰ—p_i（带调速器）；Ⅱ—p_i（不带调速器）；Ⅲ—p_m

综上所述可知，为使柴油机在不同负荷下能保持所需要的转速，只依靠操作者调节供油量来保持稳定运转是不可能的。为此，柴油机上必须装有调速装置，当外界负荷发生变化时，能够在一定范围内自动调节喷油泵的供油量，以保持柴油机在稳定转速内运转。

柴油机上的调速装置又称为调速器。调速器的作用即在于改变 p_m 曲线的变化历程，使 p_m 曲线随转速升高而急剧下降，从而使柴油机在怠速时能保持稳定，在高速时能防止超速。调速器调节柴油机转速的实质，就是自动控制柴油机的循环供油量，即当柴油机由于某种原因使其转速增高或降低时，调速器就自动控制调节杆的位置，相应减少或增加循环供油量，使柴油机转速不再继续增高或降低。这样一来，就能使柴油机保持在某一变化较小的转速范围内稳定运转。

三、调速器的种类及工作原理

目前，柴油机上使用的调速器按工作原理不同，可分为机械离心式、气动式、液压式和电子式，使用最广泛的是机械离心式调速器。

机械离心式调速器按控制调速范围的不同，主要分为单程式、双程式和全程式调速器三种。所有机械离心式调速器的工作原理大致相同，它们都具有被曲轴驱动旋转的飞块（或飞球），当转速变化时，飞块的离心力也随着变化，然后利用离心力的作用，通过一些杆件来调节柴油机供油量，使供油量与负荷大小相适应，从而保持柴油机转速稳定。

1. 单程式调速器

单程式调速器只能控制柴油机最高转速，一般用于恒定转速工况的柴油机（如发电机组）上。

它的基本工作原理如图 7-16 所示。由曲轴驱动的调速器轴 1 带动着飞球 2 旋转，飞球在离心力作用下向外移动，当转速低于最高转速时，具有一定预紧力的调速弹簧 5，通过调速杠杆 4 及滑套 3 上的锥面挤压飞球，使飞球限制在旋转中心附近，这时弹簧力和飞球离心力处于平衡，柴油机即在此转速下稳定地运转。如柴油机转速超过规定的最高转速，飞球离心力就克服了弹簧力，飞球于是向外移动，通过锥面将滑套推向右侧，再通过调速杠杆带动调节杆向左移动，减少柴油机供油量，使柴油机转速降低而不超过规定的最高转速。

这种调速器的调速弹簧在安装时有一定的预紧力，限制的最高转速也取决于弹簧预紧力的大小。预紧力越大，调速器所限制的转速就越高。而且弹簧预紧力一旦调整好后，在工作中就不能轻易改变，所以它只能限制一种稳定转速。

2. 双程式调速器

双程式调速器也叫两极式调速器，它的作用是既能控制柴油机不超过最高转速，又能保证柴油机在最低转速（怠速）时稳定运转，在最低和最高转速之间，调速器则不起调节作用。这种调速器主要用于转速变化频繁的柴油机（如汽车、船舶主机等）上。

图 7-17 为双程式调速器的工作原理示意图。

双程式调速器主要特点是采用了两根长度和刚度均不同的弹簧——低速弹簧 7 长而软，高速弹簧 8 短而硬，安装时都有一定的预紧力。

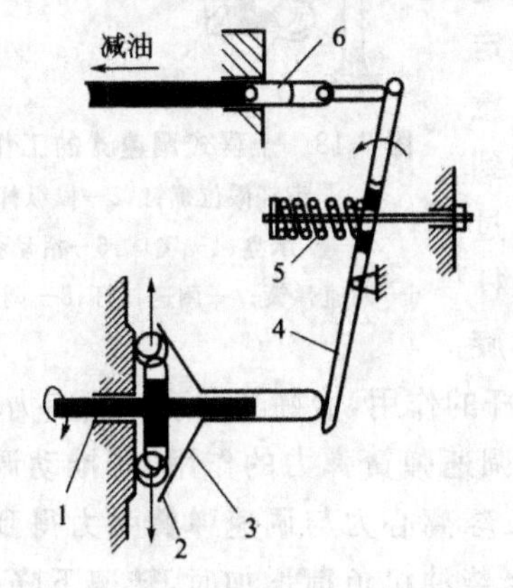

图 7-16 单程式调速器的工作原理

1—调速器轴；2—飞球；3—滑套；
4—调速杠杆；5—调速弹簧；6—调节齿杆

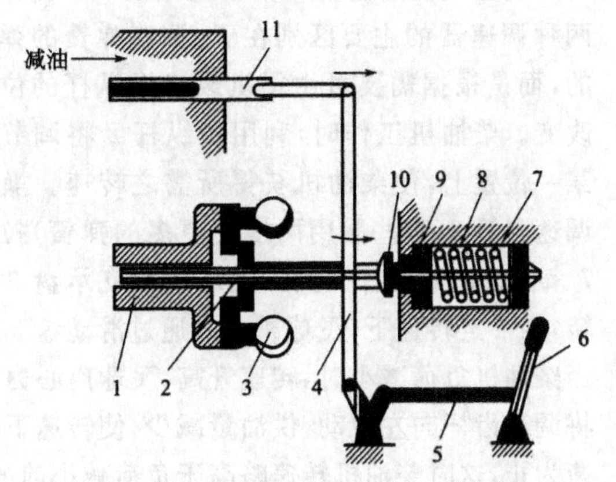

图 7-17 双程式调速器的工作原理

1—支承盘；2—滑动盘；3—飞球；4—调速杠杆；
5—拉杆；6—操纵杆；7—低速弹簧；8—高速弹簧；
9—弹簧滑套；10—球面顶块；11—调节齿杆

支承盘 1 由喷油泵凸轮轴驱动，飞球 3 装在支承盘 1 上，所以飞球离心力是随柴油机转速的增高而增大的。

怠速时，司机将操纵杆置于怠速位置，柴油机以规定的怠速转速运转，这时，飞球离心力就足以将低速弹簧 7 压缩到相应的程度。飞球因离心力而向外略张，推动滑动盘 2 右移而将球面顶块 10 向右推入到相应的程度，使飞球离心力与低速弹簧的弹力处于平衡。如由于某种原因使柴油机转速降低，则飞球离心力相应减小，低速弹簧伸张而与飞球离心力达到一个新的平衡位置，于是推动滑动盘左移而使调速杠杆 4 上端带动调节齿杆 11 向增加供油量方向移动，适当增多供油量，从而限制转速的降低。反之，如柴油机转速升高，调速器的作用使供油量相应减少，限制转速的升高。这样一来，调速器就保证了怠速转速的相对稳定。

如果柴油机转速升高到超出怠速转速范围(由于司机移动操纵杆)，则低速弹簧将被压缩到弹簧滑套 9 贴靠住高速弹簧 8。此后，如转速进一步提高，则因高速弹簧的预紧力阻碍着球面顶块 10 进一步右移，所以，在相当大的转速范围内，飞球、滑动盘、调速杠杆、球面顶块等位置将保持不动，只有当转速升高到柴油机规定的最高转速时，飞球离心力才能增大到足以克服两根弹簧弹力的程度，这时调速器的作用防止了柴油机的超速。

由上述可知，双程式调速器只是在柴油机转速范围的两极(怠速和最高转速)才起调速作用。在怠速和最高转速之间，调速器不起作用，这时柴油机转速将由操纵杆的位置和柴油机的负荷决定。

3. 全程式调速器

全程式调速器不仅能控制柴油机的最高和最低转速，而且在柴油机的所有工作转速下都能起作用，也就是说，全程式调速器能控制柴油机在规定转速范围内任意转速下稳定工作。在某些工作条件比较特殊的柴油机上，如工作时负荷变化急剧的工程机械、重型汽车等以及工作条件要求在负荷改变后转速保持一定范围的柴油机上，通常要求采用全程式调速器，这种调速器不但可以减轻司机的操作强度，而且还可提高柴油机的使用经济性。

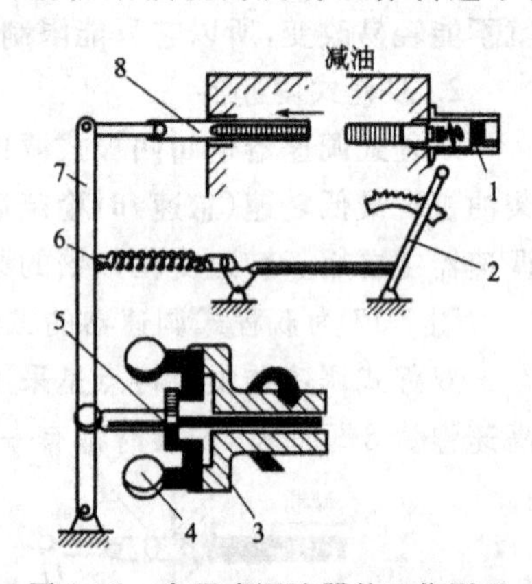

图 7-18　全程式调速器的工作原理

1—齿杆限位螺钉；2—操纵杆；3—支承盘；4—飞球；5—滑动盘；6—调速弹簧；7—调速杠杆；8—调节齿杆

全程式调速器的工作原理如图 7-18 所示，它与上述两种调速器的主要区别在于：调速弹簧的弹力不是固定的，而是根据需要可由司机改变操纵杆的位置使其任意改变。柴油机工作时，利用操纵杆 2 将调节齿杆 8 拉到某一位置上，使柴油机获得所需之转速。操纵杆是通过调速弹簧 6(有些采用两根或更多的弹簧)拉动调速杠杆 7 来操纵调节齿杆 8 的。飞球 4 在支承盘 3 的带动下旋转，在一定转速下，飞球离心力通过滑动盘 5 对调速杠杆的作用，恰好与调速弹簧弹力相平衡。当柴油机负荷减小时，转速升高，飞球离心力作用大于调速弹簧弹力的作用，便推动调速杠杆将调节齿杆向左拉动，供油量减少，使转速下降，直到飞球离心力与调速弹簧弹力得到新的平衡为止，这时柴油机转速略高于负荷减小前的转速。当柴油机负荷增加时，转速下降，飞球离心力作用减小，在调速弹簧弹力的作用下，拉动调速杠杆将调节齿杆向右移动，供油量增大，柴油机转速上升，直到飞球离心力与调速弹簧弹力再次平衡为止，这时柴油机的转速略低于负荷增加前的转速。

全程式调速器所控制的转速随操纵杆的位置而定。操纵杆向右移，调速弹簧弹力变大，此时调速器起作用时的转速变高，即柴油机稳定工作转速增高。反之，操纵杆向左移，调速弹簧弹力减小，此时调速器起作用时的转速变低，即柴油机稳定工作转速降低。

4. 极限式调速器

除以上介绍的三种常用调速器外，还有极限式调速器，用于限制柴油机的最高转速，其他转速由人工直接控制，故极限式调速器实际上是一种超速保护装置。

道依茨风冷柴油机主要采用前联邦德国 Bosch 公司生产的两极式和全程式机械调速器，其型号有 RQ、RQV 和 RSV 等多种。

第六节　燃油供给系的辅助装置

柴油机燃油供给系统的辅助装置包括燃油滤清器、输油泵和柴油箱。

一、燃油滤清器

燃油滤清器的作用是除去燃油中的机械杂质和水分，提高燃油的洁净程度。因为柴油机喷油泵和喷油器都是精密度很高的部件，一旦杂质随燃油一起进入喷油泵或喷油器内，就会引起柱塞偶件、喷油嘴偶件或出油阀偶件咬死，运动阻滞或严重的磨料磨损，致使喷油泵或喷油嘴失去工作能力，引发柴油机各缸供油不均、功率下降、耗油率增加及不能正常运转等问题。因此，燃油滤清器对保证喷油泵和喷油器的可靠工作及提高它们的使用寿命有着重要作用。

燃油滤清器一般分为粗滤器和精滤器。滤芯采用的材料有金属、毛毡、棉纱、绸布及滤纸等。金属滤芯通常用作粗滤器，滤芯是用带状铜或不锈钢的丝或带绕成圆筒形编制而成。棉纱或毛毡通常用作精滤器，都是利用纤维之间的微小缝隙进行滤清。毛毡滤芯可过滤 10 μm 以下的颗粒。棉纱滤芯使用中长度方向有缩短现象，会导致油流短路，影响滤清效果；棉纱滤芯用脏后不能清洗保养，使用寿命短。毛毡具有一定的机械强度和弹性，用脏时可清洗后再使用。纸质滤芯是用树脂浸过的特殊滤纸，经加工成型后，进行热固化处理。纸质滤芯不仅具有一定的机械强度和挺度，具有良好的抗水性，过滤的颗粒可达 5 μm 以下。

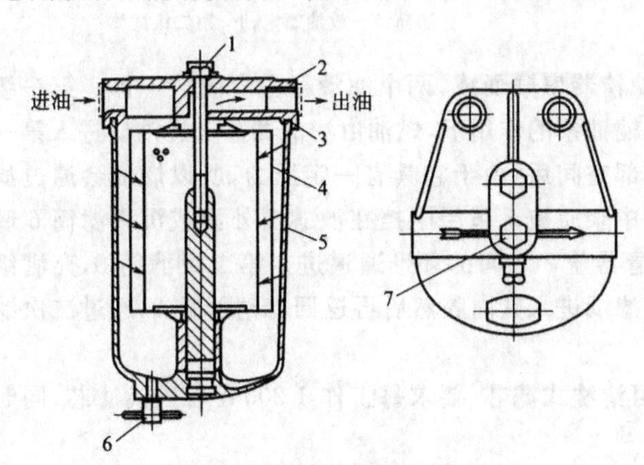

图 7-19　燃油粗滤器

1—放气螺塞；2—滤清器盖；3—密封圈；4—滤芯；5—滤筒；6—放油螺塞；7—紧固螺栓

B/FL413F、B/FL513 系列风冷柴油机采用粗、精两级滤清器对低压油路中燃油进行滤清。

1. 燃油粗滤器

滤网式燃油粗滤器装在手动输油泵和输油泵之间，用以过滤较大的杂质和水分，其结构如图 7-19 所示。

这种滤清器采用的双金属网滤芯 4 是由不锈钢丝编织网折叠制成。滤清器盖 2、滤筒 5 由紧固螺栓 7 固紧在一起，滤清器盖 2 上部布置有放气螺塞 1，在滤筒 5 底部布置有放油螺塞 6，用以放出滤筒内沉积的水分和污物。

从燃油箱来的燃油进入粗滤器，充满滤芯外部空间后，就会通过滤芯表面上的钢丝网进入其内腔，然后由滤清器盖上的出油口流入输油泵。当燃油进入粗滤器后，由于通流面积增大，燃油流速减小，一部分杂质因重力作用沉入滤筒底部，大部分杂质则在燃油通过滤芯时，被其表面上的钢丝网阻挡留在滤芯外面，这样，从滤清器盖上出油口流出的燃油，便是经燃油粗滤器过滤的燃油。

金属网式滤芯可以清洗和重复使用，一般要求每工作 100 h 后进行清洗。

2. 燃油精滤器

燃油精滤器装在输油泵和喷油泵之间，用以过滤燃油中细小的杂质和水分，为喷油泵和喷油器提供洁净的燃油，保证它们可靠工作。燃油精滤器采用的是双筒两级串联式滤清器，其形状与结构如图 7-20、图 7-21 所示。

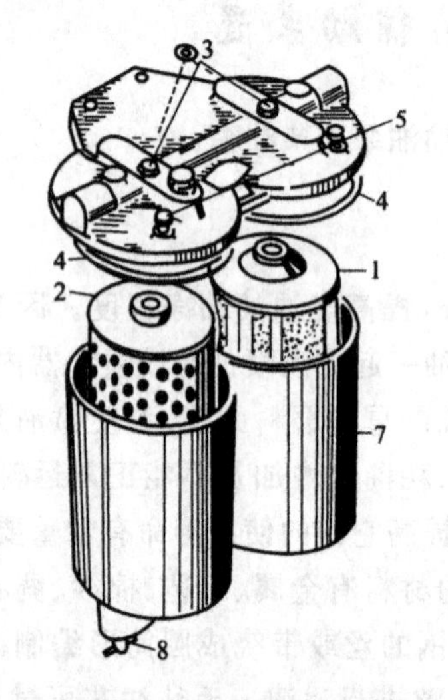

图 7-20　燃油精滤器的形状

1—毛毡滤芯；2—纸质滤芯；3—螺栓；4—密封圈；5—放气螺塞；6—滤清器盖；7—滤筒；8—放油螺塞

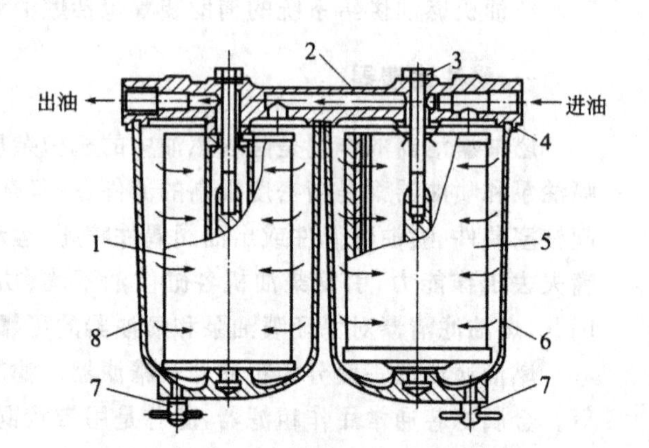

图 7-21　燃油精滤器的结构

1—纸质滤芯；2—滤清器盖；3—螺栓；4—密封圈；5—毛毡滤芯；6—第一级滤筒；7—放油螺塞；8—第二级滤筒

燃油精滤器由两个结构基本相同的滤清器串联而成，两个滤清器盖合制成一体。第一级为毛毡滤芯，第二级为纸质滤芯。在低压输油泵的作用下，燃油由滤清器盖上进油口进入第一级滤筒 6 的腔内，当燃油充满滤芯 5 的外部空间后，由于它具有一定压力，所以燃油会通过滤芯 5 上的毛毡层进入其内腔。这时，燃油中杂质被毛毡层阻挡在滤芯 5 外面或沉入滤筒 6 底部。滤芯 5 内腔的燃油通过螺栓 3 和滤清器盖 2 之间的环形通道进入第二级滤筒 8，充满纸质滤芯 1 外部空间后，通过滤芯 1 表面的滤纸进入其内腔然后再返回滤清器盖 2，经过二次滤清后的燃油由出油口引出，送入喷油泵。

燃油精滤器的滤芯为一次性使用不可清洗式滤芯，要求每工作 1 200 h 后更换滤芯，同时清洗滤筒。

二、输 油 泵

输油泵的作用是使燃油产生一定的输送压力，用以克服管路及滤清器的阻力，保证连续不断地向喷油泵输送足够的燃油。一般输油泵供油量应为全负荷最大喷油量的 3～4 倍。

输油泵有柱塞式、膜片式、齿轮式和活塞式等结构形式，由于柱塞式输油泵结构简单，使用可靠，加工安装方便，应用较为广泛。

1. 柱塞式输油泵

限于资料缺乏，我们以结构类似的用在 6135 型柴油机上的柱塞式输油泵为例，说明输油泵的结构和工作原理。

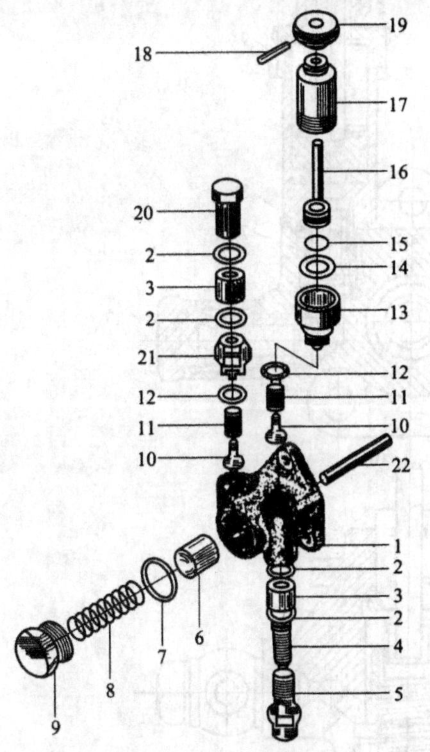

图 7-22　柱塞式输油泵

1—本体总成；2—接头螺栓垫圈；3—保护套；4—滤油网总成；5—进油管接头螺栓；6—活塞；7—本体螺塞垫圈；8—活塞弹簧；9—本体螺塞；10—止回阀；11—止回阀弹簧；12—垫片；13—手泵体接头；14—橡胶垫；15—橡胶圈；16—手泵活塞及活塞杆总成；17—手泵本体；18—圆柱销；19—手泵拉钮；20—接头螺栓；21—出油管接头；22—推杆

图 7-22 所示为用在 6135 型柴油机上输油泵的构造图，它装于喷油泵的一侧，用螺钉固紧在泵体上，由喷油泵凸轮轴的偏心凸轮驱动。

输油泵的泵油原理如图 7-23 所示。

输油泵壳体内的柱塞 5 将泵体内腔分为前、后两腔，它在凸轮轴偏心轮 1、推杆 2 和弹簧力作用下作往复运动。当偏心轮的凸起部分推动推杆克服弹簧力推动柱塞向下移动时，下腔油压增加，使进油阀 8 关闭，出油阀 4 被顶开，于是前腔的柴油经下出油道 6 和上出油道 3 流向上腔，如图 7-23(a)所示，此行程为输油作好储存准备。当偏心轮的凸起部分转过推杆后，柱塞在弹簧力的作用下向上移，于是上腔的油压增加，此时出油阀 4 关闭，柴油又经上出油道 3 返回，流向柴油精滤器。与此同时，下腔油压下降，进油阀 8 被吸开，柴油从进油口流入下腔，如图 7-23(b)所示。此行程同时完成送油和吸油的双重任务。当喷油泵需要的油量减少或滤清器堵塞时，柱塞一腔的油压就随之升高。如果弹簧的作用力不足以将柱塞推到底，而是到某一位置即与油压平衡，这意味着柱塞的有效行程将缩短，使输油量自动减少，如图 7-23(c)所示。因此，这种输油泵的输油量可随输油压力自动调整，而输油压力的大小主要取决于弹簧的预紧力。

输油泵工作时推杆与导管间将会渗漏少量柴油，可起到润滑作用，这些油将经泄油道 10 排出泵体外，流回进油口。

输油泵上所装的手油泵 9 是用来在柴油机启动前排除低压油路的空气，并使低压油路中充满柴油，以便启动。其泵油过程比较简单，用手将手油泵活塞向上拉时，进油阀 8 被吸开，柴油流入手油泵泵腔；在按下活塞时，进油阀 8 被关闭，柴油经前腔、出油阀 4 流入滤清器和喷油泵的低压油腔，并将滤清器和喷油泵中的空气驱除干净。用后将手油泵拉钮拧紧，防止空气进入油路。

输油泵的柱塞与泵体、推杆与导管、手油泵的活塞与手泵本体等均为精密偶件，其配合精度较高，都必须经选配研磨，不可互换。

2. 活塞式输油泵

如图 7-24 所示，活塞式输油泵由泵体 2、挺柱 1、活塞 7、出油止回阀 3 和进油止回阀 5、手油泵 4 等组成，它安装在喷油泵体一侧，并由喷油泵凸轮轴 8 上的偏心轮驱动。

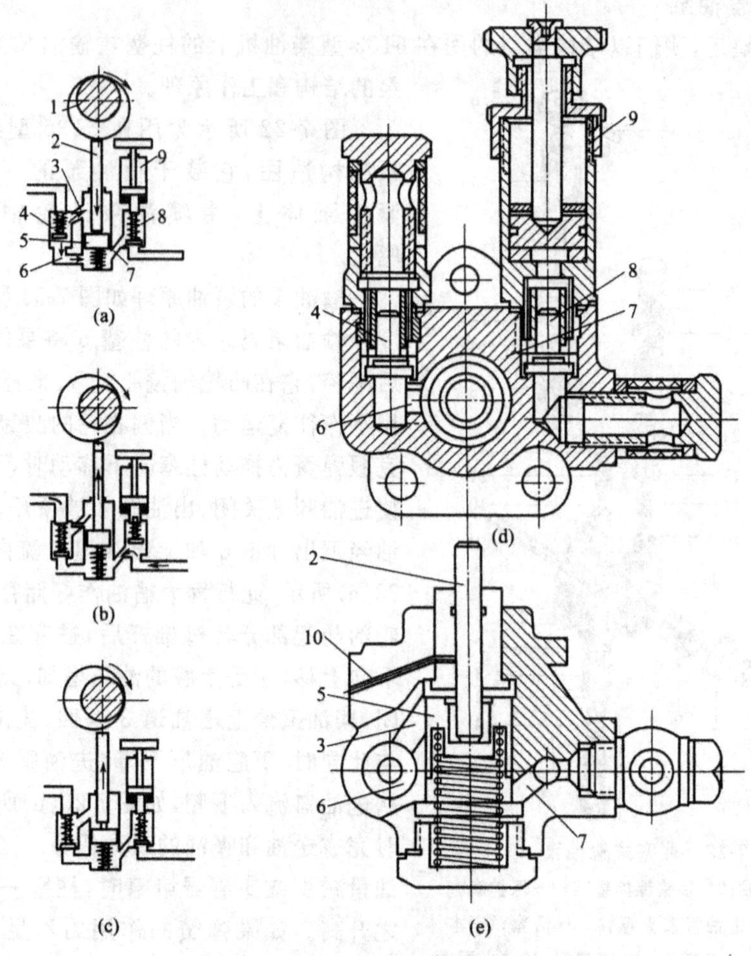

图 7-23 输油泵的泵油原理

1—偏心轮；2—推杆；3—上出油道；4—出油阀；5—柱塞；
6—下出油道；7—进油道；8—进油阀；9—手油泵；10—泄油道

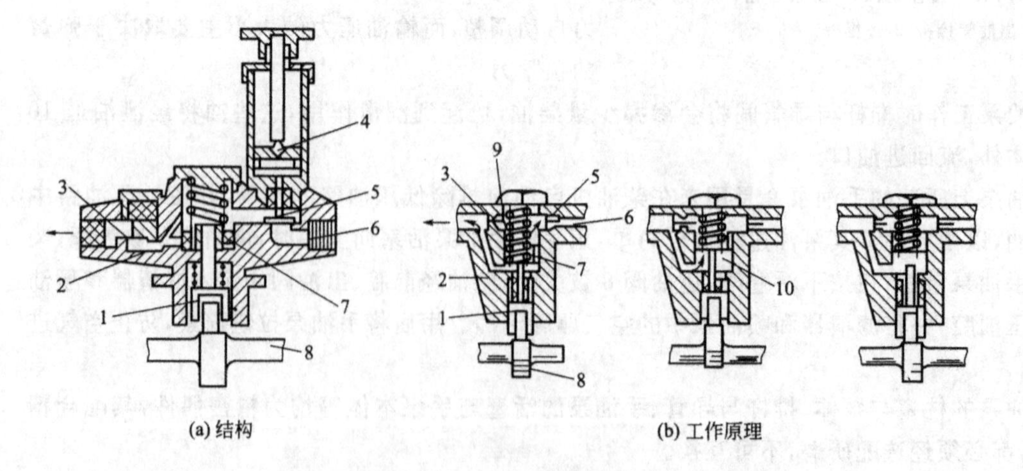

图 7-24 活塞式输油泵的结构与工作原理

1—挺柱；2—泵体；3—出油止回阀；4—手油泵（启动注油泵）；5—进油止回阀；
6—进油孔；7—活塞；8—凸轮轴；9—上泵腔（压力室）；10—下泵腔

凸轮轴8转动，偏心轮的凸起处于下部位置时，在弹簧作用下，挺柱1和活塞7随着凸轮上的偏心轮向下运动。活塞上泵腔9容积增大而产生真空，出油止回阀3打开，燃油从进油孔6吸入上泵腔9，与此同时，活塞下泵腔10容积减小，燃油压力增高，出油止回阀3关闭，下泵腔中的燃油被压出进入燃油滤清器。当偏心轮凸起上行时，上泵腔9油压升高，进油止回阀5关闭，出油止回阀3开启，燃油自上泵腔9流入下泵腔10，然后循环以上过程。如果输油泵出油口和下泵腔室压力增高到一定值，活塞克服弹簧弹力顶起而不能回到下面的极限位置，则活塞的有效行程减小，输油泵的供油量减少。输油泵出口压力愈高，活塞有效行程也愈小，直至完全脱离偏心轮的上、下运动，从而实现了输油泵与供油压力的调节。

1. 柴油机燃油供给系统由哪几部分组成？
2. 对柴油机燃烧室有哪些要求？
3. 柴油机的燃烧有哪几个过程？
4. 影响燃烧过程的主要因素有哪些？
5. 柴油机喷射装置的基本要求有哪些？
6. 柴油机对喷油泵的基本要求有哪些？
7. 为什么要设置出油阀？
8. 为什么要安装调速器？调速器的种类有哪些？
9. 燃油滤清器的作用是什么？其分类及特点如何？
10. 手油泵的作用什么？

第八章 润滑系统

柴油机工作时,各运动零件的接触表面(如曲轴与主轴承,凸轮轴与凸轮轴承,活塞环与气缸壁,正时齿轮副等)间以很小的间隙、很高的速度作相对运动,导致零件表面产生摩擦,摩擦不仅会增大内燃机内部的功率消耗,也使零件的几何精度、工作表面迅速破坏,内燃机的工作受到影响,致使内燃机无法正常运转,润滑系统的基本任务就是将清洁的,数量足够的,具有一定压力,温度适宜的机油不断供给各零件的摩擦表面,减少零件的摩擦和磨损,降低功率损失,清除摩擦表面的磨屑等杂质,冷却摩擦表面。

第一节 润滑系统的功用

柴油机润滑系统的功用是把清洁、带压力和温度适宜的润滑油送至各个传力零件的摩擦表面进行润滑,使柴油机的各个传力零件能正常地工作。具体地说,润滑系统具有以下几方面的作用:

1. 润滑作用

对零件进行润滑,在摩擦表面上形成油膜,能避免金属直接接触,减少零件间的摩擦和磨损,提高零件使用寿命,从而减少机械损失,提高有效功率。

2. 密封作用

利用润滑油的黏性附着于运动零件表面,提高零件的密封效果。如活塞和气缸壁之间保持一层油膜,可防止燃气的侵蚀,增加活塞的密封作用。活塞环上的润滑油亦可起密封作用。

3. 清洗作用

利用润滑油冲洗零件表面,带走摩擦时掉下来的金属细末和其他杂质,以减轻它们对零件表面的磨削作用。

4. 冷却作用

循环的润滑油把摩擦产生的热量带走,以保持摩擦副的正常温度。在全负荷时,机油总放热量一般占冷却系统全部放热量的20%～25%。在强化的柴油机上,还用润滑油来专门冷却活塞。

5. 防锈作用

润滑油附着于零件表面,防止零件表面与水、空气及燃气接触而产生锈蚀。当加入约3%的抗氧化防腐剂时,就能增加抗腐蚀性和热稳定性。

由此可见,润滑系统对保证柴油机可靠工作,提高机械效率,延长使用寿命等方面都有重大的作用。

第二节 润滑方式

柴油机各运动零件的工作条件不同,所承受的载荷及相对运动速度都不同,所要求的润滑强度也不相同,因而采取不同的润滑方式。润滑方式根据供油方式可分为三种,即压力式、飞溅式和综合式。

1. 飞溅润滑

飞溅润滑是借助于运动零件激溅起来的油滴或油雾,将润滑油送到摩擦表面上去。其特点是:结构简单,消耗功率少,成本低,但润滑作用可靠性差,并且容易造成机油的氧化与污染。

2. 压力润滑

压力润滑是利用机油泵,使机油产生一定的压力,连续不断地压送到各摩擦表面上去。其特点是:工作可靠,润滑效果好,并具有强烈的净化和冷却作用,但结构复杂。

3. 综合式润滑

综合式润滑也称复合式润滑,它同时采用压力润滑和飞溅润滑两种方式,分别实现柴油机各摩擦表面的润滑。

现代柴油机广泛采用综合式润滑,即采用以压力式为主,飞溅式为辅的润滑方式。对于工作负荷大、相对速度高的摩擦表面(如主轴承、连杆轴承和凸轮轴轴承等处),要求润滑强度高,所以采用强制供油的压力润滑;对于某些露在外面的摩擦表面(如气缸壁、配气凸轮等),因采用压力润滑困难,则采用飞溅法润滑。

B/FL413F、B/FL513 系列风冷柴油机的润滑方式采用了压力、飞溅、间歇的综合供油方式,广泛采用内油道,达到了合理的润滑。如曲柄连杆机构的零件,特别是主轴承和连杆轴承,承受的负荷很大,而且又是交变载荷,相对运动速度也很大,因此需要强烈的压力润滑;活塞与气缸壁之间润滑不能过强,以免过多的润滑油进入燃烧室,因此采用飞溅润滑;配气机构受载较轻,采用了间歇润滑;增压器与喷压泵的转速和负荷均较高,采用压力润滑;连杆小头、活塞销、传动齿轮等则采用了飞溅润滑。

第三节 润滑系统的组成

B/FL413F、B/FL513 系列风冷柴油机的润滑系统由压油泵、回油泵、机油散热器、机油粗滤器、机油精滤器、各种阀门(包括带温度调节器的旁通阀、主油道压力阀等)以及管道等组成。图 8-1 为非增压柴油机润滑系统剖视图,图 8-2 为增压柴油机润滑系统剖视图,图 8-3 为道依茨风冷柴油机润滑系统示意图,图 8-4 为道依茨风冷柴油机润滑系统机油流向的示意图。

从以上各图可以看出,道依茨风冷增压柴油机的润滑系统基本同于非增压柴油机,只是增加了增压器润滑部分的管路。

润滑系统是用机油作为润滑剂的。柴油机机油在高温(约 120～130 ℃)、大负荷、高速度的条件下工作,因此,机油质量的好坏对柴油机使用寿命影响极大,只有按规定选用适当牌号、黏度的机油,才能保证良好的润滑,减少机油消耗。

在柴油机运转过程中,润滑系统中的机油会不断耗损。耗损的原因主要有:①机油通过活塞环或气门导管等窜入燃烧室烧损,未烧尽部分随废气排出;②机油在曲轴箱中的雾化和蒸发损失;③机油通过不严密处的泄漏损失。因此,柴油机运用中,应按照机油标尺的指示情况,及

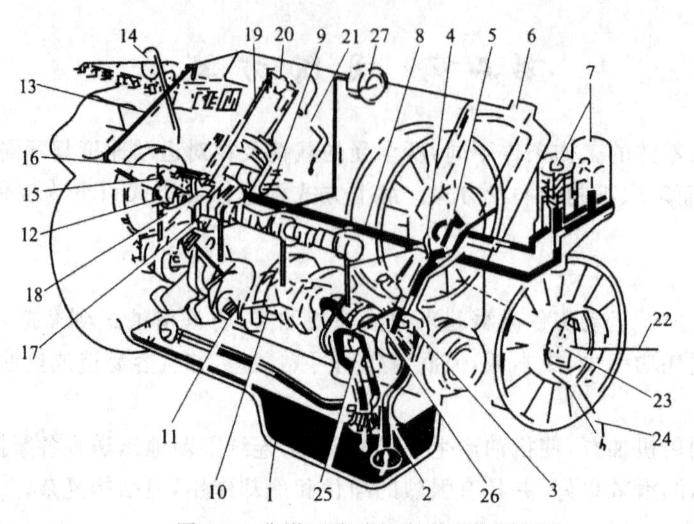

图 8-1　非增压柴油机润滑系统剖视图

1—油底壳；2—吸油管；3—带限压阀的机油泵；4—旁通阀体；5—机油散热器的旁通阀；6—机油散热器；7—带旁通阀的机油滤清器；8—主油道；9—主油道调压阀；10—主轴承；11—连杆轴承；12—凸轮轴轴承；13—通往喷油提前器和喷油泵的油管；14—从喷油泵到曲轴箱的回油管；15—横油道通往配气机构和活塞冷却喷嘴；16—纵油道通往配气机构和活塞冷却喷嘴；17—活塞冷却喷嘴；18—挺柱；19—推杆（空心、供给摇臂润滑用油）；20—摇臂；21—从气门室到曲轴箱的回油管；22—通往液力传动冷却风扇的油管；23—带离心式滤清器的冷却风扇液力耦合器；24—从冷却风扇液力耦合器到曲轴箱的回油管；25—带进、出油管的回油泵（仅用于倾斜使用）；26—用于润滑回油泵的油管；27—机油压力表

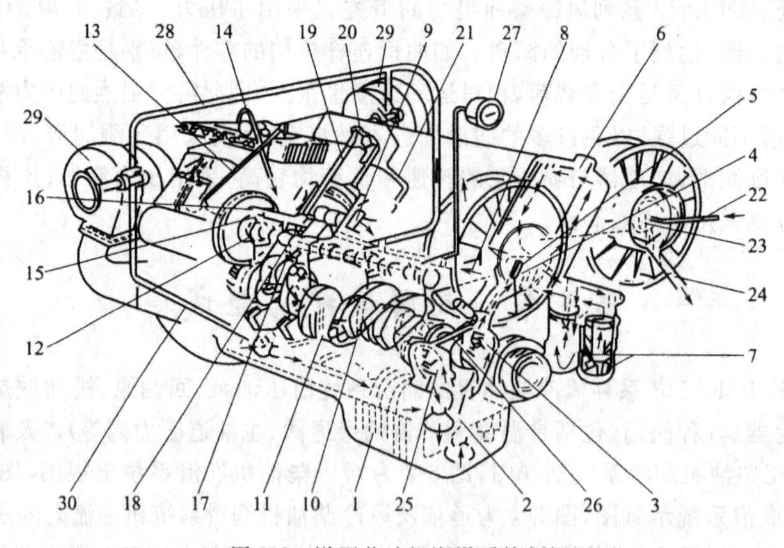

图 8-2　增压柴油机润滑系统剖视图

1—油底壳；2—吸油管；3—带限压阀的机油泵；4—旁通阀体；5—机油散热器的旁通阀；6—机油散热器；7—带旁通阀的机油滤清器；8—主油道；9—主油道调压阀；10—主轴承；11—连杆轴承；12—凸轮轴轴承；13—通往喷油提前器和喷油泵的油管；14—从喷油泵到曲轴箱的回油管；15—横油道通往配气机构和活塞冷却喷嘴；16—纵油道通往配气机构和活塞冷却喷嘴；17—活塞冷却喷嘴；18—挺柱；19—推杆（空心、供给摇臂润滑用油）；20—摇臂；21—从气门室到曲轴箱的回油管；22—通往液力传动冷却风扇的油管；23—带离心式滤清器的冷却风扇液力耦合器；24—从冷却风扇液力耦合器到曲轴箱的回油管；25—带进、出油管的回油泵（仅用于倾斜使用）；26—用于润滑回油泵的油管；27—机油压力表；28—通往涡轮增压器的油管；29—排气驱动的涡轮增压器；30—从涡轮增压器到曲轴箱的回油管

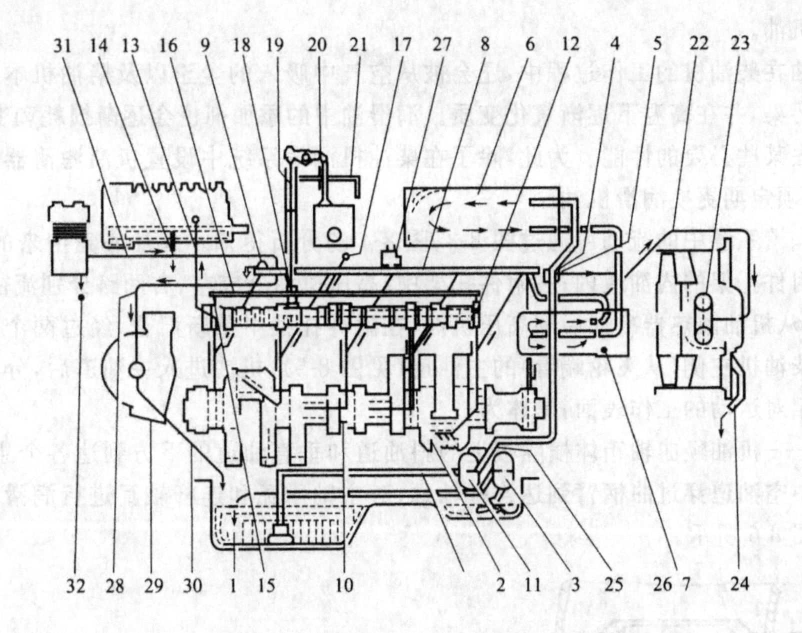

图 8-3 道依茨风冷柴油机润滑系统示意图

1—油底壳；2—吸油管；3—机油泵；4—旁通阀体；5—机油散热器的旁通阀；6—机油散热器；7—机油滤清器；8—主油道；9—主油道调压阀；10—曲轴轴承；11—连杆轴承；12—凸轮轴轴承；13—通往喷油提前器和喷油泵的油管；14—从喷油泵到曲轴箱的回油管；15—横油道冷却正时齿轮和活塞；16—纵油道冷却正时齿轮和活塞；17—活塞冷却喷嘴；18—挺柱（带控制槽、间歇润滑摇臂）；19—推杆（空心、供给摇臂润滑用油）；20—摇臂；21—从缸盖到曲轴箱的回油管；22—通往液力传动冷却风扇的油管；23—带离心式滤清器的冷却风扇液力耦合器；24—从冷却风扇液力耦合器到曲轴箱的回油管；25—带进、出油管的回油泵（仅用于倾斜使用）；26—回油泵的油管；27—机油压力表；28—通往涡轮增压器的油管；＊29—涡轮增压器；＊30—涡轮增压器的回油管；＊31—通往空压机的油管；32—空压机的回油管

注：＊仅用于增压柴油机

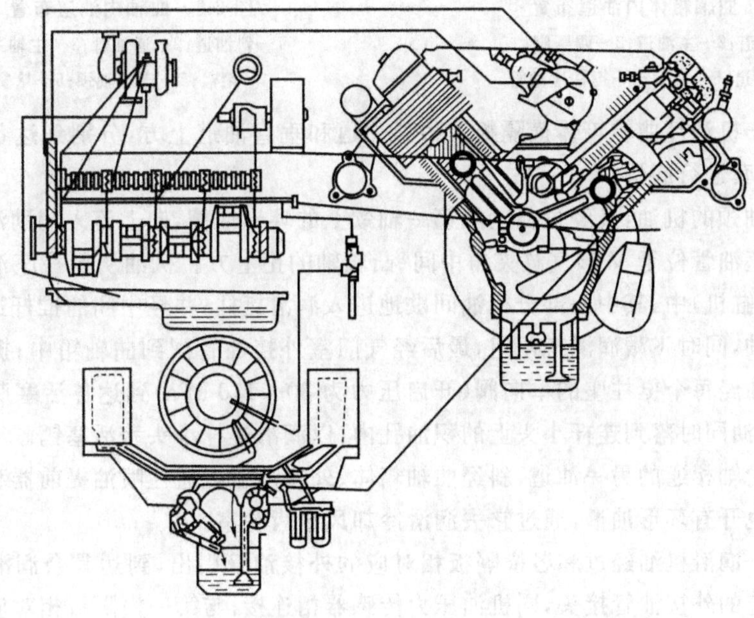

图 8-4 道依茨风冷柴油机润滑系统机油流向示意图

时补足润滑机油。

润滑机油在柴油机的工作过程中，还会被从空气中吸入的尘土以及柴油机本身燃烧和磨损的产物所污染，并在高温下逐渐氧化变质。润滑油中的添加剂也会逐渐损耗和变质，从而使润滑机油失去某些必要的性能。为此，除了在柴油机润滑系统中设置机油滤清器对机油进行过滤外，还必须定期更换润滑机油。

机油在润滑系统中的流动可通过图 8-3、图 8-4 的分析得知。从油底壳中来的机油，经由压油泵压入附件托架的内油道内；在附件托架中，高压机油分成左、右两路分别流往左、右两个机油散热器；从机油散热器冷却后的高压机油，在附件托架中重新汇合，经过两个并联的机油粗滤器进入柴油机左侧（从飞轮端看）的主油道（见图 8-5）；机油进入主油道后，分三路去润滑柴油机各个相对运动的工作表面，具体为：

第一路——机油经曲轴箱体横隔板上的斜油道和垂直油道的下方到达各个主轴颈，然后斜经曲轴的中空油道穿过曲柄臂到达连杆轴颈，对主轴承瓦和连杆轴瓦进行润滑。曲轴内油道的布置如图 8-6 所示。

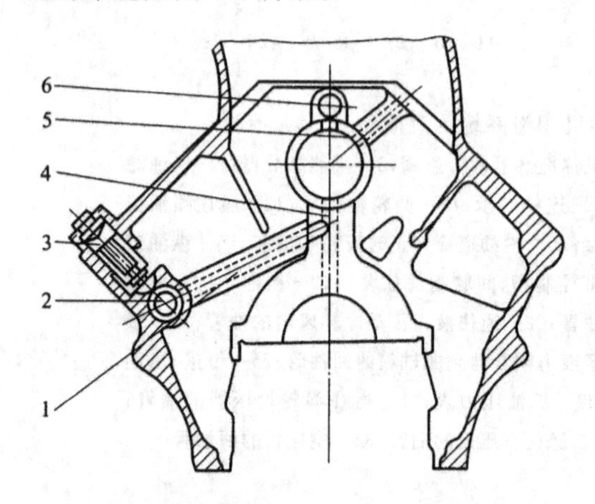

图 8-5　曲轴箱体内油道布置

1—斜油道；2—主油道；3—调压阀；
4—垂直油道；5—油管；6—挺柱座油管

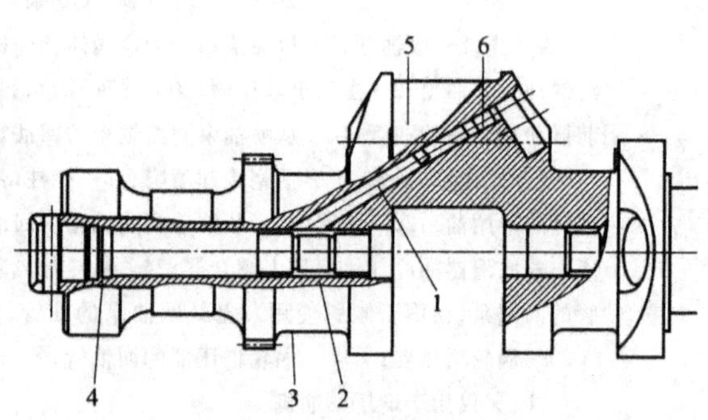

图 8-6　曲轴内油道布置

1—斜油道；2—通油管；3—主轴颈；
4—堵盖；5—连杆轴颈；6—堵塞

第二路——机油经曲轴箱体横隔板上的斜油道和垂直油道上方，分别到达各个凸轮轴轴颈，对凸轮轴衬套进行润滑。

进入凸轮轴颈的机油，又经过凸轮轴第一轴颈上的环形油槽，向上流入辅助油道——挺柱座油管。挺柱座油管位于 V 形气缸夹角中间、凸轮轴的正上方。机油从挺柱座油管分别流至四个挺柱座（八缸机）中，其中一部分机油间歇地进入润滑挺柱，并经中间的推杆进入摇臂内油道以润滑摇臂轴，同时飞溅润滑气门组，最后经气门室外接油管回到曲轴箱中；挺柱座油管中的另一部分机油经每个挺柱座的单向阀（开启压力为 80～110 kPa）到达各活塞底部进行喷油冷却，飞溅的机油同时落到连杆小头上的积油孔内，以润滑连杆小头和活塞销。

和第一凸轮轴相通的另一油道，斜经曲轴箱体、外接油管后通往喷油提前器和喷油泵。第五凸轮轴颈上也开有环形油槽，通过它去润滑冷却风扇齿轮室。

第三路——润滑机油经过和各横隔板相对应的外接油管引出，到达其余润滑表面。与第三横隔板相对应的外接油管接头，同机油压力传感器相连接；与第一横隔板相对应的外接油管分别通往两个废气涡轮增压器，以润滑增压器的浮动轴承、止推轴承，其中一根油管分出一路去润滑空压机。传动系统是依靠润滑风扇传动轴合件、空压机的回油飞溅润滑的。

润滑完毕的各路机油，统统回到曲轴箱体下部的油底壳。油底壳侧面四个方向上 M36 的螺纹孔，可根据使用对象的不同，分别安装机油温度传感器和放油螺塞。油底壳左、右侧各有一个螺孔，用以安装油尺，其油尺位置可根据机型不同而异。

曲轴箱自由端左侧还安装着回油泵，保证车辆在倾斜工作时，将油底壳另一端中的机油输送到压油泵吸油管一端的油底壳集油池中，作下一次循环。在两机油泵之间有一根润滑油连通管，一方面润滑回油泵，另一方面保证回油泵齿间具有一定的机油量，以便维持回油泵的工作能力，一旦需要可及时可靠地投入工作。

总结 B/FL413F、B/FL513 系列柴油机润滑系统的机油润滑流程如图 8-7 所示。

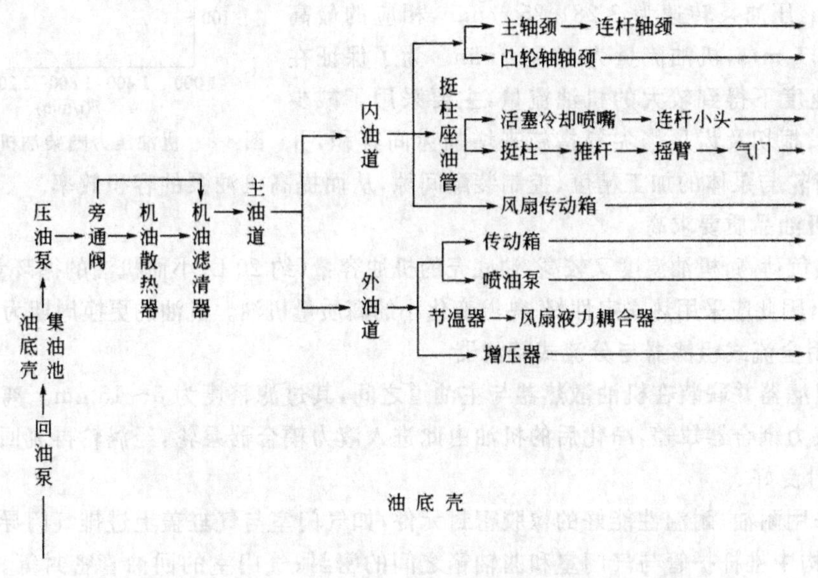

图 8-7　B/FL413F、B/FL513 系列柴油机润滑系统流程图

以上介绍的是采用双机油散热器结构时的情况，对于单机油散热器结构柴油机的润滑系统，润滑油流向与此基本相同，不同之处在于由压油泵进来的油进入附件托架内油道，通过内油道只进入一个机油散热器。由散热器出来的机油流回附件托架内油道，再进入曲轴箱主油道，以后的油路与前述一致。

风冷柴油机润滑系统除了采用高品质的机油外，要特别注意冷却、降温等问题，因为，在柴油机全负荷连续运转时，机油温度高达 120～130 ℃，要维持、保证润滑系统内所需的必要的机油压力，避免压力下降；在柴油机冷启动时，又要防止机油压力过高，避免润滑系统组成零部件的损伤，因此，通常要采用一些措施来保证，如：

(1) 采用机油散热器。

(2) 加强对油底壳的冷却。

(3) 减少曲轴箱内燃气对机油的加热。

(4) 增大机油循环量。

第四节　润滑系统的特点

B/FL413F、B/FL513 系列柴油机润滑系统具有以下特点：

1. 机油压力比较稳定

在整个柴油机工作转速范围内，机油压力变化比较平稳，如图 8-8 所示。一般，增压柴油机的机油压力范围为 300～500 kPa，非增压柴油机的机油压力范围为 200～400 kPa。

油压比较稳定的原因是在柴油机的主油道内装有限压阀，同时机油泵的流量比较大，限压阀的压力选择得较低，通过分流一部分机油来达到稳定油压的目的。

2. 采用高速齿轮式机油泵

当柴油机在标定转速 2 500 r/min 时，回油泵转速为 3 500 r/min，压油泵转速为 3 281.25 r/min，相应的最高线速度为 7.5 m/s，机油流量为 140 L/min。为了保证在允许圆周速度下得到较大的机油流量，主要采用了减少齿数(6 个)、根切及齿顶修尖等措施来增加齿间容积，并通过提高齿轮与泵体的加工精度、控制装配间隙，从而提高机油泵的容积效率。

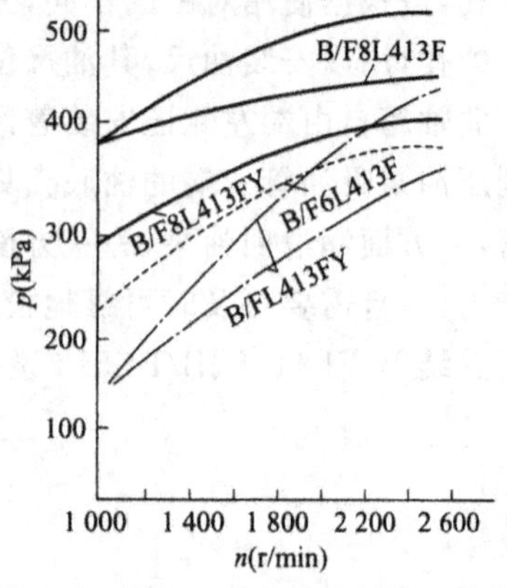

图 8-8　机油压力随柴油机转速的变化

3. 对机油品质要求高

由于热负荷高，机油温度又较高，油底壳的机油容量(约 20 L)小而机油的循环量却很大(约 137 L/min)，因此应采用热安定性好、黏温变化小的高质量机油。机油的更换周期为 100～120 h。

4. 采用全流式粗滤器与分流式精滤器

两个粗滤器并联装在机油散热器与主油道之间，其过滤精度为 5～15 μm。离心式精滤器就是风扇液力耦合器罩盖，净化后的机油由此进入液力耦合器泵轮，经涡轮再流回油底壳。

5. 密封良好

广泛采用耐油、耐温性能好的橡胶密封元件，如气门室与气缸盖上进排气门导管之间的密封；配气机构中推杆护管与气门室和曲轴箱之间的密封；气门室的回油管密封等。这样，使拆装大为简单，密封可靠，但对橡胶元件的品质要求较高。

除此之外，还大量使用多种牌号的密封胶，如在曲轴箱与油底壳、附件托架、后油封盖板、传动箱等金属的结合面；中冷器、挡风板与橡胶条等金属与橡胶间的粘贴面；风扇驱动轴、附件托架等油封外圈的圆柱面；一些螺栓、螺钉的螺纹处等。这对有效防止机油泄漏，确保风冷柴油机、特别是散热片部位的清洁十分重要。

6. 内油道结构

采用内油道结构，并大量地集中到附件托架与单独装配到曲轴箱体的挺柱座上。主油道油管与挺柱座油管是采用压入无缝钢管得到的，这样可有效地防止油管的漏损，使曲轴箱体加工大为简化，同时铸件的成品率提高，但附件托架、挺柱座的加工、铸造较为复杂。

7. 多种润滑方式并存

根据各处润滑强度和要求的不同，分别采用了压力、间歇、飞溅三种供油方式，达到了合理的润滑。

第五节　润滑系统的主要机件

柴油机润滑系统的主要机件有：机油泵、机油散热器、机油滤清器、各种压力阀及机油管路。

一、机油泵

机油泵用以提高机油压力，保证必要的机油流量，并强制地将机油压送到柴油机各摩擦表面上去，使机油在润滑系统中循环。

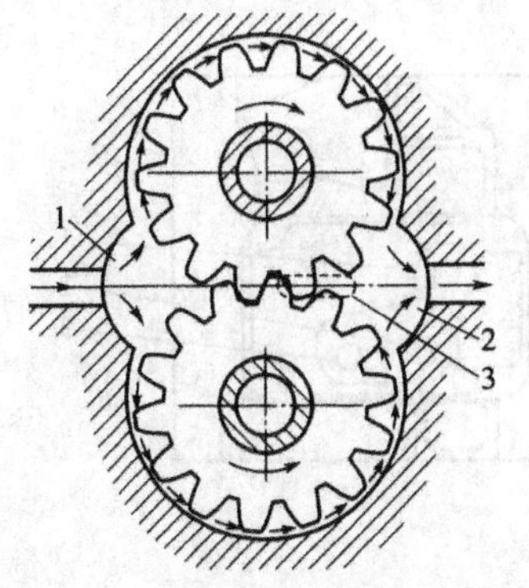

图 8-9 齿轮式机油泵工作原理
1—进油腔；2—出油腔；3—卸压槽

机油泵包括压油泵和回油泵，均为齿轮式结构，其工作原理如图 8-9 所示。它有两个相互啮合的齿轮，主动齿轮带动从动齿轮旋转，进油腔 1 的容积由于齿轮向脱离啮合的方向运动而增加，产生一定的真空度，机油便经吸油管被吸入油腔；随后，旋转的齿轮把轮齿间的机油带到出油腔 2，由于轮齿进入啮合，出油腔容积减少，油液受到挤压，机油压力升高，并被压入出油管中。

在齿轮进入啮合、机油受到挤压时，会产生很大的压力作用在齿轮轴上。为了减少这一压力，在油泵端盖上铣有卸压槽 3，使受挤压的机油沿槽流入压油腔。

齿轮式机油泵具有工作可靠、结构简单、制造方便、能产生较高的压力等优点，它将压力机油按一定流量源源不断地送入内油道，保证各个摩擦表面的润滑。

压油泵装在风扇端，由曲轴齿轮直接驱动，其传动比为 1∶1.312 5。

回油泵的功用是将油底壳内的机油吸入集油池内，以保持集油池内有一定的油量，维持压油泵正常循环。为了维持回油泵正常运转和润滑，在压油泵出口和回油泵之间装有一根机油连接管，压油泵出口处的一部分机油进入回油泵。

为了保证在允许的圆周速度下得到较大的机油流量，采用了减少齿数、齿形根切、齿顶修尖等措施来增加齿间容积，同时提高齿数与泵体的加工精度、控制装配间隙，以达到减少机油漏损、提高机油泵容积效率的目的。为解决机油泵齿轮由于齿数少而引起的供油不均匀，采用了螺旋形斜齿。

系列机型中不同机油流量是通过改变齿宽来实现的，例如：B/F6L413F 型柴油机机油泵齿宽为 36 mm，B/F8L413F 型柴油机机油泵齿宽为 46 mm，B/F10L413F、B/F12L413F 型柴油机机油泵齿宽为 52 mm。

二、机油散热器

机油散热器用来降低柴油机内机油的温度，防止机油黏度过低，以保证机油的润滑性能。

机油温度过高，不仅会增加机油消耗，而且会使机油氧化变质而缩短其使用寿命。一般柴油机是靠空气吹过油底壳冷却机油的，油底壳的容量要考虑机油散热的需要。在热负荷较大的柴油机上，为了保持机油在最有利的温度范围内，除靠机油在油底壳内自然散热外，在润滑系统中往往装有机油散热器。

机油散热器有两种形式，一种为板翅式，一种为管式，均由铝合金制成。如图 8-10 所示为 B/FL413F 系列柴油机用的板翅式机油散热器，它安装在柴油机前端的附件托架上，机油从底部进油孔进入散热器后，向上流经机油侧波纹散热片通道，然后折返向下流过另一半机油侧波纹散热片通道，再经出油孔到主油道。在风压室内的冷却空气，从水平方向由里向外吹过空气侧波纹散热片。机油带来的热量传导给散热片，再散发到大气，从而冷却流过散热器管中的机油，保证机油温度不超过 120～130 ℃。

管式机油散热器的机油通道为铝合金管，管外表面有叶片，成为冷却空气通道。

上述两种机油散热器按柴油机的功率和热负荷大小选用。

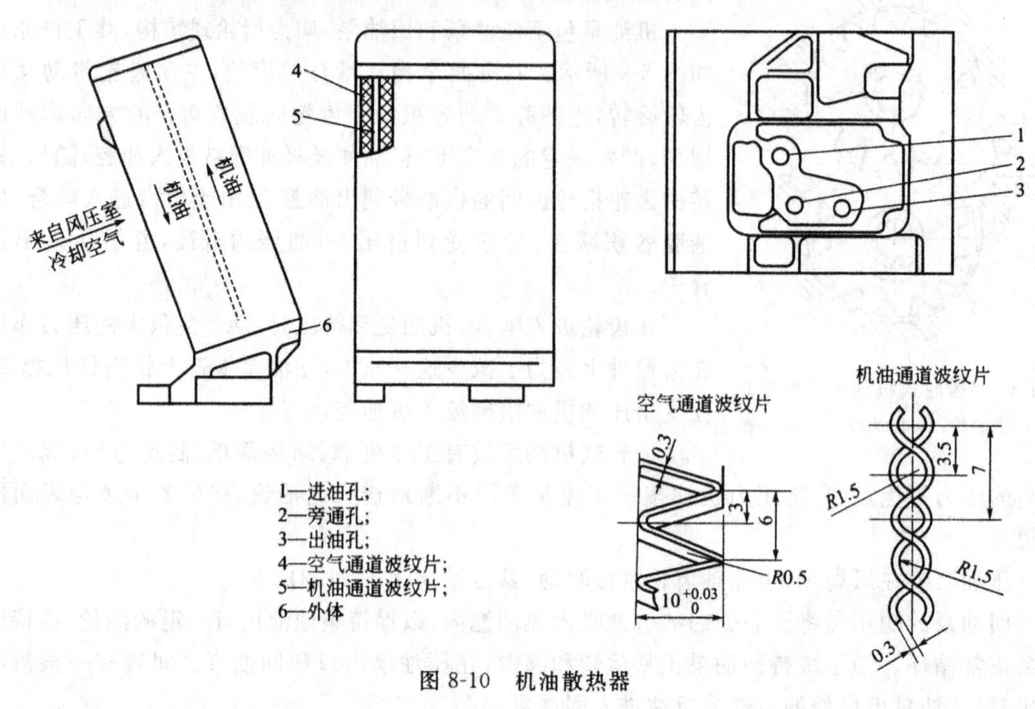

图 8-10 机油散热器

三、机油滤清器

柴油机工作过程中，机油不可避免地要混入一些杂质，如环境中的尘埃、磨损下来的金属细屑、燃烧产物、氧化生成物等杂质混入机油中，随着机油被带入摩擦表面，而增大零件的磨损，严重者使零件表面产生拉毛或刮伤。不洁净的机油还将使润滑油路堵塞，造成烧瓦等严重事故。

机油滤清器的作用是清除循环机油中所含的杂质，防止杂质随同机油进入摩擦表面，保证机油在使用过程中具有良好的润滑性能，延长机油使用期限。

在润滑系统中，一般装有几个不同滤清能力的机油滤清器对机油进行过滤。设置的机油滤清次数越多越清洁，但随滤清次数增多，机油的流动阻力就增大。所以，要根据使用情况合理布置机油滤清器，使之并联或串联在润滑油路上，这样既保证滤清质量，又不致使机油流动阻力过大。

B/FL413F、B/FL513 系列柴油机机油润滑系统中设有机油粗滤器和机油精滤器。

1. 机油粗滤器

机油粗滤器用以滤去机油中较大直径的杂质，它与主油道串联，属于全流式滤清器。粗滤器对油流的阻力相对较小，可对摩擦表面起到直接保护作用。

机油粗滤器主要有两种结构形式：一种是滤芯和滤筒整体更换——罐头盒式粗滤器；另一种是可更换和定期清洗滤芯式粗滤器。B/FL413F、B/FL513 系列机型上采用金属网滤芯或用双筒并联纸质滤芯粗滤器。双筒并联纸质滤芯粗滤器的结构如图 8-11 所示，它由滤芯 5、滤筒4、密封圈3、支架1等组成。粗滤器支架上有一个进油腔和一个出油腔。从机油散热器流出的机油进入支架进油腔后，从支架内的环形油道分别进入两个滤筒4与滤芯之间的空间，经纸质滤芯(孔隙为5～15 μm)5过滤后的机油进入接盘2的中心管，再从支架出油腔流出。在接盘2的进、出油路间装有旁通阀7，当滤清器严重堵塞时，旁通阀7的两边进、出油压差增大到足以克服旁通阀弹簧而顶开旁通阀，此时机油不经过滤芯过滤而直接进入主油道。

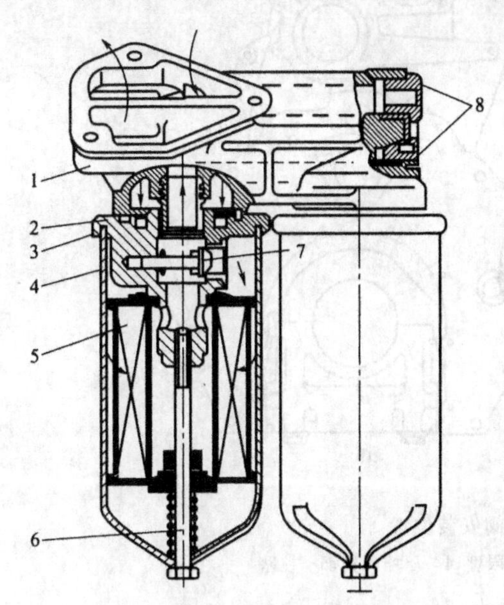

图8-11 双筒并联纸质滤芯粗滤器

1—支架；2—接盘；3—密封圈；4—滤筒；5—滤芯；6—螺栓；7—旁通阀；8—螺塞

纸质滤芯使用一段时间后应更换掉，更换时间一般为运转200～240 h或运行105 km。

金属网滤芯粗滤器的滤芯可以定期清洗、重复使用。在使用过程中，先安装纸质滤芯，以便在柴油机磨合阶段充分滤除机油中的磨屑，磨合过后，再换装金属网滤芯，然后定期进行清洗。

2. 机油精滤器

机油精滤器用以过滤机油中的细小杂质。在B/FL413F、B/FL513系列柴油机润滑系统中，机油精滤器被设计成冷却风扇液力耦合器的罩盖，与主油道并联，属于分流离心式精滤器。其基本工作原理是将主油道机油引入高速旋转的耦合器罩盖内(最高转速超过5 000 r/min)，在离心力作用下，密度大于机油的各种杂质被甩向外缘，并黏附和沉积在罩盖内壁面上，使罩盖中心部分的机油得到滤清处理。净化后的机油进入风扇液力耦合器泵轮，经涡轮再流回油底壳。

这种滤清器能够较彻底地除去机油中机械杂质和氧化生成的胶合物，滤清能力强，对油流阻力小，通过能力好，结构简单，并不需要更换滤芯，所以使用成本低。

油底壳中的机油在不断循环流动过程中，分批轮流地经过离心式滤清器的滤清，从而改善了润滑系统机油的总体技术状态。

四、压力阀及机油管路

为了使各润滑油道能得到规定的压力，在柴油机润滑系统中布置了各种压力阀。

1. 机油限压阀

机油限压阀也即主油道限压阀，其作用是限制润滑系统的最高油压，防止润滑系统产生过高压力造成机油泵部件的损坏，以及润滑系统密封接合处发生泄漏现象。

主油道限压阀安装在曲轴箱第一横隔板靠飞轮端的主油道上，如图8-12所示。限压阀起作用时的作用力为93.2 N，阀的开启压力约为0.4 MPa，阀的面积为2.54 cm^2。

当柴油机冷态启动时，由于机油温度较低、黏度大，使机油泵输出压力迅速提高。当主油道油压超过限压阀调定的压力值后，限压阀打开，部分机油流回油底壳，使润滑系统内的机油保持在限定压力范围内。增压柴油机的机油压力范围为0.3～0.5 MPa，非增压柴油机的机油压力范围为0.2～0.4 MPa。

限压阀的压力调节只能在柴油机试验台上进行。

如果需要重新调整压力而拆下限压阀，必须确定尺寸a——从调整螺钉2到曲轴箱的距

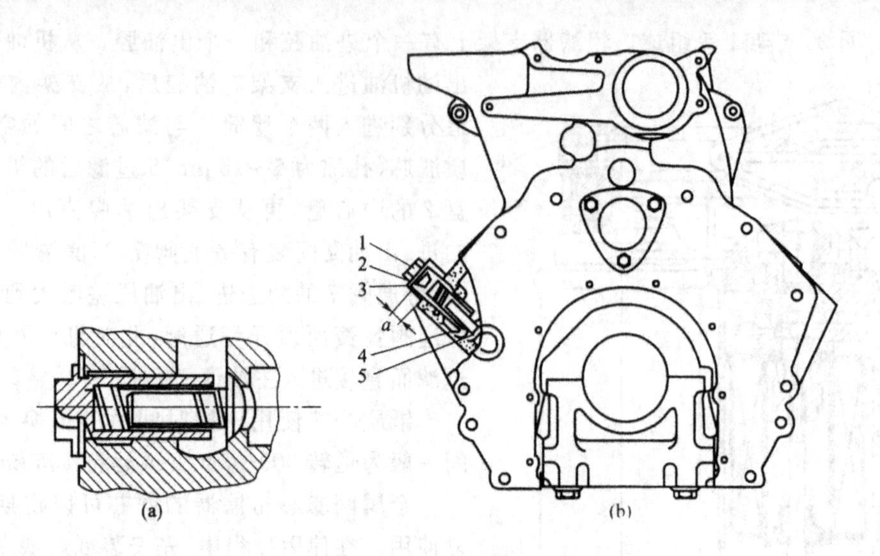

图 8-12 机油限压阀安装位置

1—螺塞;2—调整螺钉;3—调整尺寸限度;4—压缩弹簧;5—柱塞

离,以便在重新安装时,可以按规定的数值重新设置限压阀的开启压力。

2. 单向阀

单向阀装在挺柱座油管上,每个挺柱座上两个。它的开启压力为 80～110 kPa,用以控制冷却活塞内腔、润滑连杆小头和活塞销润滑油路的压力。

3. 机油泵调压阀

机油泵调压阀装在压油泵出口处,如图 8-13(a)所示,它是为防止机油处于冷却状态时机油压力过高而在机油泵上配置的一个安全阀,以使润滑系统内的机油保持在限定压力范围内。调压阀起作用时的作用力为 109.9 N,阀的开启压力约 0.8～1.05 MPa,阀的面积为 1.77 cm^2。

机油泵调压阀压力的改变是靠改变调压阀的弹簧垫片来实现的。弹簧垫片有四个,其中两个厚度为 1.5 mm,另外两个厚度为 0.8 mm。

4. 机油散热器旁通阀

机油散热器旁通阀的功用是保证柴油机在冷启动或在高寒低温情况下正常工作。当环境温度低、机油黏度大时,强制冷却不利于机油升高到正常的工作温度,严重时还可能损伤机油散热器。设置机油散热器旁通阀后,在这种状态下,旁通阀打开,机油可以不流经机油散热器而直接旁通到机油粗滤器中去,使机油升温加速。

机油散热器旁通阀安装在机油散热器的下方,采用两种形式:一种是压力控制式,如图 8-13(b)所示;另一种是温度控制式。

压力控制式旁通阀的工作原理是:当低温机油流通压力降超过 0.15～0.2 MPa 时,旁通阀开启,机油将不经过机油散热器而直接流入机油粗滤器中;随着机油温度的升高,机油散热器内的机油压力减小,此时旁通阀关闭,在机油流进主油道之前先流经机油散热器。

温度控制式旁通阀的工作原理是:当机油温度低于 90 ℃时,旁通阀开启,使机油不经过机油散热器而直接流入机油粗滤器中;当机油温度高于 90 ℃时,旁通阀关闭,使机油先经过机油散热器再流入机油粗滤器。

5. 机油管路

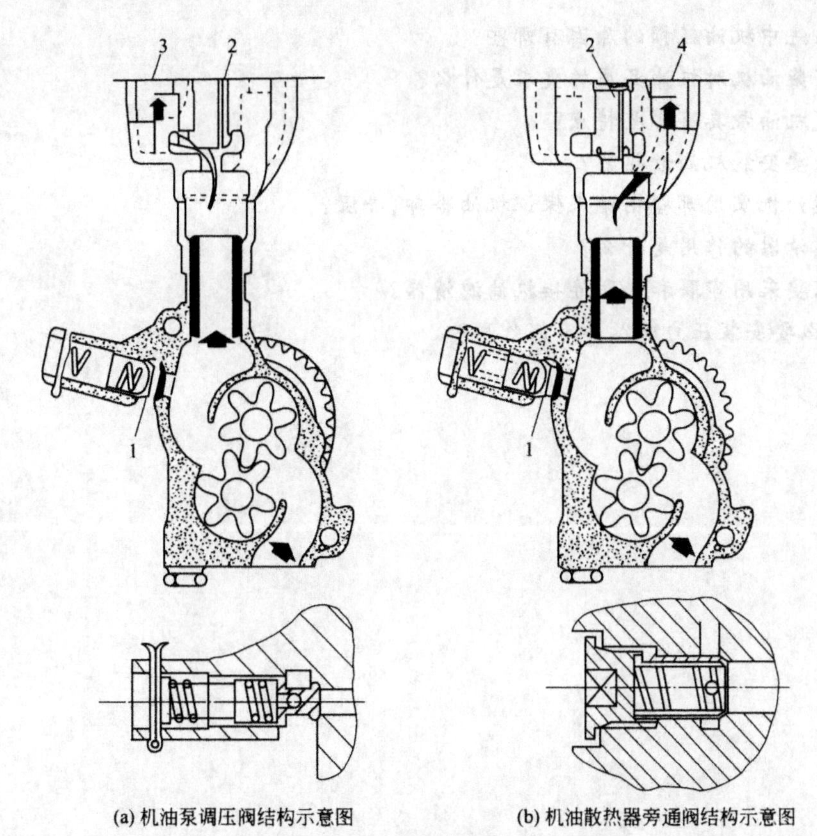

(a) 机油泵调压阀结构示意图 (b) 机油散热器旁通阀结构示意图

图 8-13 机油泵调压阀和机油散热器旁通阀安装示意图

1—机油泵调压阀；2—机油散热器旁通阀；3—机油进粗滤器；4—机油进散热器

从机油散热器与机油粗滤器出来的机油，进入润滑系统的主油道中。主油道油管是一根外径为 ϕ22 mm、内径为 ϕ20 mm、总长为 720 mm（八缸机）的无缝钢管，穿过并压入曲轴箱体内。机油从曲轴箱左侧穿过主油道，经横隔板进入斜油道和直油道，到达主轴承座孔和第一、第五凸轮轴轴承座孔。

挺柱座油管是一根外径为 ϕ15.5 mm、内径为 ϕ12 mm 的无缝钢管，它贯穿所有的挺柱座。油管上的油孔，经挺柱座孔上 ϕ4 mm 的油道，分别将机油送往冷却活塞的喷嘴与各挺柱座孔。

主油道油管和挺柱座油管，它们分别加工好后压入曲轴箱体，这样可有效地防止油管的漏损，使曲轴箱体加工大为简化，同时铸件的成品率提高。

除了主油道油管和挺柱座油管外，大部分油道集中在附件托架中，因此，附件托架的结构较为复杂。吸油管用一根外径为 ϕ28 mm、内径为 ϕ20 mm 的尼龙管与附件托架的内油道连接，吸油管前有滤网，压油泵通过吸油滤网上许多 ϕ3 mm 的滤孔，将机油吸入泵体，以防止杂质流入吸油管。

复习思考题

1. 柴油机润滑系统的主要功用是什么？

2. 润滑方式分为哪几种？各有何特点？

3. 润滑系统中机油耗损的原因有哪些?
4. 道依茨柴油机对机油品质的要求是什么?
5. 齿轮式机油泵具有哪些特点?
6. 为什么要安装机油散热器?
7. 风冷柴油机采用哪些措施来保证机油冷却、降温?
8. 机油滤清器的作用是什么?
9. 为什么要采用串联和并联连接机油滤清器?
10. 为什么要安装压力阀? 各有何作用?

第九章

冷却系统

柴油机工作时，气体燃烧的最高温度可达2 000 ℃左右，使直接与燃烧气体接触的零件如活塞、气缸盖、缸套、气门等强烈受热，如果不采取冷却措施，将会产生一系列严重后果：

(1) 在高温下零件的刚度和强度显著下降，以致发生变形和破裂。

(2) 零件受热后要膨胀，温度越高，膨胀量越大，以致破坏零件之间的正常配合间隙。如温度过高时出现活塞在缸套中卡死的现象。

(3) 润滑油在高温下容易氧化变质，使黏度下降，润滑条件恶化，摩擦和磨损加剧。

(4) 气缸内温度过高，新鲜气体受热膨胀，比容增加，使吸入气缸内的新鲜气体重量减少，功率降低。

由此可见，不进行冷却，柴油机就根本不能进行正常工作。但是，冷却过度，柴油机在过冷的情况下工作时，也将产生下列不良后果：

(1) 气缸内温度过低，不利于可燃混合气的形成和燃烧，使燃油消耗量增加。

(2) 机油黏度大，机件运转阻力增加，因而减少了柴油机的输出功率。

(3) 传走的热量增加，转变为机械功的热量减少，造成过高的散热损失。

(4) 燃烧后废气中的水蒸气和硫化物在低温时易凝结成亚硫酸，造成零件腐蚀，因此，气缸长期在低温下工作时也很容易被磨损。

综上所述可知，保持温度正常，是保证柴油机良好工作的一个重要条件。温度正常和温度反常(过热和过冷)也是柴油机工作中始终存在的一对矛盾，冷却系统就是要解决这个矛盾，使柴油机始终保持在正常温度下工作。

第一节　冷却方式

柴油机采用的冷却方式有两种：水冷却和风冷却。

一、水 冷 却

水冷却是用水作介质冷却柴油机，然后将热传给空气。这种冷却方法的优点是：冷却比较均匀，可使柴油机温度稳定在最有利的温度下工作，同时在冬季启动时，还可用灌注热水的方法来预热，便于启动。

二、风 冷 却

风冷却是利用空气流动带走柴油机的一部分热量。在气缸和气缸盖的外壁上制有很多散热片，以增加柴油机受热部分与空气的接触面积(即散热面积)。利用风扇鼓动强大的空气吹在散热片上，使传给散热片的热量直接散发到空气中，并由空气流带走。散热片的尺寸和布置对冷却效果有重要的影响。气缸盖和气缸体上部的散热片一般要长一些，因为这些部分受热比较严重。散热片的方向通常与空气流的方向一致。

利用空气冷却的柴油机，结构简单、使用维修方便、故障少，启动柴油机所用的辅助时间短，冬天没有冻裂的危险，因此，在缺水地区它具有很大的优越性。风冷柴油机的缺点是冷却不够可靠，磨损比较严重，驱动风扇所消耗的功率大，工作时噪声较大。

第二节　冷却系统

柴油机的热效率大约只有40%，也就是说燃油供给的60%热量都消耗掉了。消耗的热量当中有一半是通过冷却系统散发掉，另一半是通过排放的气体散发掉。由此可见，风冷柴油机冷却系统的优劣，直接影响风冷柴油机的可靠性和经济性。因此，冷却系统的合理布置、冷却风扇的设计和控制显得尤为重要。

道依茨 B/FL413F、B/FL513 系列风冷柴油机的冷却系统主要由冷却风扇、机油散热器、中冷器、液压油散热器、排气节温器（或电控节温器）、各种挡风板及缸套、缸盖上的散热片等组成。图 9-1 为冷却系统的组成与冷却空气的流通状况图。气缸盖 5、气缸套 4、中冷器 6、机油散热器 3、前后挡板和顶盖板等组成风压室，冷却风扇产生的冷空气储积在风压室内，并建立起一定的风压室压力。风压室压力按各部件通道阻力的大小分配不同的风量，保证各部件都能得到可靠的冷却。

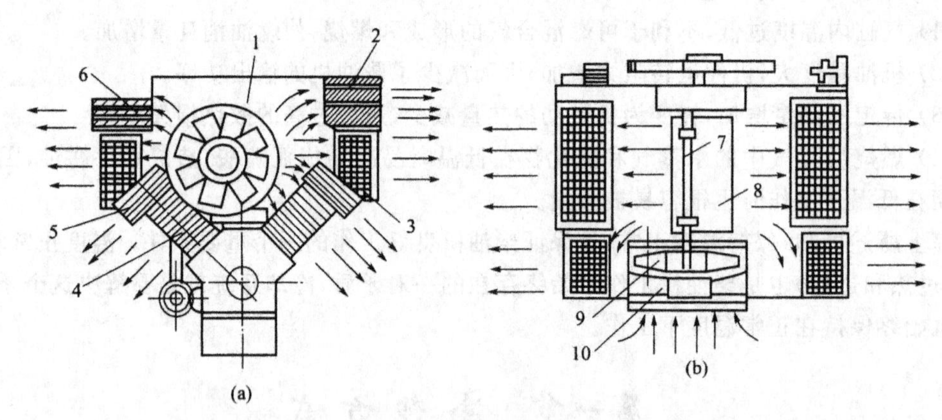

图 9-1　冷却系统的组成与冷却空气流通图

1—风压室；2—液压油散热器；3—机油散热器；4—气缸套；5—气缸盖；6—中冷器；7—传动轴；8—喷油泵；9—冷却风扇动叶轮；10—冷却风扇静叶轮

冷却系统采用了节温器自动调节风量的液力传动高效风扇作为主要冷却手段，并且，为增加散热面积，提高散热效率和确保冷却系统工作可靠，在缸盖、缸套上布置了精心设计的大面积散热片，并布置了冷却空气导流装置、温度监测警报系统等。气缸盖和气缸套迎风面无导流装置，而在背风面设有挡风板，用以调节冷却强度和风量分配。BF8L413F 型风冷柴油机气缸盖排风口高为 26 mm、宽为 70 mm；气缸套风口高为 165 mm、宽为 50 mm。

道依茨风冷柴油机冷却空气的需求量达到约 55 $m^3/(kW \cdot h)$。由于散热片的平均温度远远高于水的沸点，因此对冷却空气的需求低于相应的水冷柴油机。

冷却系统中，可以安装一个或两个机油散热器，增压柴油机安装有中冷器。根据需要，在此系统中还可以安装液压油散热器。

冷却风扇吸入的冷却空气，经冷却系统中各散热器后，带走散热片上的热量，散发到大气中。冷却空气在柴油机上的流通状况可以从图 9-1 中看出，废气自由地由柴油机两侧排出，或沿一定的排气道排出，以避免排出的热气重新被吸入，形成热循环。

道依茨风冷柴油机冷却空气流通路线如下：

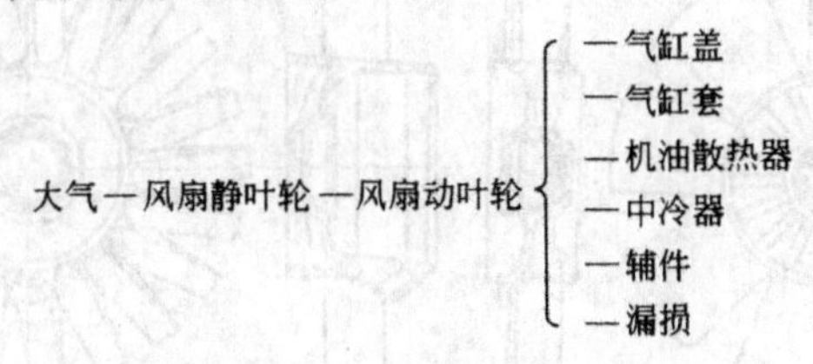

第三节　冷却风扇

一、结构特点

B/FL413F、B/FL513 系列风冷柴油机采用液力传动轴流压风式冷却风扇，其结构如图9-2所示。冷却风扇由动叶轮、静叶轮、液力耦合器、驱动轴、密封件等组成。风扇中动叶轮和静

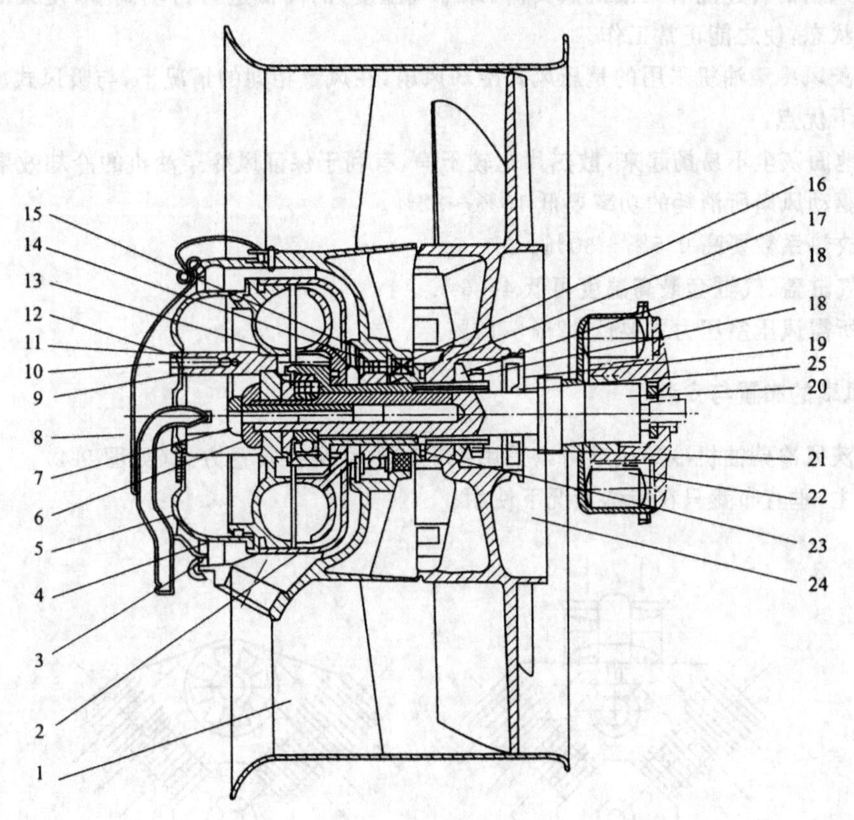

图 9-2　冷却风扇总成

1—风扇静叶轮合件；2—液力耦合器；3—护罩密封圈；4—滤清器密封圈；5—滤清器罩；6—耦合器座垫；7—驱动轴紧固螺栓；8—风扇护罩；9—定位螺栓；10—螺钉；11，18—垫圈；12—滤清器压圈；13—中间环；14—弹性垫圈；15—轴承；16—油封；17—中间套；19—自紧油封；20—驱动轴；21—螺母；22—橡胶柱；23—密封圈；24—风扇动叶轮；25—油封弹簧

叶轮的结构如图 9-3 所示，它们均为铝压铸件。风扇外壳由厚度为 4 mm 的钢板滚卷而成。前置静叶轮起导流作用，避免冷却空气直接吹向风扇动叶片，可提高风扇效率，同时减少叶轮出口圆周速度之动能，以提高风压室的压力。

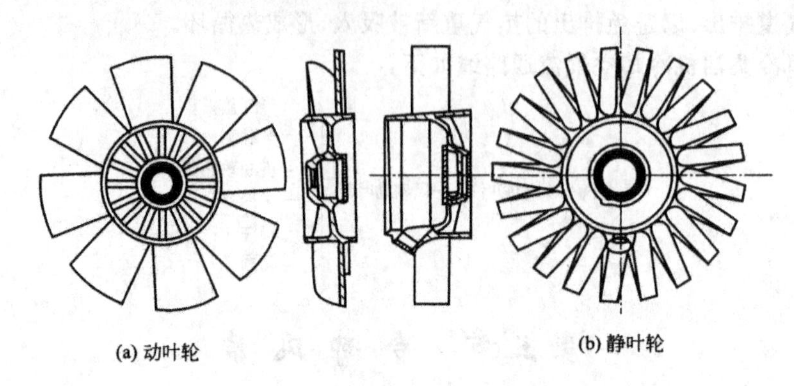

(a) 动叶轮　　(b) 静叶轮

图 9-3　冷却风扇动叶轮和静叶轮

风扇滤清器罩与液力耦合器牢固地连接起来，构成离心式机油精滤器，在风扇的转动过程中起过滤机油的作用。

冷却风扇的转速随着柴油机热负荷(即排气温度)的高低进行自动调节，使柴油机保持适当的冷却状态，使之能正常工作。

道依茨风冷柴油机采用的是压风式冷却风扇，在风量相同的情况下，与吸风式冷却风扇相比具有以下优点：

(1) 地面灰尘不易扬起来，散热片比较干净，有利于保证风冷柴油机的冷却效果。

(2) 驱动风扇所消耗的功率要低 15%～22%。

(3) 放热系数要高 0.5%～30%。

(4) 气缸盖、气缸套最高温度可低 4～6 ℃。

(5) 所需风压室压力差要低 12%～13%。

二、风扇的布置与安装

道依茨风冷柴油机冷却风扇可以采用水平和垂直两种布置方式(见图 9-4)。一般都以水平布置为主，垂直布置只在特殊情况下使用。

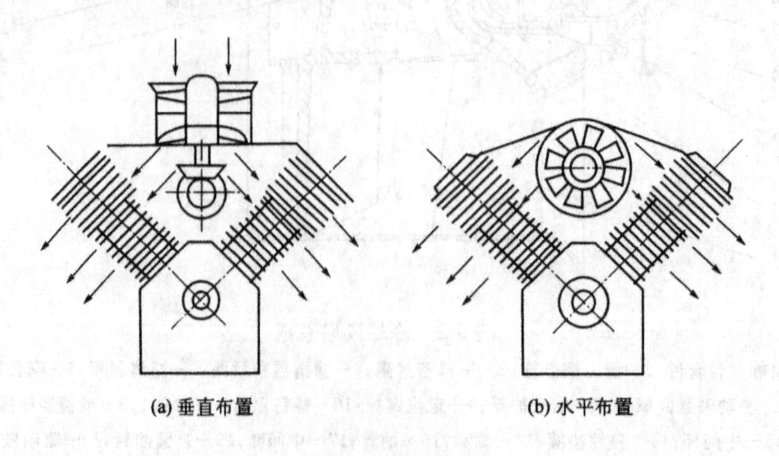

(a) 垂直布置　　(b) 水平布置

图 9-4　风扇的布置方式

水平风扇布置在曲轴箱上部两排气缸 V 形夹角中间，利用风扇外壳，坐落在附件托架顶部圆弧定位面上，并通过卡箍带固定在附件托架上。为错开风扇传动和喷油泵的布置，将风扇中心分别提高到曲轴中心上方 362 mm(增压)或 315 mm(非增压)处；横向也分别偏离曲轴中心线 56 mm(增压)或 32 mm(非增压)。

这种布置方式，充分利用了 V 形夹角空间，结构紧凑。另外，安装风扇的附件少，简化了结构；导风道较短，压力损失较小。

三、液力耦合器

B/FL413F、B/FL513 系列风冷柴油机冷却风扇中液力耦合器的结构如图 9-5 所示，它主要由泵轮、涡轮、外壳、传动轴等组成。

液力耦合器的工作过程如下：由胶辊联轴节驱动轴 6 传来的力，通过固紧在该轴上的压紧螺栓带动泵轮 2 旋转，而涡轮 1 与风扇动叶轮压紧在从动轴 5 上。在泵轮 2 和涡轮 1 之间充注着机油。该机油是从润滑系主油道经过排气节温器，到装在泵轮上并随同泵轮一起旋转的离心式精滤器，再到泵轮中部六个 $\phi8$ mm 孔，最后流入到泵轮与涡轮之间的空腔，并从耦合器外罩上 $\phi1$ mm 的小孔流出，如图 9-6 所示。

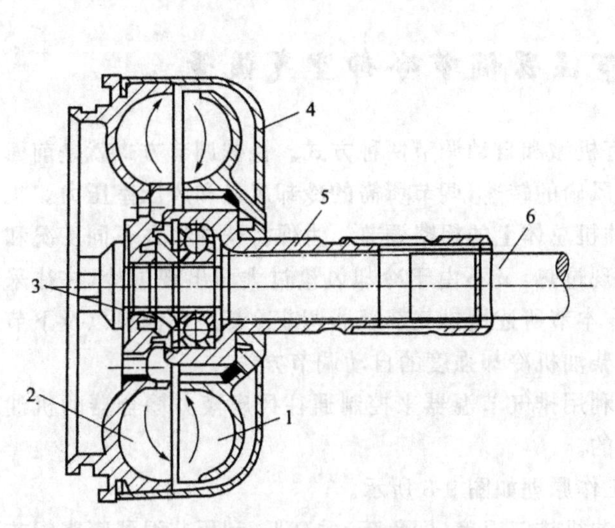

图 9-5 液力耦合器

1—涡轮；2—泵轮；3—调整垫块；4—外罩；5—从动轴；6—驱动轴

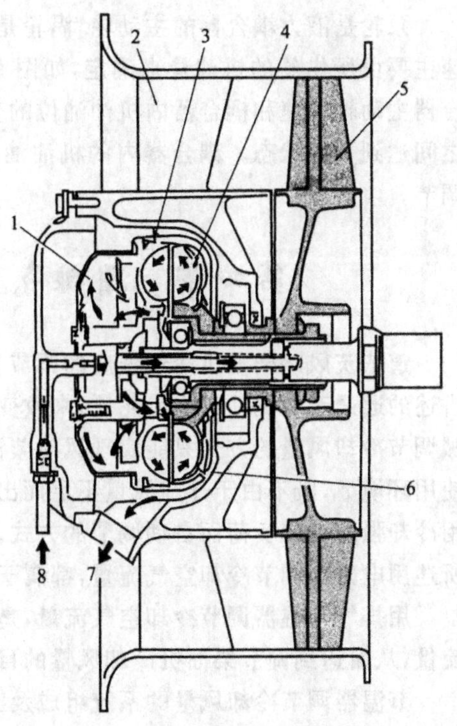

图 9-6 液力耦合器的工作过程

1—离心式精滤器；2—风扇静叶轮；3—液力耦合器的主动轮(泵轮)；4—液力耦合器的被动轮(涡轮)；5—风扇动叶轮；6—节流阀孔；7—回油口；8—进油口

当泵轮旋转时，充注在泵轮里的机油将得到泵轮传给它的转矩(能量)，并按箭头方向顺泵轮内腔作旋转运动，同时随泵轮一起做圆周运动。这时，泵轮中的机油从泵轮内半径 r_1 运动到外半径 r_2，相应机油运动的绝对速度在圆周方向的分速度从 v_{u1} 增加到 v_{u2}。

泵轮和涡轮的结构如图 9-7 所示。

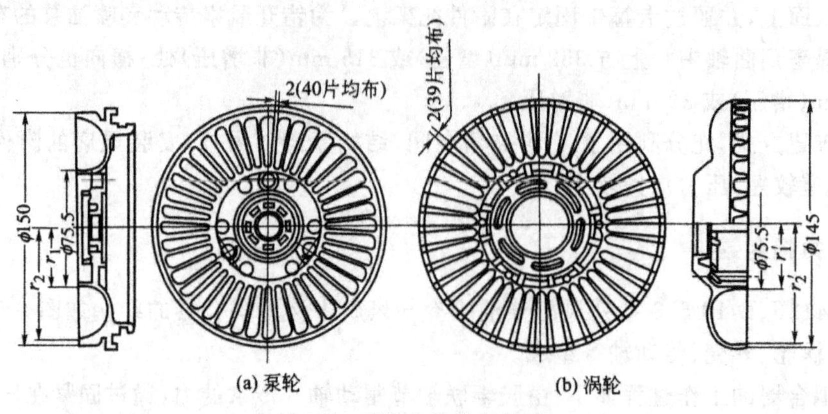

图 9-7　泵轮和涡轮的结构

泵轮与涡轮之间的工作间隙为 1 mm，材料为铝合金精密压铸件。从泵轮与涡轮的结构参数可见，该液力耦合器结构尺寸较小，但叶片较多、较薄，间隙较小。泵轮与涡轮叶片数不等，是为了防止液力耦合器工作时可能出现液力共振而影响其正常工作。

泵轮是液力耦合器的主动轮，涡轮是液力耦合器的被动轮。涡轮带动风扇转动，风扇的转速主要由所供给的机油量来确定，如图 9-6 所示。耦合器内的节流阀孔让不同的机油量随耦合器主动轮转速和耦合器内机油油位的变化而流出，从而，在所供给的机油量和流出的机油量之间达到平衡状态。耦合器内的机油油位和由此得到的风扇转速可以用无限可变的方式来调节。

第四节　用排气节温器调节冷却空气流量

道依茨风冷柴油机冷却强度的调节有机械和自动调节两种方式。机械调节方式就是前面讲述的通过改变驱动风扇齿轮比，来改变风扇的转速，调节所需的冷却风量和风压室压力。机械调节冷却风量的方式只能实现风冷柴油机总体上的粗略调节。为保持柴油机在不同工况和使用环境下，既不由于冷却风量不足而出现过热，又不由于冷却风量过大而出现过冷，往往采用冷却强度可随负荷而自动调节的方式。本节所述用排气节温器调节冷却空气流量以及下节所述用电磁阀调节冷却空气流量，都属于柴油机冷却强度的自动调节方法。

用排气节温器调节冷却空气流量，是利用排气节温器来控制通往风扇液力耦合器的机油流量，从而达到调节柴油机冷却风量的目的。

节温器调节冷却风量的系统组成及工作原理如图 9-8 所示。

节温器安装在排气管上，直接感受柴油机排气温度（即负荷）的高低，利用节温器膨胀阀芯热胀冷缩原理来控制节温器球阀开度的大小，从而改变主油道通往液力耦合器的机油流量，也即引起液力耦合器传动力矩的变化，使风扇转速、流量、风压均发生变化，进而实现冷却风扇风量的自动调节。

节温器的构造如图 9-9 所示，它主要由膨胀阀芯 1、球阀 2、钢球 3、调整螺钉 7、调整垫 8、节温器体及节温器套等组成。节温器的上端口为进油口，4 为出油口，通往冷却风扇。钢球 3 相当于油路内的单向阀，在正常情况下处于关闭位置。

节温器的膨胀芯轴安装在柴油机排气管内。在工作中，热膨胀系数较大的膨胀阀芯 1（纯

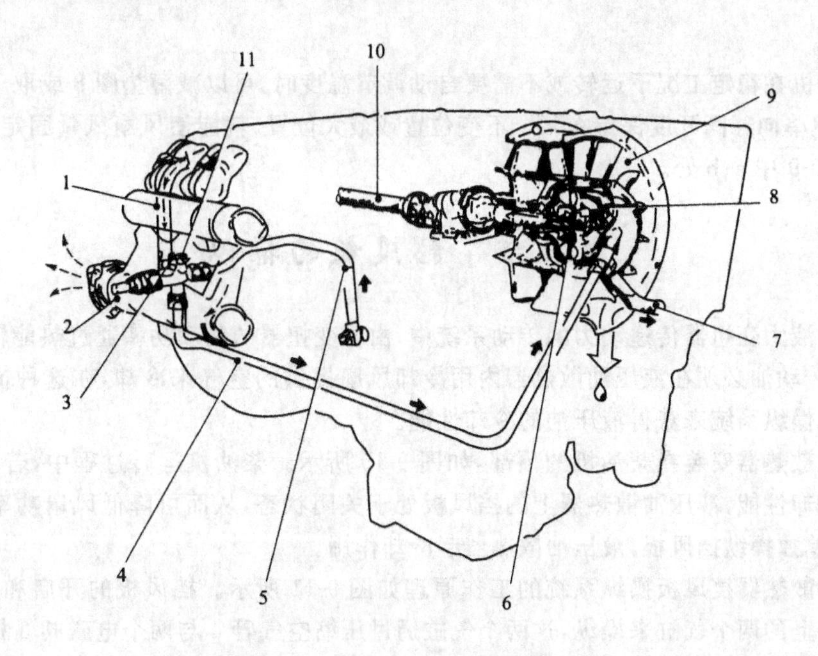

图 9-8 节温器对冷却风扇的调节作用

1—通往排气节温器的空气管；2—排气管；3—排气节温器；4—通往液力耦合器的控制油管；
5—柴油机至节温器的压力油管；6—液力耦合器；7—通往曲轴箱的回油管；8—离心式机油滤清器；
9—冷却风扇；10—冷却风扇的传动机构；11—带特殊密封圈的调节螺栓

铜制成)随着排气温度的变化而有不同程度地伸长，通过球阀 2 向上顶起钢球 3。在不同的排气温度下，能把钢球顶到不同的位置，也即改变了单向阀的开度。

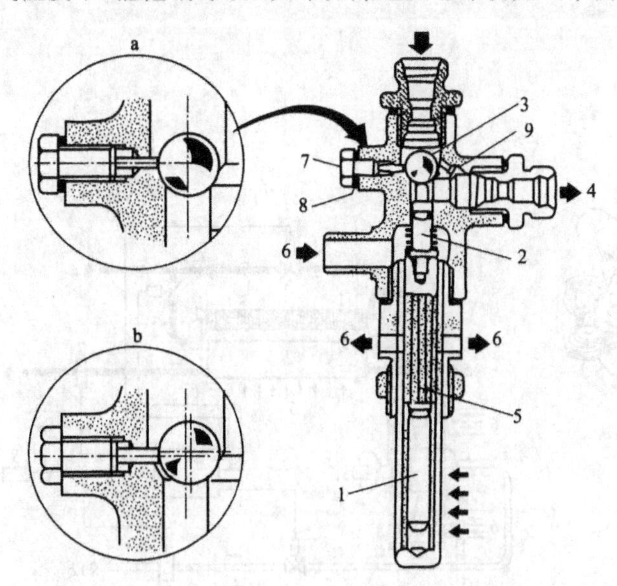

图 9-9 节温器的构造

1—膨胀阀芯；2—球阀；3—钢球；4—出油口；
5—芯轴轴向散热槽；6—冷却空气的进、出口；
7—调整螺钉；8—调整垫；9—旁通孔

来至主油道的机油由节温器上端孔口流入，经过单向球阀 3 再从出油孔口 4 流出，进入液力耦合器。柴油机的负荷越大，排气温度越高，膨胀阀芯 1 伸长越长，钢球 2 顶起就越高，即单向阀开度越大，充注到液力耦合器中的机油也就越多，使得液力耦合器中转动力矩增大，涡轮转速即冷却风扇的转速增高，冷却风量也就相应越大；反之亦然。

节温器上的孔口 6 是冷却空气的进、出口。冷却空气进口管子与风扇风压室空间相通，在膨胀阀芯 1 上开有轴向散热槽 5，冷却空气从这里通过，用以保证感温元件灵活、可靠地工作。

为了保证在排气温度较低、不足以打开单向阀之前也有少量机油进入液力耦合器，以维持冷却风扇的怠速运转和润滑风扇轴承，节温器阀体内还钻有直径为 $\phi0.85$ mm(增压)或 $\phi0.55$ mm(非增压)的旁通斜孔 9。

当柴油机在稳定工况下运转或不需要自动调节温度时，可以减薄垫圈 8 或取下它，拧紧调节螺钉 7，使单向球阀开度保持在某个不变位置或最大位置，就能使风扇风量固定在某个最佳状态，见图 9-9 中 a、b 处。

第五节　挡风板的操纵

在采用液力变扭器传递动力的传动系统中，由于变扭器的制动功率通过热能转变成热量，为此，液力传动油必须在液压油散热器内用冷却风扇提供的空气来冷却，在这种情况下，有必要用挡风板操纵系统来获得液压油的冷却性能。

液压油散热器安装在柴油机的顶部，如图 9-10 所示。柴油机运转过程中，若不要求获得液压油的冷却性能，液压油散热器上的挡风板处于关闭状态，从而可降低风扇功率的消耗；当需要时，可单独操纵挡风板，液压油散热器起冷却作用。

液压油散热器挡风板操纵系统的工作原理如图 9-11 所示。挡风板的开启和关闭由安装在挡风板 1 上的两个气缸来操纵，这两个气缸通过压缩空气管 4 与两个电磁阀 3 相连接。

根据柴油机或变扭器液压油温度的工作条件，通过电子温度调节器 10 的作用，电磁阀 3 适时地将压缩空气送到工作气缸，实现挡风板的开启或关闭。具体过程为：由液压油温度传感器 7 将感应的液压油温度变化传递给温度调节器 10，经过与设定值的对比，输出电信号控制电磁阀 3 的开度，改变进入气缸的压缩空气量，使挡风板处于开闭中的各种位置。

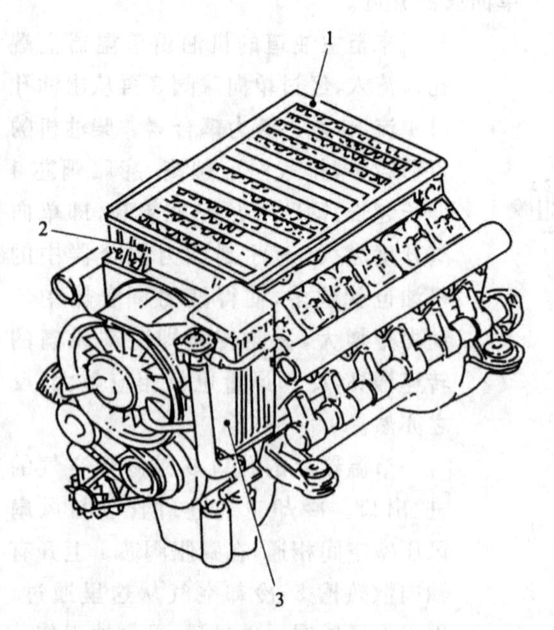

图 9-10　液压油散热器的安装位置

1—液压油散热器；2—液压油温度传感器；3—机油散热器

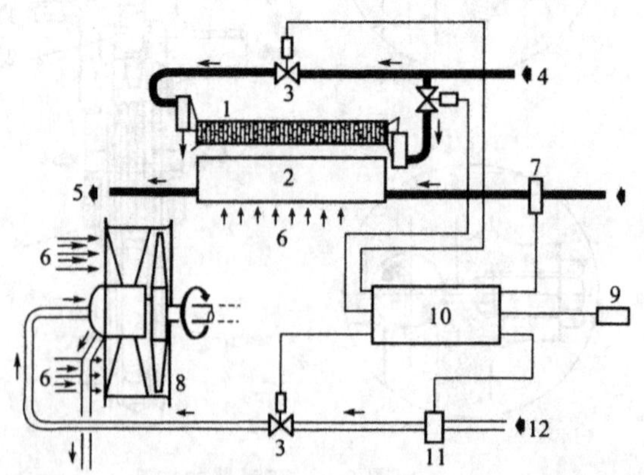

图 9-11　液压油散热器挡风板操纵系统工作原理图

1—挡风板；2—液压油散热器；3—电磁阀；4—压缩空气管；5—液压油出口；6—冷却空气；7—液压油温度传感器；8—冷却风扇；9—缸盖温度传感器；10—温度调节器；11—机油温度传感器；12—润滑油入口

如果柴油机在高负荷且挡风板部分打开的情况下，缸盖或柴油机机油温度的升高超出其极限值（与液压油温度无关），此时，应将液压油散热器挡风板关闭，以确保柴油机的正常冷却，也就是说，此时柴油机应处于最大冷却状态。

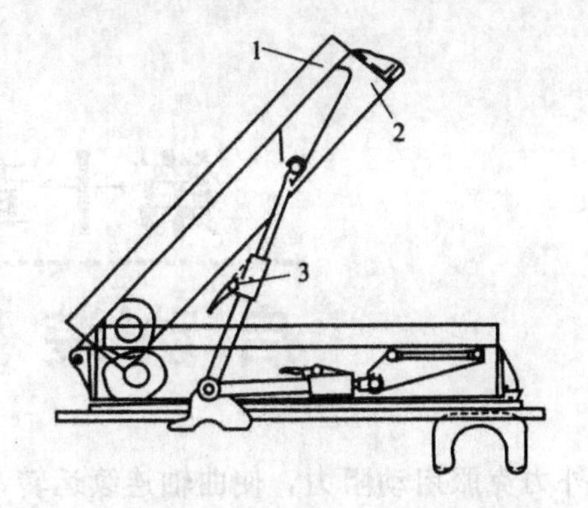

图 9-12　液压油散热器与挡风板的安装

1—挡风板；2—液压油散热器；3—弹簧锁紧柄

液压油散热器与挡风板的外框用螺栓固定成一体，旋转安装在柴油机顶部。拆下与柴油机顶部的连接螺栓后，它可以向上旋转并由伸缩支架支撑，如图 9-12 所示。伸缩支架用弹簧锁紧柄固定，在锁紧位置弹簧锁紧柄向外摆动。降低时，液压油散热器抵住弹性止块向后摆动，顶住伸缩支架推动锁紧柄。放下后，一定要重新固紧连接螺栓。

1. 柴油机冷却系统的主要功用是什么？
2. 柴油机过热会有何害处？
3. 冷却过度柴油机会产生哪些不良后果？
4. 柴油机采用的冷却方式有几种？各有何特点？
5. 道依茨系列柴油机为什么采用风冷却方式？
6. 道依茨风冷柴油机冷却风扇是如何布置的？
7. 道依茨风冷柴油机冷却风扇有何特点？
8. 道依茨风冷柴油机冷却强度调节方式有几种？各有何特点？
9. 道依茨风冷柴油机为什么要设置挡风板？

第十章

启动装置

柴油机从静止状态转入运转状态时，必须借助外力克服启动阻力，使曲轴连续运转，带动活塞不断往复运动，直到气缸内形成可燃混合气并自行着火燃烧后，柴油机才转入自动进行工作循环而正常运转。为此，柴油机设有启动装置。

柴油机启动阻力包括：相对运动机件表面的摩擦阻力；机件加速运动产生的惯性力；活塞压缩气体时的压缩阻力以及辅助系统驱动力等。这些阻力都会对曲轴产生阻力矩。启动阻力的大小与柴油机的排量、润滑油黏度等有关，缸数多、排量大的柴油机，启动时的摩擦力、惯性力、压缩阻力都大；润滑油黏度越大，摩擦阻力越大，启动阻力也越大；润滑油黏度随温度升高而下降，因此，柴油机冷车启动比热车启动困难，冬季启动比夏季启动困难；压缩阻力随压缩比的增大而增大，因柴油机的压缩比比汽油机大，故柴油机启动比汽油机困难；此外，惯性阻力也是有变化的，由静到动最初阶段的惯性阻力是很大的。

柴油机启动装置就是为了获得柴油机启动所需的条件，提供启动力矩，克服阻力矩，带动曲轴转动并达到一定启动转速的机构，主要包括有启动电机、蓄电池、启动辅助装置等。

柴油机启动时的最低曲轴转速，称为启动转速。低于此转速，因气流速度低，可燃混合气形成不好，而且压缩行程时间长，气缸内气体漏失多，被冷却系吸收的热量多，使压缩气体的温度降低，柴油机难以着火。为使压缩空气的温度超过柴油的自燃温度，并使喷油泵能建立起必要的喷油压力，柴油机的启动转速一般为 100～250 r/min，B/FL413F、B/FL513系列风冷柴油机启动转速约为 100 r/min。

第一节　启动方式

启动方式即为获得最低启动转速的方法。柴油机有多种启动方式，常用的启动方法有以下四种：

1. 手摇启动

手摇启动只用在某些小型柴油机上，需要设置降低气缸内压力的机构，以减小开始摇转曲轴时的阻力。减压可以用顶起进（或排）气门或在气缸顶上设一个减压阀的方法来达到。这种方法虽然比较可靠，但因劳动强度大，功率稍大的柴油机就难以用手摇启动，所以中等功率以上的柴油机没有手摇启动装置。

2. 启动电动机启动

这是一般柴油机最常用的启动方法，它用蓄电池供应电能给启动电动机，并使之带动曲轴旋转。这种启动装置结构紧凑，操纵方便，但在蓄电池的性能方面还存在使用寿命短、重量大、耐振性差、气温低时其容量和电压都剧烈下降等缺陷。

3. 启动汽油机启动

在有些柴油机上，装有一个专用来启动的小汽油机。这种启动装置在启动时能持久地工作，并能对柴油机进行预热，因而启动可靠，尤其在寒冷的天气里，其优越性更为突出。但这种启动装置的机构比较复杂，同时使柴油机的总重量也大大增加，所以通常只用在某些较大型的拖拉机或工程机械的柴油机上。

4. 压缩空气启动

压缩空气启动多用于功率较大的固定式柴油机上。这种启动方法是将事先储存在压缩空气瓶中的压缩空气（压力为 1.5～3.0 MPa）通过空气分配器按发动机的工作顺序供给气缸，使压缩空气推动活塞而转动柴油机曲轴。当柴油机达到一定转速后，停止供给压缩空气，柴油机随即喷油启动。

第二节 启动电机

道依茨风冷柴油机采用启动电机进行启动，并配有火焰加热塞、电磁阀和加浓电磁铁等组成完整的启动系统，可确保柴油机在－25 ℃以上环境温度下直接顺利启动，而无需其他外加装置。这种启动系统，工作可靠、启动迅速、操作维修都很方便，而且重量轻、外形小巧，具有优良的启动性能。

启动电机是直流电动机，以蓄电池为电源。为满足不同使用功率、不同安装形式的要求，B/FL413F、B/FL513 系列风冷柴油机可以根据使用环境温度和气缸数的多少，选择左右安装的、额定工作电压为 24 V、额定输出功率分别为 3.5 kW、5.4 kW、6.5 kW、9 kW 的双线制封闭式直流复励齿轮移动式启动电机。

启动电机的结构与工作原理如图 10-1 所示，它主要由直流电动机、啮合机构和啮合传动机构三部分组成。

直流电动机由定子磁极 9、电枢转子 23、励磁绕组 24、换向器 19、电刷 20、电刷架 21 等组成；电磁式啮合机构由控制继电器 11、吸引继电器 16、主触点动片 13、止动板 14 等组成；啮合传动机构由螺旋花键轴 2、啮合杆 3、螺旋花键套 4、摩擦片式离合器 5、离合器外壳 6、小齿轮 27 等组成。

空心的电枢转子 23 与摩擦片离合器外壳 6 刚性连接在一起，其右端支承在滑动轴承 18 上，其左端支承在前端盖 25 内的滚柱轴承 26 上。电枢转子内有一个可做轴向滑动的螺旋花键轴 2，螺旋花键轴外面套有螺旋花键套 4，螺旋花键套上套有相间安装的摩擦片式离合器 5 的动摩擦片和静摩擦片，其中动摩擦片与离合器外壳 6 同轴转动，静摩擦片与螺旋花键套 4 同轴转动。螺旋花键轴左端装有小齿轮 27。贯穿电枢转子 23、螺旋花键轴 2 及小齿轮 27 的啮合杆 3 上焊有卡环 8。拧紧螺母 28 把啮合杆、小齿轮、螺旋花键轴紧固在一起。启动电机共有三个绕组：串励绕组、并励绕组和辅助绕组。启动电机的外部有三个接线柱 10，其中两个接线柱接蓄电池的正、负极，另一个接线柱接启动开关。

启动电机的工作过程分两个阶段：

第一阶段，将启动开关旋转到启动位置，主电路可靠接通，控制继电器 11 的线圈和吸引继电器 16 的保持线圈通电，控制继电器磁心、主触点动片 13 和止动板 14 均被吸动。主触点动片的上部与一个接线柱接触。止动板被锁片 12 卡住，主触点动片 13 下部不能与励磁绕组 24 接通，于是并励绕组和辅助绕组（均在励磁绕组 24 内）以及吸引继电器 16 的吸引线圈均通电。流过辅助绕组和吸引继电器吸引线圈的电流也流过电枢转子 23。电枢转子 23 缓慢旋转，带动离合器外壳 6、摩擦片、螺旋花键套 4、螺旋花键轴 2、小齿轮 27 一起缓慢旋转。与此同时，吸引继电器 16 的心杆被吸引，推动啮合杆 3、螺旋花键轴 2、小齿轮 27 一起向外伸出，将小齿轮推向飞轮齿圈，这样，小齿轮在向前移动时慢慢转动，从而保证了与飞轮齿圈柔和地啮合，带动飞轮转动。即使小齿轮和飞轮齿圈发生顶碰，小齿轮仍沿着飞轮齿圈端面继续旋转，直至进入飞轮齿圈的下一组齿隙啮合。这种啮合机构称为齿轮移动式啮合机构。

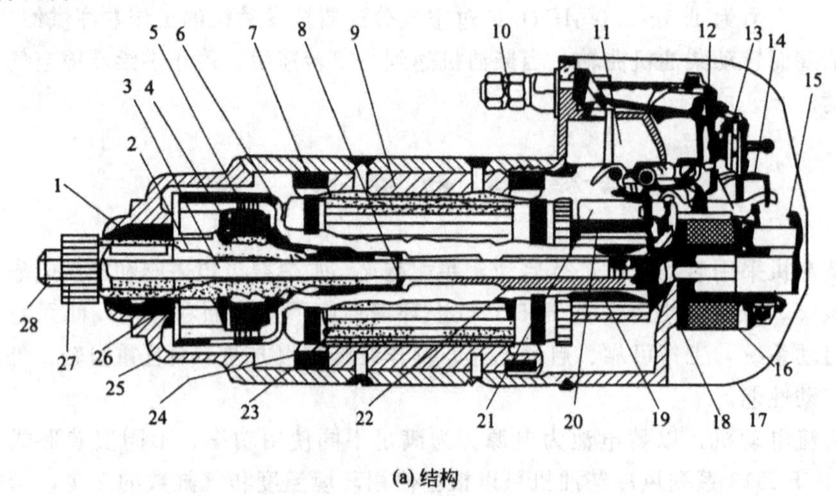

(a) 结构

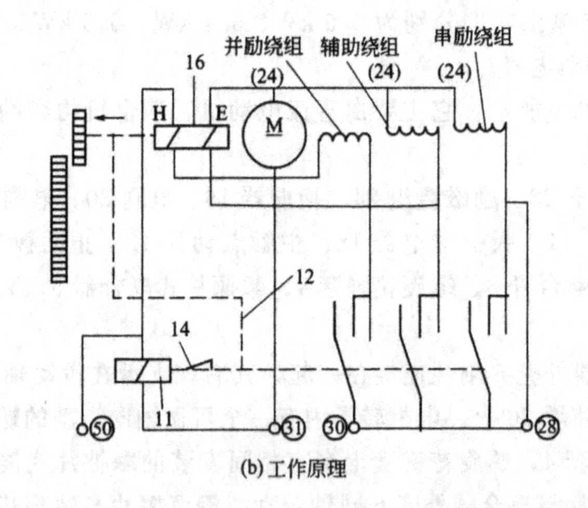

(b) 工作原理

1—滚柱轴承；2—螺旋花键轴；3—啮合杆；4—螺旋花键套；5—摩擦片式离合器；6—离合器外壳；7—外壳；8—卡环；9—定子磁极；10—接线柱；11—控制继电器；12—锁片；13—主触点动片；14—止动板；15—扣片；16—吸引继电器；17—后罩壳；18—滑动轴承；19—换向器；20—电刷；21—电刷架；22—回拉弹簧；23—电枢转子；24—励磁绕组；25—前端盖；26—滚柱轴承；27—小齿轮；28—拧紧螺母

M—启动电机；H—保持线圈；E—吸引线圈

图 10-1　启动电机的结构与工作原理

第二阶段，当小齿轮与齿圈啮合宽度大于 17 mm 时，扣片 15 将锁片 12 向上顶起，止动板 14 被释放，主触点动片 13 下部与串励绕组（在励磁绕组 24 内）接触。来自蓄电池的大电流直接通过串励绕组的电枢回路，此时启动电机获得最大电流，发出足够的扭矩，飞轮加速旋转，带动柴油机曲轴转动。当柴油机点火后，启动转速达到 1 100～1 500 r/min，为防止柴油机启动并自身高速运转后反过来带动启动电机高速运转，使启动电机飞散，此时在小齿轮与电枢轴之间的摩擦片式离合器 5 超速打滑，使启动电机不受损坏。

将启动开关旋转到非启动位置，接线柱与主电路断开，启动电机不通电，控制继电器和吸引继电器均释放复位，小齿轮在回位弹簧 22 的作用下自动退回到初始时的静止位置。

复励启动电机具有低速时转矩大、负载小时转速高的特性，齿轮与飞轮齿圈啮合平稳，且可限制电动机空载转速，满足大功率柴油机的启动要求。

第三节 蓄电池和辅助启动装置

蓄电池是一种利用化学能变化而产生电能的装置，为启动电机提供能源。在柴油机启动时，蓄电池必须在5～10 s的延续时间内供给启动电机200～600 A的强电流，而不致有大的电压降落。柴油机启动后，蓄电池又将发电机供用电设备使用后的多余电能储存起来，当发动机供电不足时，再将储存的电能输送出来，与发电机共同供电。

蓄电池的种类很多，有酸性蓄电池、碱性蓄电池、纳硫蓄电池以及氢氧燃料电池等。酸性蓄电池也称铅蓄电池，因内阻小、容量大，能迅速供出大电流，效率可达75%～84%（碱性蓄电池效率一般仅为50%～70%），因而受到普遍采用。

一、蓄电池的构造

铅蓄电池的构造如图10-2所示，它主要由正、负极板组，隔板，外壳等组成，内部充有电解液。

1. 极板

蓄电池的充电和放电是靠正、负极板上的活性物质和电解液中的硫酸起化学反应来实现的。正、负极板均由栅架和涂在栅架格子内的活性物质组成，如图10-3所示。正极板的活性物质是深棕色的二氧化铅（PbO_2），负极板是青灰色的海绵状纯铅（Pb）。活性物质因具有多孔性，使电解液能够渗透到极板内部，而且活性物质也参加化学反应，因此可提高蓄电池的容量。栅架由铅锑合金制成，在保证活性物质多孔性的情况下，又可提高极板的机械强度和导电性。

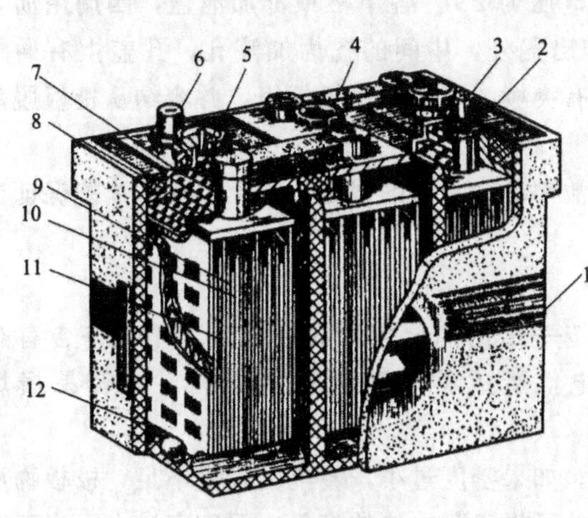

图10-2 铅蓄电池

1—外壳；2—电桩衬套；3—正极接线柱；4—联条；5—加液孔盖；6—负极接线柱；7—保护板；8—封口料；9—隔板；10—负极板；11—正极板；12—棱条

为了增加蓄电池的容量，常将多片正、负极板分别用横板焊接起来，组成正、负极板组，在横板上连有电桩，如图10-4所示。安装时，正、负极板组相互嵌合，各片之间留有空隙，中间插入隔板，便成为单格电池组。每个单格电池中，正极板比负极板少一片，使所有正极板都置于两负极板之间，以便两侧放电均匀，保持正极板工作时不因活性物质膨胀而翘曲，造成活性物质脱落。

2. 隔板

为减小蓄电池的尺寸和内阻，正、负极板应尽量靠近。为避免互相接触而短路，正、负极板间用绝缘的隔板隔开。隔板的材料应具有多孔性，以便电解液流通，减小内阻。

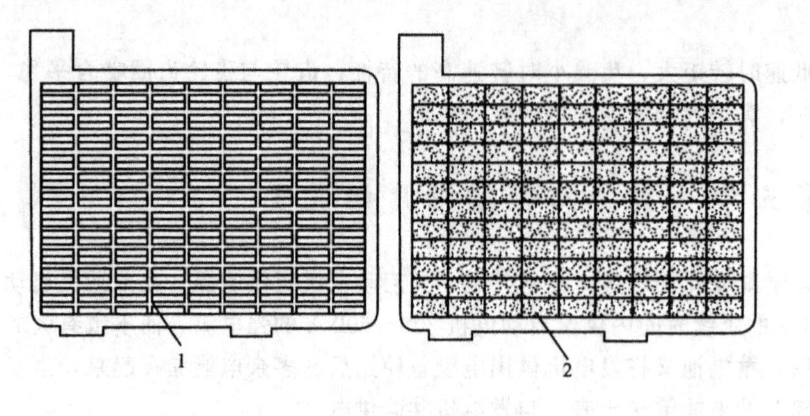

图 10-3　栅架和极板

1—栅架；2—极板

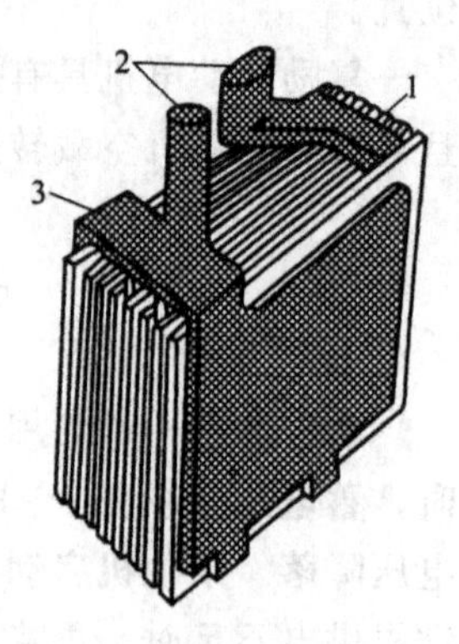

图 10-4　极板组

1—正极板组；2—电桩；3—负极板组

常用的隔板材料有木板、细孔橡胶、细孔塑料和玻璃纤维等。木隔板上开有沟槽的一面应朝向正极板，这是因为极板处化学反应较剧烈，要求有足够的空间使电解液流通，排除气泡。木隔板因耐腐蚀性差，目前已很少采用。

3. 外壳（容器）

外壳可用硬橡胶或沥青塑料制成。硬橡胶成本高，但耐酸、耐热和耐振性好。沥青塑料成本低，但强度和耐酸性较差。蓄电池一般做成整体多格式，每个单格放入一个正、负极板组，构成一个单格电池，每个单格电池的标称电压为 2V。各单格顶都加池盖，四周用沥青密封。盖上一般有三个孔，两边的孔供电桩伸出盖外，中间的孔为加液孔，孔盖上有通气孔，以排除池内电解液分解出的气体。外壳底有突棱，用以支承极板组，并容纳从极板脱落的活性物质，以防极板短路。

各个单格电桩间用铅条连接起来使单格电池串联。联条的截面积很大，这样才能保证当强大的启动电流通过时，电压降最小。

4. 电解液

蓄电池的电解液是用纯净硫酸和蒸馏水按一定比例配合而成的溶液，不允许含有杂质。否则，其中的杂质会使蓄电池自行放电，造成蓄电池容量的损失，并容易损坏极板。

电解液的密度对蓄电池的工作有重要影响。如果密度过小，蓄电池容量不足，极板物质易掉落。密度大一些，可以减少结冰的危险，并可提高蓄电池的容量，但密度过大，由于黏度增加，会降低蓄电池的容量，加速腐蚀隔板，极板也易于硫化。

电解液的密度与蓄电池的充电状态有关，同时与温度也有关。全充电状态的蓄电池在 15 ℃时，电解液密度应为 1.28 g/cm³ 左右，具体数据见表 10-1。

表 10-1　蓄电池电解液的密度　g/cm³

蓄电池工作时的气候条件	充电终了温度为 15 ℃时的电解液密度	
	冬季	夏季
冬季气温低于－35 ℃的地区	1.310	1.270
冬季气温在－35 ℃以上的地区	1.285	1.270
南方地区	1.270	1.240

二、蓄电池的工作原理

蓄电池的工作过程，实质上就是电能和化学能的互相转化过程。蓄电池既可以将化学能转化为电能放出，又可以将电能转化为化学能储存起来。化学能转化为电能的过程称为放电过程，电能转化为化学能的过程称为充电过程。

蓄电池充、放电过程中的化学变化如图 10-5、图 10-6 所示。

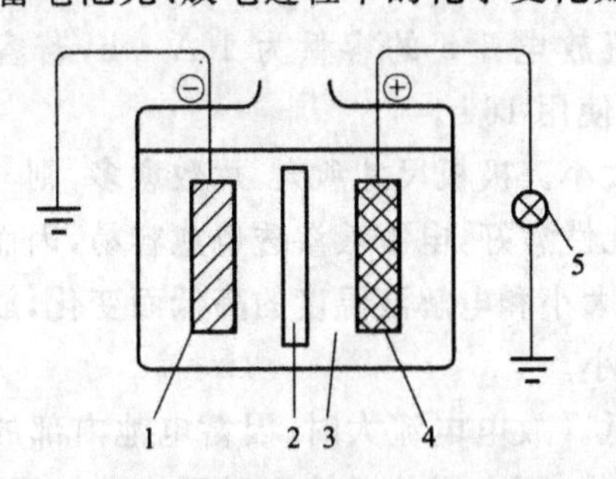

图 10-5 放电过程中的化学变化

1—负极板(Pb)；2—隔板；3—电解液；4—正极板(PbO_2)；5—用电设备

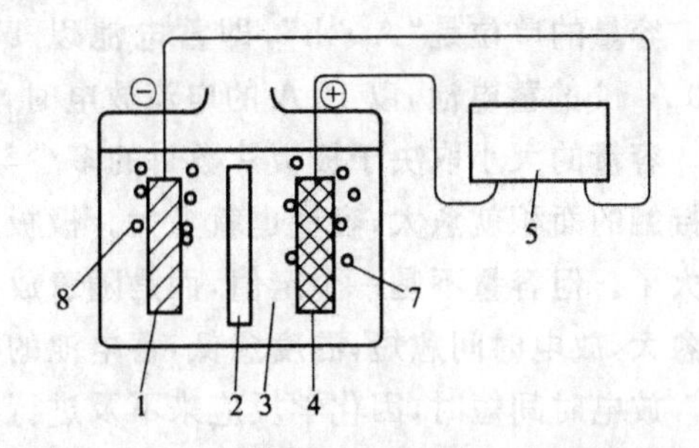

图 10-6 充电过程中的化学变化

1—负极板(Pb)；2—隔板；3—电解液；4—正极板(PbO_2)；5—发电机；6—氢气；7—氧气

蓄电池充放电化学反应式，可归纳如下：

$$PbO_2+2H_2SO_4+Pb \underset{充电过程}{\overset{放电过程}{\rightleftharpoons}} PbSO_4+2H_2O+PbSO_4$$

↓ ↓ ↓ ↓ ↓

正极板 电解液 负极板 正极板 负极板

1. 放电过程

对一个充完电的蓄电池，如果把正、负极板用导线接上用电设备后（见图 10-5），负极板上的电子将通过用电设备向正极板流动，形成电流。这时负极板上失去电子，破坏了平衡，Pb 继续以二价铅离子(Pb^{2+})溶入溶液中，并在极板上留下两个电子。过剩的 Pb^{2+} 使负极板附近的正电位提高，从而破坏了原来的平衡，于是电解液中带负电的离子（硫酸溶解在水中时产生的正、负离子）就移向负极板（铅板），并与 Pb^{2+} 结合，生成硫酸铅沉积在极板上。铅板上得到的电子经过导线、又通过用电设备流到正极板(PbO_2)上。与此同时，正极板上的四价铅离子(Pb^{4+})得到由负极板来的电子还原为 Pb^{2+}，失去原来的平衡。PbO_2 继续溶解于电解液中，并生成 Pb^{4+} 离子沉附于极板上，使极板带正电。而 Pb^{2+} 则与电解液中带负电的离子结合，生成硫酸铅沉附在极板上。这就是全部放电过程，即由化学能转变为电能的过程。在这个过程中，电解液中的硫酸不断产生带正、负电的离子，正、负极板上的二氧化铅和铅逐步变成硫酸铅，而电路中电子不断地按一定的方向运动，形成电流。放电过程中，电解液中的水逐渐增多，而硫酸逐渐减少，电解液密度下降。

2. 充电过程

把直流充电机或直流发电机的正、负极与蓄电池的正、负极接通（见图 10-6），在充电电流的作用下，使蓄电池发生和放电过程相反的化学反应。电解液中的负离子移向正极，将电子交出，并与硫酸铅作用转变为二氧化铅和硫酸。电子经过发电机流回蓄电池的负极板。电解液中的正离子移向负极板，接受电子，并与硫酸铅作用转变为纯铅和硫酸。正、负极板上所转变出来的硫酸都溶解到电解液中，所以电解液的密度增加。这就是整个充电过程。

三、蓄电池容量与保温

1. 容量

一个充足电的蓄电池，在一定的电流强度下连续放电时，所输出的总电量称为容量(Q)。容量为放电电流 I_f 与放电时间 t 的乘积：

$$Q=I_f t \quad (A \cdot h)$$

容量的单位是"A·h"，即蓄电池以 1 A 的电流放电 1 h 的容量为 1 A·h，若容量为 160 A·h的蓄电池，以 10 A 的电流放电时，理论上可使用 16 h。

容量的大小取决于极板片数目的多少与尺寸的大小。极板尺寸愈大、片数愈多，则与电解液接触的面积就愈大，容量也就愈大。极板愈薄，多孔性愈好，电解液渗透也愈容易，因而容量就大了。但容量不是一个定值，而是随着放电电流的大小和电解液温度的高低而变化，放电电流愈大，放电时间愈短，温度愈低，蓄电池的容量就愈小。

放电时间短时，因化学反应来不及进行，故容量低。放电电流大时，因蓄电池内部的化学反应进行得比较激烈，结果只是极板表面起了化学变化，而内层的活性物质不能参加反应，所以容量减小。若以大电流放电时间过长，还会引起极板翘曲和活性物质脱落。

根据实际使用情况，蓄电池规定了两种容量：

(1) 启动容量

当启动时，要在短时间内以几百安培的大电流放电，此时蓄电池的容量称为启动容量。因为启动时放电电流很大，启动时间过长会造成过度放电，引起蓄电池的损坏，所以一般规定，每次启动不应超过 5 s，如再次启动，最好停顿 2～3 min 之后进行。

(2) 额定容量

当供给灯光照明和其他用电设备时，在较长时间以不大的电流放电，称为额定容量。蓄电池铭牌上标明的容量一般是指额定容量。额定容量是在一定条件下测定的，即电解液温度为 30 ℃，以额定容量 1/10 的电流连续放电 10 h，单格电池电压降到 1.7 V 时所输出的电量，故又称 10 h 放电率。

通常单组蓄电池的容量都很小，远远不能满足实际需要。实际使用中往往需把若干组蓄电池用串联或并联的方式连接起来，组成蓄电池组。串联时，电压为各单组蓄电池电压之和，容量等于单组蓄电池的容量；并联时，电压等于单组蓄电池的电压，容量为各单组蓄电池容量之和。

2. 保温

温度降低时，蓄电池容量减小。在冬季使用常会因容量不足而影响启动电机的输出功率，为此，蓄电池有一个低温放电电流的技术指标。在寒冷情况下使用时，应注意对蓄电池的保温。经试验，用两个 143A·h、100％容量的蓄电池和 6.6 kW 的启动电机，可以成功地启动 233 K(－40 ℃)下的 F6L413 型柴油机，除蓄电池采取保温措施外，柴油机没有采取任何措施。对蓄电池进行保温，可保证其规格上固有的容量。一般的蓄电池容量随温度下降而明显减小，设在 293 K(20 ℃)时蓄电池容量为 100％，则在 273 K(0 ℃)时约为 72％，在 253 K(－20 ℃)时约为 40％，在 248 K(－25 ℃)时约为 30％。由于蓄电池容量的减少，其冷启动电流也相应减小，造成启动电机的启动困难。

为了保持蓄电池容量，提高蓄电池冷启动电流，除对一般的蓄电池进行保温外，还可采用不需保温的薄板式高容量冷启动蓄电池。

四、启动辅助装置

汽油机启动性能好，而柴油机就比较困难，尤其在寒冷低温条件下显得更困难。为了改善柴油机的低温启动性能，常常装有一些辅助装置，这些装置的功用并不在于启动时增加启动力矩去转动曲轴，而是在于改善启动条件，使启动可靠和轻便。

柴油机在启动前处于冷态，燃烧室的面积较大，在压缩过程中热量损失较大，第一次压缩过程很难达到燃料自燃温度300 ℃以上，难以启动。这时若启动柴油机低温启动辅助预热装置，加热进气管、燃烧室或曲轴箱内的空气，改善可燃混合气的形成与燃烧，或使柴油机机油温度升高、黏度降低，都将有利于启动。常用的柴油机低温启动辅助装置有：电热塞、火焰加热塞、加热电阻丝、火焰加热器，等等。

道依茨B/FL413F、B/FL513系列柴油机采用了火焰加热塞、加热电阻丝、火焰加热器作为低温启动辅助装置。在柴油机启动时，环境温度5 ℃以上直接启动；低于5 ℃至−25 ℃时，采用火焰加热塞加热启动；在−25 ℃以下启动时，采用火焰加热器预热，或与火焰加热塞兼而用之。

1. 柴油机启动方式有几种？各有何特点？
2. 配备火焰加热塞的作用是什么？
3. 启动电机的工作过程分哪两个阶段？
4. 什么是蓄电池？其工作原理是什么？
5. 什么是电解液？
6. 电解液不足应该补充何种液体？
7. 什么是蓄电池容量？
8. 冬季使用蓄电池应注意哪些事项？
9. 道依茨柴油机采用哪些低温启动辅助装置？

第十一章

柴油机的操作使用

新柴油机启动之前，必须做一系列的准备工作。其中有些操作不只限于第一次启动，而且在以后的例行保养中也需进行。柴油机启动后，需进行工作监控，以保证柴油机的正常运转。柴油机在低温或高温环境以及高海拔条件下使用时，还需注意相应的使用规定。

第一节　启动前的准备

一、准备工作

道依茨风冷柴油机在启动前必须做好以下准备工作：

(1) 检查整机的完整性。各部件螺栓及各管接头坚固无松动现象。

(2) 新机要清除内部油封并清理干净。

(3) 新机要试转几圈曲轴。

(4) 按规定添加足量的柴油或检查油箱是否有油。燃油箱油量应经常及时补充，以防油箱被吸空。

(5) 第一次启动前或燃油箱中的燃油被吸空后重新添加柴油启动时，应将燃油系中的空气放掉。

(6) 按规定添加足量的机油，检查油位。

(7) 如果装有油浴式空气滤清器，启动前必须加机油。

(8) 检查喷油泵齿条移动是否灵活。

(9) 按日常保养要求向固定加油点加注润滑油。

二、充注或添加合格的柴油

根据柴油机使用时的环境温度选用合格的柴油。一般情况下，夏季使用 10 号柴油，冬季使用 0 号或 −10 号柴油，在寒区则应使用 −20 号或 −35 号柴油。柴油的标号代表相应的凝固点。所谓凝固点是指柴油在低温下失去流动性时的摄氏温度值，以上各标号柴油的凝固点依次不高于 10 ℃、0 ℃、−10 ℃、−20 ℃、−35 ℃。

由于柴油在接近凝固点之前，局部油液内就有石蜡状结晶析出，柴油的流动阻力增大，结晶物易使通路阻塞，造成燃油系供油不足、雾化不良，甚至出现供油中断，所以在柴油机使用时要正确选择燃油标号。具体选用应根据不同地区、不同季节的最低环境温度，选用凝固点低于该环境温度 3～5 ℃的柴油为宜。

燃油箱的油量应该经常及时补充，以防油箱被吸空。添加柴油时，柴油须在容器内经过一昼夜以上时间的沉淀，用专用设备加油。加油设备的吸油管在盛油容器内不要插到底，以免吸入沉淀的杂物。燃油箱的加油口应设置滤清装置，对所加柴油进行仔细过滤。加油完毕，应拧紧燃油箱的注油口盖，防止灰尘进入。

三、添加或更换合格的机油

柴油机工作时，不仅要消耗一部分机油，而且由于热负荷高以及混入机油中的燃烧产物会引起机油特别是机油中的添加剂的变质，所以必须经常补充或定期更换机油。

正确选用机油是保证柴油机长期、可靠工作的重要保证。不按规定选用机油或把汽油机机油用作柴油机机油，则会导致轴瓦腐蚀、剥落甚至烧瓦等重大事故。

道依茨风冷柴油机必须使用CC或CD级的高品质机油，或其他相当的高品质机油。一般，非增压风冷柴油机采用CC级机油，增压风冷柴油机采用CD级机油。重载或不利条件下，如长期空转、环境温度高于30℃、使用硫的质量分数大于0.5%的柴油、长期在重载下工作等，需使用高级重载CD级机油。

每一机油的质量等级可以有不同的黏度等级，所以在选用柴油机的机油时，首先要根据机型、性能强化程度、轴瓦材料、工作环境温度甚至还要注意柴油机的磨损程度等，确定机油的质量等级，然后再合理选用黏度等级。

1. 机油选用

根据季节、环境温度以及增压或非增压机型，可按表11-1选用道依茨系列风冷柴油机的机油。

表11-1　道依茨系列风冷柴油机推荐用机油

季节	环境温度(℃)	机油牌号	
		增压机型	非增压机型
夏季	−5～25	SAE30·CD，或11号中增压机油	SAE30·CC(CD)，或11号中增压机油，或11号低增压机油
	＞25	SAE40·CD，或14号中增压机油	SAE40·CC(CD)，或14号中增压机油，或14号低增压机油
冬季	＞0	SAE30·CD，或11号中增压机油	SAE30·CC(CD)，或11号中增压机油，或11号低增压机油
	−25～30	兰炼10W/30中增压机油，或11号寒区(稠化)中增压机油	兰炼10W/30中增压机油，或兰炼10W/30低增压机油
	＜−30	14号严寒区(稠化)中增压机油	14号严寒区(稠化)中增压机油，或14号严寒区(稠化)低增压机油

注：中增压机油相当于API质量分级的CD级或HD—C级；低增压机油相当于API质量分级的CC级或HD—B级。

表中列出的机油牌号只是满足道依茨系列风冷柴油机所要求的黏度和质量要求的实例，对于不同的制造厂家提供的机油，只要与上述机油品质相符，同样可以使用，但必须确保质量。

由表11-1可知，由于季节的变化需要更换不同牌号、不同黏度的机油，但若采用多级机油就可以减少甚至避免由于环境温度变化所引起的换油事项。目前，大型养路机械用道依茨风冷柴油机推荐使用质量等级为CC、CD，牌号为SAE15W/40的多级机油，也可以采用性能指标相当的其他柴机油。

2. 换油周期

由于柴油机的工作条件、燃油和机油质量对机油品质的恶化有重要影响，所以换油周期也因而不同。道依茨风冷柴油机更换机油的周期取决于负荷大小、机油品质、柴油中硫的含量和机型等。

柴油机负荷分Ⅰ、Ⅱ、Ⅲ三类。Ⅰ为一般负荷，包括长途货车、送货车、消防车、旅游车、拖拉机、轨道车辆及船舶。Ⅱ为中等负荷，包括建筑工地用车、混凝土运输车、垃圾车、市政车辆、城市公共汽车、联合收割机以及柴油机在 30 ℃以上或－10 ℃以下环境温度下长时间工作的Ⅰ类车辆。Ⅲ为重负荷，装有全部增压柴油机的车辆，大型养路机械基本属于此类。

根据柴油机负荷类别确定机油的更换周期。表 11-2 为一般柴油机更换机油的周期。

表 11-2　柴油机更换机油的周期

负荷类型	柴油中硫的含量(%)	机油品质	
		CC(HD－B)	CD(HD－C)
Ⅰ	<0.5	200 h 或 10 000 km	300 h 或 15 000 km
	≥0.5	100 h 或 5 000 km	300h 或 10 000 km
Ⅱ	<0.5	100 h 或 5 000 km	200 h 或 10 000 km
	≥0.5	—	100 h 或 5 000 km
Ⅲ	<0.5	—	200 h 或 10 000 km
	≥0.5	—	100 h 或 5 000 km

机油在柴油机内最长停留时间为一年。如在一年内达不到表 11-2 中的换油周期，则不管工作多少小时，都必须更换。多级机油的换油周期也与表 11-2 相同。

3. 机油加注及更换注意事项

(1) 机油通过带过滤器的加油口注入柴油机油底壳。

(2) 加注机油的量，在柴油机启动前应达到油标尺上部的点刻度为止；在柴油运转停机 1～2 min后，油面应加至油标尺上部的线刻度为止。

(3) 更换机油应在柴油机热机状态下进行，但不得在柴油机运转状态下进行。

(4) 换油时，先将油底壳上的放油螺栓拧下，待全部机油流出后再重新拧紧，并从加油口倒入新机油。

(5) 更换机油的油量视机型及油底壳的不同而不同，应以油标尺刻度为准。

(6) 加油时容器必须清洁。加油完毕，拧紧注油口盖。

(7) 应尽量避免不同种类的机油混合。

四、油浴式空气滤清器

如果柴油机安装的是油浴式空气滤清器，在启动前必须加机油，所加机油应与柴油机用机油相同。如图 11-1 所示，松开锁扣，卸下油浴式空气滤清器底壳 1，向底壳注入机油直至箭头标志处，然后重新装好。

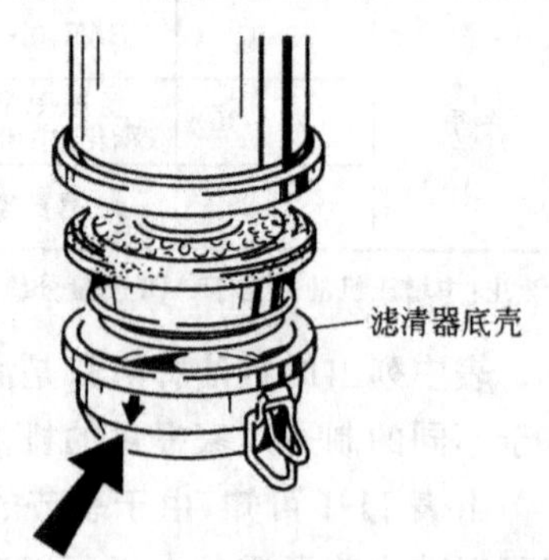

图 11-1　油浴式空气滤清器加机油

在多灰尘环境下工作，油浴式空气滤清器往往装有预分离器，注意不得向预分离器所带的集尘器内加油，因集尘器只用于收集分离出来的尘土。

第二节　启动与停车

要保证道依茨 B/FL413F、B/FL513 系列风冷柴油机的正常使用，必须掌握柴油机正确的启动、停车操作过程及注意事项。

一、柴油机的启动

1. 启动过程

(1) 脱开离合器,将柴油机与被驱动设备分开。

(2) 用手柄或脚踏板把调速杆 1 拉到大约全负荷油门的 1/4 位置上,如图 11-2 所示。

(3) 插入启动钥匙(见图 11-3),顺时针转到中间位置 1,此时充电指示灯①和油压指示灯②点亮。再将启动钥匙压到底,克服弹簧反力继续顺时针转动到位置 3,此时启动电机开始工作,柴油机一着火即刻松开启动钥匙,充电指示灯①和油压指示灯②熄灭。工作过程简述为:

图 11-2 调速杆位置

1—调速杆

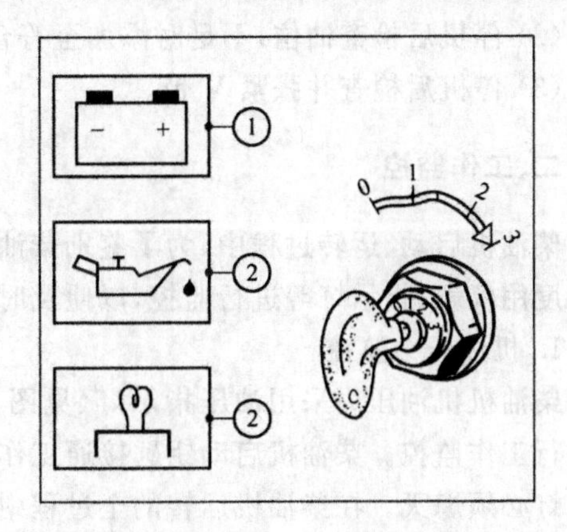

图 11-3 启动钥匙

①—充电指示灯;②—油压指示灯;③—预热指示灯

· 插入钥匙

0 位——没有电压。

· 顺时针转动钥匙

1 位——工作电压;充电指示灯和油压指示灯亮。

· 压入钥匙,再顺时针转动

2 位——没有动作;3 位——启动。

· 着火后即刻松开钥匙

充电指示灯和油压指示灯熄灭。

如果柴油机第一次启动没有转起来,为了保护蓄电池,到下一次启动前应休息 2 min。注意,连续启动时间不得超过 10 s。如果两次启动不成功,应查明原因排除故障后再启动。

带有辅助启动装置——火焰加热塞的柴油机启动,插入启动钥匙后的工作过程与不带火焰加热塞的柴油机的启动过程略有不同(参见图 11-3),具体表现在:

· 插入钥匙

0 位——没有电压。

· 顺时针转动钥匙

1 位——工作电压;充电指示灯和油压指示灯亮。

· 压入钥匙,再顺时针转动

2 位——预热,保持 1 min,预热指示灯点亮;3 位——启动,预热指示灯熄灭。

· 着火后即刻松开钥匙

充电指示灯和油压指示灯熄灭。

(4) 柴油机一开始运转，就平稳减速，使柴油机在中等负荷下以不同转速运转，在短时间内预热到使用状态。

发电机组用柴油机的预热必须在额定转速下进行。

2. 试运行

新柴油机或大修后的柴油机投入使用前应进行试运行。启动柴油机，不加负载，试运行约 10 min。在试运行期间和之后应进行：

(1) 检查柴油机是否有泄漏。

(2) 停机后检查油位，不足时添加至符合规定要求。

(3) 停机后检查并张紧 V 带。

二、工作监控

柴油机启动、运转过程中，为了鉴别柴油机工作是否正常，通常对机油压力和柴油机的缸盖温度用仪表、指示灯等进行监控，以便及时发现问题，避免重大事故的发生。

1. 机油压力监控

柴油机机油压力采用油压指示灯(见图 11-4)、油压指示器(见图 11-5)、油压表(见图 11-6)进行工作监控。柴油机启动钥匙接通工作电压时油压指示灯应点亮；柴油机启动以后，油压指示灯必须熄灭。在柴油机运转的全过程中，机油压力指示表的指针应指向绿色区域。柴油机热态怠速运转时，允许油压指示灯闪亮或机油压力指示表指针指到红色区域，但是，转速稍一升高，指示灯就必须熄灭或指针必须移向绿色区域。

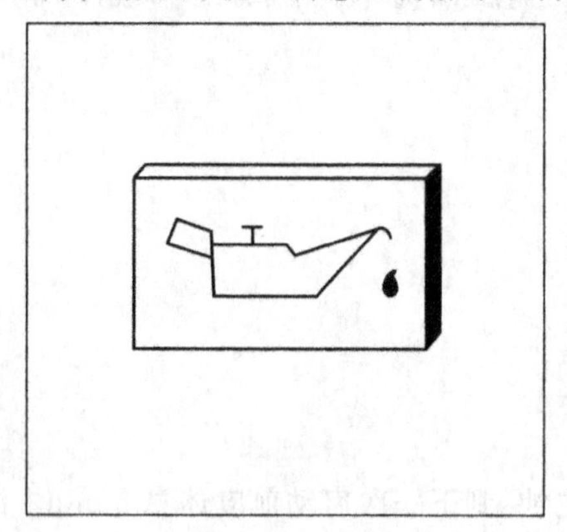

图 11-4　油压指示灯

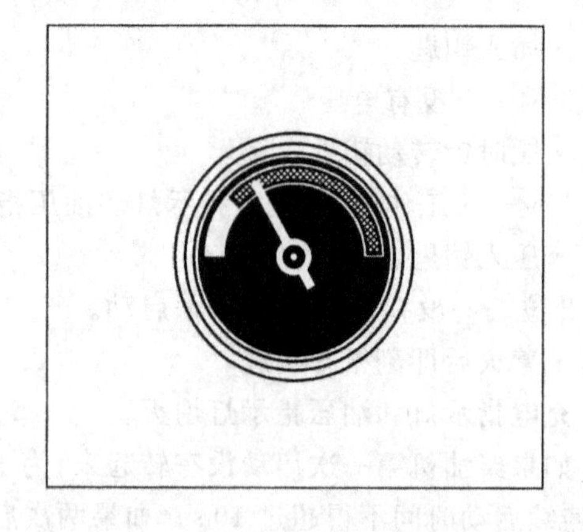

图 11-5　油压指示器

机油压力指示表只控制怠速时的机油压力。如果要求在柴油机运转时，对油压进行持续监控，则必须增加机油压力表。怠速运转时，机油压力表的指针指示的最小压力为热机时的最低机油压力。B/FL413F、B/FL513 系列风冷柴油机怠速 600 r/min 热机时的最小机油压力为 50 kPa。

2. 柴油机温度监控

柴油机温度由缸盖温度指示器(见图 11-7)进行监控。柴油机运转时，温度指示器的指针应该始终指在绿色区域，仅仅在例外情况下可指在黄绿色区域内。如果指针指在橙色区域，则表明柴油机过热，应立即停车检查，确定原因并排除故障。

图 11-6　油压表

图 11-7　柴油机缸盖温度指示器

三、柴油机停车

柴油机不得从满负荷工况突然停车，卸载后应经短时间怠速空转使柴油机温度达到平衡后再停车。柴油机停车有机械停车和电气停车两种方式。

1. 机械停车过程

(1) 用手柄或脚踏板将调速杆置于怠速运转位置。

(2) 沿停机方向操作调速杆直至柴油机停止运转。

(3) 当柴油机停止运转时，充电指示灯和油压指示灯点亮。

(4) 逆时针转动启动钥匙(见图 11-3)至 0 位并拔出，此时充电指示灯和油压指示灯熄灭。

2. 电气停车过程

(1) 用手柄或脚踏板将调速杆置于怠速运转位置。

(2) 逆时针转动启动钥匙(见图 11-3)至 0 位并拔出，此时充电指示灯和油压指示灯熄灭。

第三节　冬季运行说明

柴油机在冬季寒冷环境温度下工作时，需进行一系列的准备工作。除选用合适的柴油、机油外，为保证可靠的冷启动，还必须采用高容量的冷启动蓄电池或对蓄电池进行保温，使用各种启动预热装置以及用乙醚等启动液。根据柴油机在寒冷条件下工作的具体情况，可分别采用其中的一种或几种措施。

一、柴　油

在冬季(温度低于 0 ℃时)必须使用冬季柴油，以免发生柴油机燃油系被析出的石蜡沉淀物阻塞，在温度非常低的情况下，甚至使用一般冬季柴油也会产生阻塞的沉淀物。为此，应根据柴油机工作时的环境温度选用合适的冬季柴油。如无合适的冬季柴油，可在夏季柴油或一般冬季柴油中，按照一定比例加入煤油或标准汽油制成混合油，见表 11-3。

为了检验按上述配方的燃油在低温时使用的适应性，可在小瓶中装入一些燃油试样，置于使用环境温度下，以不析出石蜡为度。如析出石蜡，则表明只能在较高温度下使用，需重新调整比例。

表 11-3 低温柴油配比

外界极限温度(℃)	夏季柴油配比(%)		冬季柴油配比(%)	
	夏季柴油	煤油或标准汽油	冬季柴油	煤油或标准汽油
−10	90	10	100	—
−14	70	30	100	—
−20	50	50	80	20
−30	—	—	50	50

如直接在燃油箱中配置低温用柴油，则应将一定量的煤油或标准汽油(按表 11-3)先倒入燃油箱中，然后再注入夏季或冬季柴油。注意，不能使用高级汽油或汽油混合物，只能使用标准汽油。使用标准汽油混合油，只能作为一种应急措施，用量不得超过一油箱。

二、机　　油

在外界温度比较低的情况下，机油的工作条件极为不利。柴油机冬季工作时，为了保证满意的冷启动性能，主要是要按照柴油机启动时的外界温度来选择机油的黏度(SAE 级)。

至于换油期则须注意，冬季工作属于"重载工作条件"，因而换油周期要缩短。

三、冬季维护工作

(1) 拆卸放油螺塞，从燃油箱中放出稠厚的沉积物，每周进行一次。

(2) 加入油浴式空气滤清器的机油应同柴油机用的机油一样与环境温度适应。

(3) 当环境温度低于－20℃时，尽可能拆下启动电机，通过小齿轮的安装孔用耐寒油脂(例如 Bosch 油脂 FTIV31——低温黄油)经常润滑飞轮环齿圈，以便使启动齿轮良好啮合。

四、柴油机的冷启动

柴油机的冷启动性能主要取决于启动电机的功率和蓄电池的容量。因为柴油机的启动装置按照不同的使用情况而有所不同，所以柴油机的冷启动极限温度(启动时的实际环境温度)的数据也不一样。对于 B/FL413F、B/FL513 系列柴油机，当没有任何启动的辅助装置时，其可靠启动的极限温度为－13 ℃。

1. 蓄电池容量的保持

良好的冷启动需要蓄电池保持良好的充电状态。把蓄电池温度提高到大约＋20 ℃时，冷启动极限温度可降低 4～5 ℃。如果要提高温度，在柴油机停止运转后，拆下蓄电池储放在暖和的房间内。对蓄电池进行保温，可保证其规格上固有的容量，一般的蓄电池容量随温度下降而明显减小。例如，设在 20 ℃时蓄电池容量为 100%，在 0 ℃时约为 72%，在－20℃时约为 40%，在－25℃时则为 30%。随着温度的下降，蓄电池的容量显著减少。由于蓄电池容量的减少，其冷启动电流也相应减少，造成启动电机的启动困难。德国 DIN72311 规定，在－18 ℃时，每个电池组(标定为 2 V)在放电 30 s 后电压应不低于 1.4 V、在放电 180 s 后电压应不低于 1.0 V。

为了保持蓄电池的容量，提高蓄电池冷启动电流，除对一般的蓄电池进行保温外，还可采用不需保温的薄板式高容量冷启动蓄电池。一般蓄电池(即标准蓄电池)和薄板式高容量蓄电池的容量与冷启动试验电流的比较见表 11-4。

表 11-4 蓄电池容量与冷启动电流

标准蓄电池		高容量冷启动蓄电池(薄板式)	
容量(A·h)	冷启动试验电流(A)	容量(A·h)	冷启动试验电流(A)
70	235	55	255
84	280	66	300
105	350	88	395
135	450	110	490
180	600	143	630

2. 使用火焰加热塞

在环境温度低于－5～－25 ℃时,使用火焰加热塞辅助启动,可大大降低柴油机的启动极限温度。

为了提高柴油机在较低温度时的启动性能,防止启动后出现冒烟和后燃现象,在道依茨风冷柴油机的每根进气管上都装有火焰加热塞(V型柴油机上只装有两个)。

火焰加热塞将燃烧空气加热,在燃烧空气中的少量燃油借助于装在每个进气管进口处的火焰加热塞燃烧起来,这一部分燃料来自喷油泵,通过电磁阀予以控制。高温燃气与进入气缸内的冷空气混合,使气缸内带有小部分燃气的空气温度升高,有利于柴油机的冷启动。火焰加热塞可以保证B/FL413F、B/FL513系列风冷柴油机在外界环境温度为－20～－25 ℃范围内可靠启动。

使用火焰加热塞辅助启动的启动过程参见本章第二节所述。

火焰加热塞通电预热一定时间(一般为15～20 s,低温下需1 min左右)后,预热指示灯点亮,将启动钥匙转到启动位,柴油机一着火立即松开启动钥匙,火焰加热塞马上断电。如果没有启动起来,应停歇1 min再启动。如果排出灰白色烟雾而没有启动起来,可将启动钥匙再拧到预热位进行补充加热,补充加热时间不得超过3 min,连续启动时间不得超过15 s,只有当部分着火能带动柴油机旋转时,连续启动时间才可为20～25 s。

3. 使用火焰加热器

当环境温度更低时,柴油机在启动时除需要用火焰加热塞以及对一般蓄电池进行保温等措施外,有时还需要采用火焰加热器。

在低于－25 ℃以下的严寒地区启动,道依茨风冷柴油机常装有火焰加热器。由火焰加热器出来的热气通过对曲轴箱内部预热,使柴油机本体和机油温度升高,从而提高柴油机的冷启动性能。

表11-5列出了道依茨风冷柴油机综合使用各种冷启动措施后,保证可靠启动的实际环境温度。

表 11-5 采用冷启动措施后柴油机可达到的冷启动温度

机型	启动电机功率(kW)	蓄电池规格(A·h)	是否采用火焰加热塞	蓄电池是否保温	是否采用火焰加热器	保证可靠启动的实际环境温度(℃)
B/F6～8L413F	4.4	2×135 2×180	采用	不保温	不用	－20
B/F6～8L413F	6.6	2×143 2×180	采用	不保温	不用	－30～－35
B/F6～8L413F	6.6	2×143	采用	加温到－10 ℃	不用	－40
B/F6～8L413F	4.4	2×180 2×143	采用	加温到－10 ℃	采用	－40
B/F10～12L413F	6.6	2×180 2×143	采用	不保温	不用	－20
B/F10～12L413F	6.6	2×180 2×143	采用	加温到－15 ℃	采用	－40

第四节　燃油系排气

燃油系管路进入的空气会造成柴油机不能启动，启动后运转不正常、功率降低，甚至使柴油机自动停车。因此必须排除进入燃油系管路内的空气。

燃油箱的油量应该经常及时补充，以防油箱被吸空，否则燃油系统必须放气。不仅在油箱用空后，而且在更换燃油滤清器之后或者在燃油输送系统上进行拆卸、修理工作后，也必须将燃油系中的空气排出。

由于柴油机发运时没带燃油，因此第一次启动前必须排出管路中的气体，大修后的柴油机在第一次启动前也必须排气。

一、燃油滤清器的排气

(1) 如图 11-8 所示，拧松滤清器上的放气螺塞 1。

(2) 向左旋转手动输油泵 2 上的滚花手轮 3，松开手动输油泵 2。

(3) 反复按下手动输油泵，直到从拧松的放气螺塞 1 处向外流出无气泡的柴油为止。

(4) 重新拧紧放气螺塞 1。

(5) 重新拧紧滚花手轮 3。

二、喷油泵的排气

(1) 如图 11-9 所示，把位于下面的六角螺栓上的溢油阀 4 拧松 2～3 圈。

(2) 向左旋转手动输油泵 2 上的滚花手轮 3，松开手动输油泵 2(参见图 11-8)。

(3) 反复按下手动输油泵，直到从拧松的溢油阀 4 处向外流出无气泡的柴油为止。

(4) 重新拧紧溢油阀 4。当拧紧溢油阀的同时，必须按动手动输油泵继续供油。

(5) 重新拧紧滚花手轮 3。

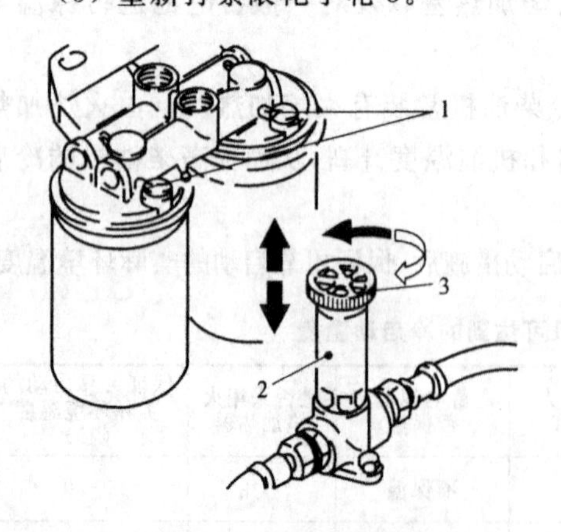

图 11-8　燃油滤清器排气

1—放气螺塞；2—手动输油泵；3—滚花手轮

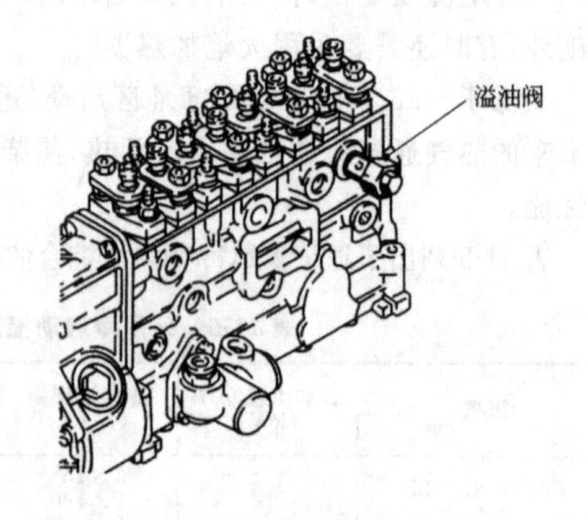

图 11-9　喷油泵排气

第五节　柴油机封存

柴油机长期放置不用(比如过冬)，因保管不好而将发生锈蚀，不但影响柴油机以后的正常使用，而且还会缩短柴油机的使用寿命。所以对需要较长时间存放的柴油机应按下列方法进行封存处理。

(1) 用柴油或冷洗涤剂清洗柴油机的外部，用干燥压缩空气吹净柴油机外表面，擦净油污和水。

(2) 启动柴油机热机，然后停机。

(3) 放出热的机油，并往柴油机油底壳注入防锈油。

(4) 清洗油浴式空气滤清器，倒出机油，加入防锈油。

(5) 放净油箱中的柴油。

(6) 用90%柴油和10%防锈油很好地混合，然后把混合油重新加满油箱。

(7) 启动柴油机运转10 min，以便使含有防锈油的柴油和机油分别充满整个燃油系统和机油润滑系统，然后停车。

(8) 在柴油机运转后，将气门室盖和喷油泵侧盖打开，对摇臂室以及喷油泵的弹簧室喷洒由柴油与10%防锈油混合而成的混合油，然后重新盖好气门室盖和侧盖。

(9) 用手盘动柴油机转几圈，在不发火的情况下使防锈油喷入燃烧室。

(10) 取掉V带，对V带轮的凹槽喷洒防锈油。

(11) 机体外部的非油漆零件表面用刷子涂一层工业凡士林或防锈油。

(12) 封堵进、排气口。

根据气候影响的不同，这一封存措施的有效时间大约为6～12个月。再启用时，除机油和柴油要更换外，还要清除防护层。用浸有汽油的软布擦净柴油机外部及V带轮的凹槽内的防锈油，去除进、排气口封堵，安装V带，甩车清除气缸内的封存油，重新加入符合规定要求的机油、柴油后，才能重新启动柴油机。

1. 道依茨风冷柴油机在启动前必须做好哪些准备工作？

2. 道依茨风冷柴油机换油周期是如何规定的？

3. 道依茨风冷柴油机正确启动、停车操作过程及注意事项有哪些？

4. 道依茨风冷柴油机在冬季寒冷环境下工作应注意哪些内容？

5. 为了提高柴油机在较低温时的启动性能应采取哪些方法？

6. 如何操作燃油滤清器排气？

7. 如何操作喷油泵排气？

8. 道依茨风冷柴油机封存条件及封存注意事项有哪些？

第十二章

柴油机的维护保养

维护保养就是对运转使用中的柴油机各部件进行定期的、系统的、细致的检查、调整、清洗和润滑，以创造柴油机正常运转所必需的良好工作条件，目的是预防柴油机早期磨损的各种故障的发生，延长柴油机使用寿命，充分发挥柴油机的工作效能和经济效能。因此，柴油机在使用中必须定期维护保养，建立严格的维护保养制度，认真做好各项维护保养工作。

第一节 柴油机的定期维护保养

一、维护保养范围

道依茨风冷柴油机维护保养范围包括：

(1) 机油油面。

(2) 机油滤清器。

(3) 空气滤清器。

(4) 燃油滤清器。

(5) 带传动。

(6) 蓄电池。

(7) 气门间隙。

(8) 柴油机支架螺钉。

(9) 喷油器。

(10) 发电机。

(11) 发动机。

(12) 散热片。

(13) 火焰加热塞。

(14) 管道(路)紧固性。

一般，新的道依茨风冷系列柴油机都随机带有一张做成不干胶的保养图，如图 12-1 所示，用户可把它贴在柴油机或其他设备的明显位置，以便提醒操作使用人员对柴油机进行定期保养。

二、维护保养项目

B/FL413F、B/FL513 系列风冷柴油机的维护保养项目见表 12-1，维护保养周期、维护保养内容和维护保养方法见表 12-2。

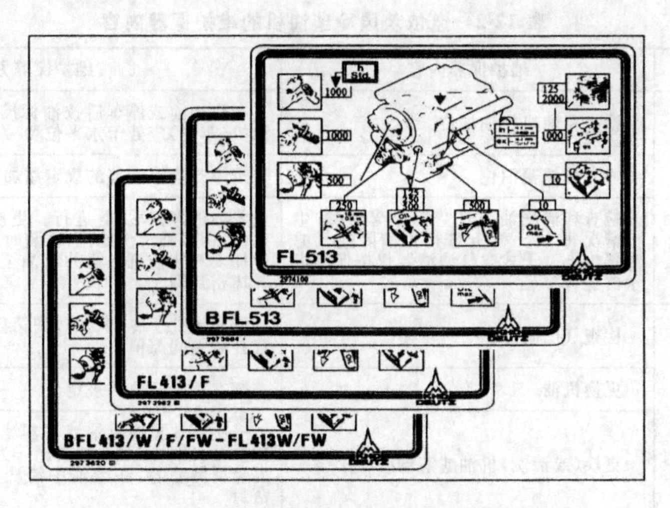

图 12-1　道依茨风冷系列柴油机保养图

表 12-1　道依茨风冷柴油机的保养项目

工作间隔												
每 10 h 或每天一次	最初 50h	100 h	200 h	500 h	750 h	1 000 h	2 000 h	3 000 h	检查	清洗	更换	工作内容
●									●			机油油位
	●								●			发动机密封性(泄漏)
●									●			油浴式和干式空滤器
		●							●			电瓶和电缆接线头
		●	●	●		●	●		●			冷却系统(按使用种类而定)
	●	●	●	●							●	机油(按发动机使用种类而定)
	●			●							●	机油滤清器的滤芯
	●					●					●	柴油滤清器的滤芯
	●			●		●			●			气门间隙(必要时要调整)
	●								●			发动机支架(必要时要再紧固)
	●		●						●			三角皮带(必要时要再张紧)
			●						●			报警装置
	●					●				●		柴油粗滤器
	●					●			●			紧固状况
									●			火焰预热塞
				●							●	旁路机油滤清器
								●	●			喷油嘴
						●					●	呼吸器
					●				●			发电机
				●					●			冷却风扇上的机油滤清器

表 12-2　道依茨风冷柴油机的维护保养内容

维护保养周期	维护保养内容	维护保养方法
每 10 h	检查柴油机机油油位	在启动前或停车后按油标尺刻度进行检查，此时柴油机（车辆）应处于水平位置
	检查燃油箱油位	按第二章第一节的规定添加合格的柴油
	检查和清洗油浴式空气滤清器（按尘土情况每 10～60 h 进行），清除空气滤清器尘土。干式空气滤清器仅按保养指示器进行	柴油机停机后 1h 进行。更换油浴空气滤清器中的机油，用柴油清洗滤网，重装时在油浴空气滤清器底壳中加入与柴油机一样的机油至规定的油面记号，不要弄坏密封圈
最初 50 h	检查气门间隙	柴油机处于冷机状态，按第四章第一节方法进行检查并调整间隙值
	更换机油	按本章第三节的规定
	更换（或清洗）机油滤清器	一次性地更换机油滤清器滤筒，注意在密封圈上涂抹少量机油，用双手拧紧。若为金属式机油滤清器，取出金属网滤芯，在柴油中清洗、甩干后再装上。注意密封
	更换（或清洗）燃油滤清器	更换燃油精滤器的滤芯。对于粗滤清器，取出滤芯，在柴油中清洗滤芯与滤筒。注意密封，需要时更换密封圈
	检查发电机、空压机等 V 带的松紧度	用拇指压紧两带轮间的 V 带，挠度不大于 10～15 mm，否则需调整或更换
	检查柴油机支架的紧固螺栓	按规定力矩或规定拧紧角度拧紧
每 100 h	更换机油（按机油质量和柴油机使用条件）	按本章第三节的规定
	清洗燃油粗滤器滤芯	取出滤芯，在柴油中清洗滤芯与滤筒。注意密封，需要时更换密封圈
	检查喷油泵与调速器内的油面高度	松开油位检查螺钉（不要取下），放掉过多的机油和燃油混合物，需要时放掉旧油，注入与柴油机一样的机油，待油溢出时重新拧紧螺钉。柴油机处于倾斜位置工作超过 1h，就要提高或降低油面位置
	清洗冷却系统，即清洗柴油机外表面、散热片和液压油冷却器上的尘土（在多尘地区要缩短清洗时间）	可用干式清洗法（如用金属丝刷），也可用柴油或常温洗涤剂清洗。有条件最好用蒸气喷射洗涤剂清洗。清洗时应将电器部件、柴油机进气口、绝热材料等保护好，防止与洗涤剂等接触。用水等液体清洗后，柴油机应进行热运转，使残留液体蒸发
	检查蓄电池	检查蓄电池电解液液面，没有液面检查器时，可用一干净木棒插入蓄电池内并碰到铅板上缘。电解液应浸湿木棒 10～15 mm。液面过低应添加蒸馏水。决不要把工具放在蓄电池上
每 200 h	更换机油（按机油质量和柴油机使用条件）	按本章第三节的规定
	检查发电机、空压机等 V 带的松紧度	同前，此处略
	清洗冷却系统	同前，此处略
	更换（或清洗）机油滤清器	同前，此处略
每 500 h	更换机油（按机油质量和柴油机使用条件）	按本章第三节的规定
	更换（或清洗）机油滤清器	同前，此处略
	更换旁路机油滤清器的滤芯	按本章第三节的规定
	清洗冷却风扇液力耦合器上的滤清器（离心式机油滤清器）	打开罩盖并在柴油中清洗。注意密封圈及密封
	检查并调整气门间隙	同前，此处略
	清洗冷却系统	同前，此处略

续上表

维护保养周期	维护保养内容	维护保养方法
寒冷季节前	检查各种管道(路)的紧固性及密封性	重新拧紧各管道(路)或换密封垫或更换相应的零部件
	火焰加热塞功能检查	将加热启动开关放在工作位置,预热 1min,加热指示灯必须发亮。检查火焰加热塞喷油情况:松开加热塞上的燃油接头,拉加热启动开关在预热工作位置上不放,油门放在停车位置;用启动机使柴油机转动,检查柴油是否从松开的加热塞上的燃油接头处流出。堵塞的火焰加热塞应更换
每 600 h	检查气缸盖温度报警传感器	卸下传感器,放在 170～175 ℃的热机油中,这时与它相连的指示仪指针应在红色区域或者信号灯发亮
	检查进、排气管固紧状况	重新拧紧
每 750 h	检查直流发电机	专业检查
每 1 000 h	检查交流发电机	专业检查
	检查启动机	专业检查
	更换燃油精滤器滤芯	按本章第三节的规定
	清洗冷却系统	同前,此处略
	清洗废气涡轮增压器	专业检查,拆下压气机集气器上的套管,取下压气机集气器,用无腐蚀性洗涤剂或柴油清洗集气器及压气机叶轮
	检查各种管道、柴油机支架的紧固性及密封性	同前,此处略
每 2 000 h	更换曲轴箱通气阀,必要时需提前进行	专业检查,更换通气阀芯
每 3 000 h	检查喷油器	专业检查,在专用检验仪上检查喷油器喷射压力和喷雾形状。必要时调整或更换
	检查喷油泵	专业检查

三、维护保养记录

按次序完成了的道依茨风冷柴油机维护保养工作要记录在表 12-3 所示表格中,必要时可用以证明已做了维护保养工作。

表 12-3　道依茨风冷柴油机维护保养工作记录

完成的维护保养工作					
小时	日期	签字	小时	日期	签字
50			—		
100			200		
300			400		
500			600		
700			800		
900			1 000		
1 100			1 200		
1 300			1 400		
1 500			1 600		
1 700			1 800		
1 900			2 000		
2 100			2 200		

续上表

完成的维护保养工作					
小时	日期	签字	小时	日期	签字
2 300			2 400		
2 500			2 600		
2 700			2 800		
2 900			3 000		
3 100			3 200		
3 300			3 400		
3 500			3 600		
3 700			3 800		
3 900			4 000		
4 100			4 200		
4 300			4 400		
4 500			4 600		
4 700			4 800		
4 900			5 000		
5 100			5 200		
5 300			5 400		
5 500			5 600		
5 700			5 800		
5 900			6 000		
6 100			6 200		
6 300			6 400		
6 500			6 600		
6 700			6 800		
6 900			7 000		
7 100			7 200		
7 300			7 400		
7 500			7 600		
7 700			7 800		
7 900			8 000		
8 100			8 200		
8 300			8 400		
8 500			8 600		
8 700			8 800		
8 900			9 000		
9 100			9 200		
9 300			9 400		
9 500			9 600		
9 700			9 800		
9 900			10 000		

第二节　新柴油机或大修后柴油机的维护保养

首次使用的新柴油机或大修后的柴油机在投入使用的初期运转 50 h 后，应进行如下维护保养：

(1) 检查 V 带的张紧度，必要时重新调整。

(2) 更换机油。

(3) 更换机油滤筒。

(4) 更换燃油精滤器滤芯，清洗燃油粗滤器滤芯。

(5) 检查气门间隙，如有必要重新调整气门间隙。

(6) 检查缸盖上的排气总管的紧固情况。

(7) 检查空气滤清器、废气涡轮增压器与增压空气管道之间的橡胶管和卡箍等处气密良好。

(8) 检查柴油机是否有泄漏，再次拧紧油底壳螺栓。

(9) 检查柴油机支架固定螺栓，如有必要重新上紧。

为了使以后的机油更换和保养工作都是在相等的整数工作小时后进行，可以在柴油机累计工作小时为 100 h、200 h 或 500 h 后，进行第二次换油。

第三节　柴油机维护保养方法说明

一、检查机油油位

新的柴油机一般机油耗量都比旧柴油机大，因此磨合期间（大约 200 工作小时以内）应每天检查两次。在磨合期以后，每天检查一次，为了不仅在柴油机启动前，而且在柴油机停车后都能够立即对机油油位进行检查，油标尺刻有两种刻度。

1. 点刻度

对长时间停放的柴油机在启动前，应按照点刻度检查机油油位。

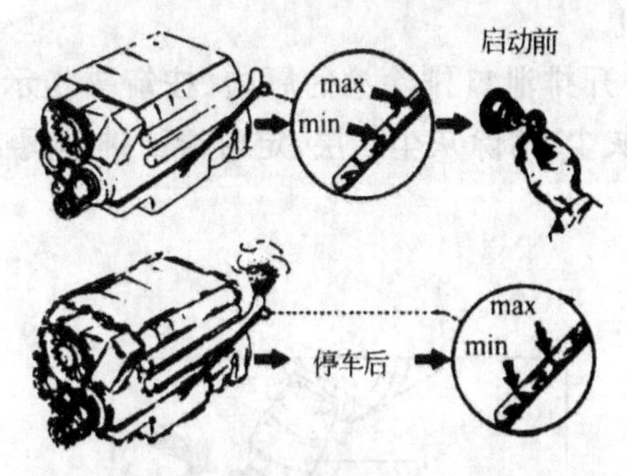

图 12-2　机油油位的检查方法

2. 线刻度

柴油机怠速运转，在停车 1～2min 后须马上按照线刻度检查机油油位。停车后的柴油机在测定油面时应水平放置。

3. 检查方法

抽出油标尺（如图 12-2 所示），用无纤维的擦布将其擦净，重新插入油底壳，插到限制位置后抽出，这时机油应尽可能达到最上面的那个刻度。假如油面仅达到下面的刻度，就必须立即通过加油口加油，以避免对柴油机造成严重损伤，如活塞和轴承拉伤等。

二、检查清洗空气滤清器

燃烧空气中的灰尘会引起柴油机的早期磨损，因此按规定仔细地保养空气滤清器，对延长柴油机寿命是很重要的。

进气管法兰和接头处的检查，也属于空气滤清器的保养范围。

(一) 油浴式空气滤清器

根据灰尘情况，每工作 10～60 h 后应对油浴式空气滤清器进行一次检查，但必须在发动机停止运转 1 h 后进行，因为此时机油才可能从滤筒 1 流入底壳 2 中，如图 12-3 所示。松开锁扣 3，取下底壳 2，用手轻拍侧面或插入螺丝刀轻轻地将滤网 4 取下。更换淤积有泥土并变得黏稠的机油，用柴油清洗已拆下来的滤网和底壳。将滤网 4 中的柴油控干，在底壳内加入新的机油，加至油面记号，然后与清洗过的滤网 4 一起重新装好。

注意，滤网不能用汽油清洗，滤清器下部的橡胶密封圈不要弄坏。

在多灰尘情况下工作时，油浴式滤清器应再装一个旋风预分离器 5。为了充分发挥预分离器的功能，集尘器 6 中积满一半灰尘就应排空。任何情况下不得把机油加入集尘器 6 中，因为它只用于收集灰尘。

只有干净的油浴式空气滤清器才会供给干净的燃烧空气，脏污的滤清器会引起柴油机功率下降和内部零件的磨损。

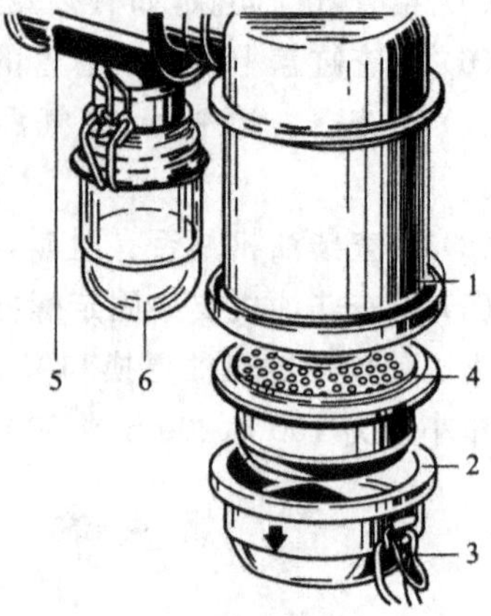

图 12-3　油浴式空气滤清器的保养

1—空气滤筒；2—底壳；3—锁扣；4—滤网；5—预分离器；6—集尘器

（二）干式空气滤清器

在干式空气滤清器中，纸滤筒的使用寿命与是否及时地排出集尘器 2（见图 12-4）中的灰尘有关。如果不及时排出尘土，滤筒将很快阻塞。所以，决不允许集尘器集满一半以上的灰尘，在含尘量很大的情况下，每天都要将集尘器清理干净。

带有排尘阀 8 的滤清器可取消这一保养，但排尘阀的排泄口必须经常清理干净。

1. 集尘器的清理

松开卡箍 1，将集尘器 2 连同顶盖 3 一同取下。从集尘器 2 拆下顶盖 3，倒出尘土。按相反顺序重新装配，注意使顶盖 3 上的凹槽和集尘器 2 上的凸榫相互对准，见图 12-4 中箭头。当空气滤清器水平安装时，应注意“上”字的记号要向上。

排尘阀滤清器灰尘的清理过程如图 12-5 所示，按开排泄口排除槽的唇边（按箭头指示施加压力），放出灰尘。按压排尘阀的上部，可放出大块灰尘，清除灰尘结层，定时清洁排尘阀嘴。

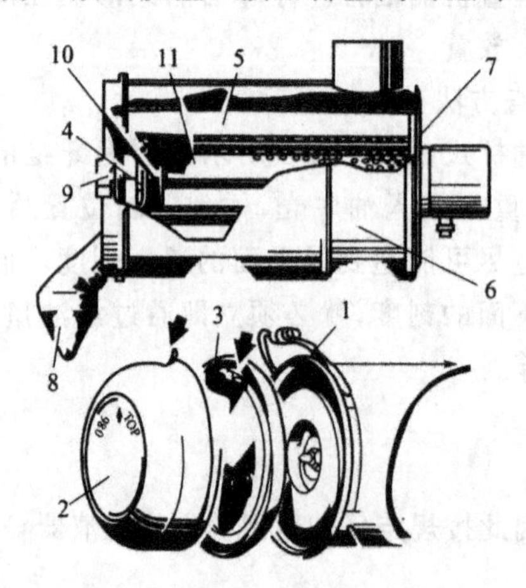

图 12-4　干式空气滤清器的保养

1—卡箍；2—集尘器；3—顶盖；4，10—六角螺母；5—滤筒；6—壳体；7—唇边密封圈；8—排尘阀；9—翼形螺母；11—安全筒

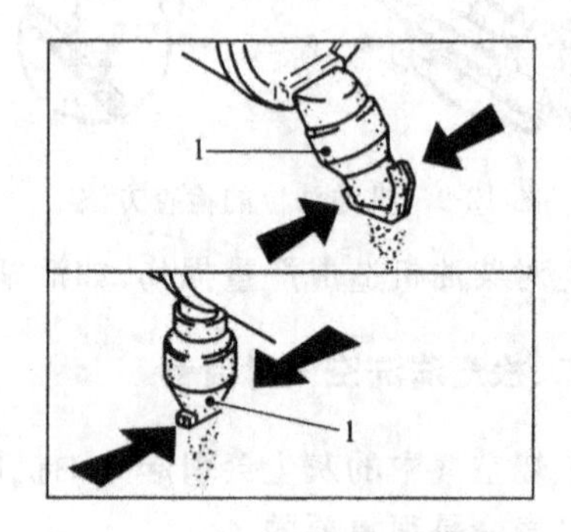

图 12-5　排尘阀除尘

1—排尘阀

2. 滤筒的保养

必须指出，滤筒的保养只能根据保养指示器或控制灯进行。对滤筒进行频繁的拆卸和安装会损坏壳体 6 与滤筒 5 之间的密封圈 7（见图 12-4），所以只在必要时才清洗或者更换滤筒，但最晚在一年后或者由于黑烟弄脏的情况下就应更换。

柴油机停车后，在所装的保养指示器上清楚地看到红色“保养区域”1（见图 12-6），或者在柴油机工作时，空气滤清器黄色指示灯亮，就应更换或者清洗滤筒。柴油机排气冒黑烟或功率下降就表明空气滤清器可能很脏了。

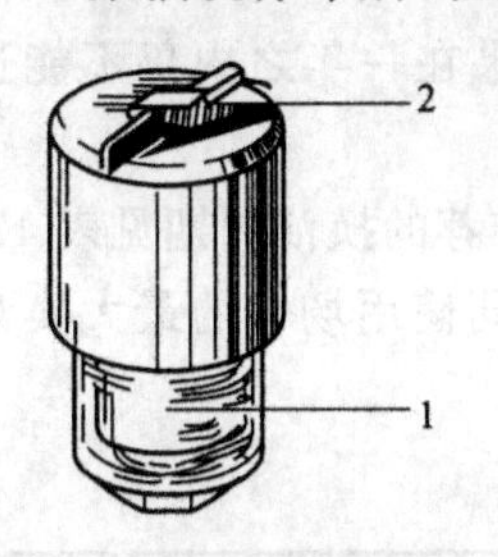

图 12-6　保养指示器
1—保养（信号）区域；
2—回位按钮

（1）滤筒的拆装

先将集尘器 2（见图 12-4）按上述的方法拆卸并清理，然后取出滤筒 5。安装时，装入新的或清洗后的滤筒，并将集尘器 2 与顶盖 3 一起装好，再用卡箍 1 固定。

带有排尘阀 8 的滤清器，应先将翼形螺母 9 拧下，卸下滤清器盖，再拧下六角螺母 4 和 10，拉出安全筒 11，取出脏污的滤筒 5。安装时，插入新的或原来的安全筒 11，用六角螺母 10 固定。将新的或清洗后的滤筒 5 与唇边密封件 7 一起插入滤清器壳体 6，用六角螺母 4 固定。最后把滤清器盖装回原处并用翼形螺母 9 固定。

（2）滤筒的清洗

①干燥清洗：

a. 权宜方法。用手掌轻轻多次垂直敲打滤筒端面或平软表面，使灰尘震落。注意滤筒端面不得在此过程中受到损伤或凹陷。

b. 强烈清洗。用压力不超过 500 kPa 的干燥压缩空气，对滤筒由里向外进行吹洗，直到看不见灰尘飞出为止。注意不得用压缩空气吹洗滤清器壳体 6。

②湿法清洗。在加入适量市场出售的纯洗涤剂的温水中来回摇动冲洗滤筒 5，然后在清水中进行再次清洗，甩去水并使其干燥。注意不得使用汽油或者热水。

③清洗后的检查。清洗后的滤筒 5 在安装之前，用手灯照亮在光线下透视检查是否有损伤，损坏的滤筒一定要更换。同时检查粘贴的密封圈 7 有无裂缝和损坏，若有应更换。

（3）滤筒保养的注意事项

①在滤筒保养 5 次后，要更换用六角螺母 10 同滤清器壳 6 连接的安全筒 11。滤筒 5 的保养次数应在安全筒 11 上规定的标记区域内表示出来。

②安全筒 11 最晚在两年后必须更换。

③安全筒 11 不用清洗，换下的不得再使用。

④如果在滤筒 5 的保养中发现有保养缺陷和损伤，也必须更换安全筒 11。

⑤如果在滤筒保养结束后，如保养指示器还指示出保养信号，可按下回位按钮 2（见图 12-6），这时红色保养区重新消失。但若保养指示器马上又出现信号时，同样要更换安全筒 11。

⑥只能安装原空气滤清器制造厂提供的滤筒，另外的滤筒型号大部分是不合适的，会对柴油机造成危害。

三、更换机油

1. 换油间隔期

换油间隔期取决于柴油机的使用情况和机油质量。在新柴油机或大修后的柴油机投入使用的最初 50 工作小时后，必须更换机油，检查机油中杂质微粒的成分，判断柴油机的工作状况，发现异常及早排除。在柴油机转入正常使用后，按照表 12-2 的保养周期，先对机油进行化验检查（理化、铁谱、光谱检查等），成分变质、性能下降的机油必须更换，性能良好的机油可以继续使用。

注入柴油机内的机油，其在机内允许的最长停留时间为一年。如果在一年之内仍不能达到换油的间隔时间，则一年至少换油一次。

道依茨公司在最新 B/FL413F、B/FL513 系列柴油机操作手册中推荐的换油周期见表 12-4 和表 12-5。表中所列数字说明不同质量等级的机油在不同机型、不同使用场合的最大换油周期是不同的。

表 12-4 工程用柴油机换油间隔期

柴油机的用途与结构	机油负荷级别	换油间隔期（工作小时）			
		非增压柴油机		增压柴油机	
		机油等级		机油等级	
		CC	CD/CE	CD/CE	SHPD
道路交通车辆、拖拉机、陆上运输车、起重机、建筑机械、轨道上行驶的车辆、船舶、连续工作的发电机组、泵类	A	150	300	150	300
农用机械（季节性使用）、地下设备、扫路机、冬季使用的设备、备用发电机组、备用泵。	B	75	150	75	150
二级燃烧式柴油机 B/FL413FW					

表 12-5 车用柴油机换油间隔期

维护保养类别	年行驶里程(km)	平均行驶速度(km/h)	换油间隔期(km)			
			非增压发动机		增压发动机	
			机油等级		机油等级	
			CC	CD/CE	CD/CE	SHPD
Ⅰ	不超过 30 000	20	2 500	5 000	2 500	5 000
Ⅱ	30 000～100 000	40	5 000	10 000	5 000	10 000
Ⅲ	超过 100 000	60	7 500	15 000	7 500	15 000

表 12-4、表 12-5 中换油间隔期仅适用于使用硫的含量不超过 0.5%的柴油、持续的环境温度不高于+30℃或不低于−10℃的场合。如果柴油中硫的含量超过 0.5%或持续环境温度高于+30℃或低于−10℃时，则换油的间隔期间减少一半。

SHPD 级机油是道依茨公司指定的黏度相当于 SAE15W/40 级的机油，这些机油牌号可以从道依茨公司提供的说明书中查得。

当普通机油更换成高级机油时，虽然高级机油有很长的使用寿命，但第一次换油最好也在工作 50h 后进行，同时机油滤芯也应换新。

2. 机油更换

(1) 将柴油机或车辆放置在水平位置。

(2) 启动柴油机使其达到运行温度，此时机油的温度达到 80 ℃（见图 12-7）。机油更换应在柴油机热机状态下进行，因为热机油容易流出。

(3) 停止柴油机。

(4) 将接油盘放在柴油机油底壳下面。

(5) 拧下油底壳上的放油螺塞，放出机油（如图 12-8 所示）。

(6) 当全部机油流出后，再把换上新密封垫圈的放油螺塞重新拧紧。

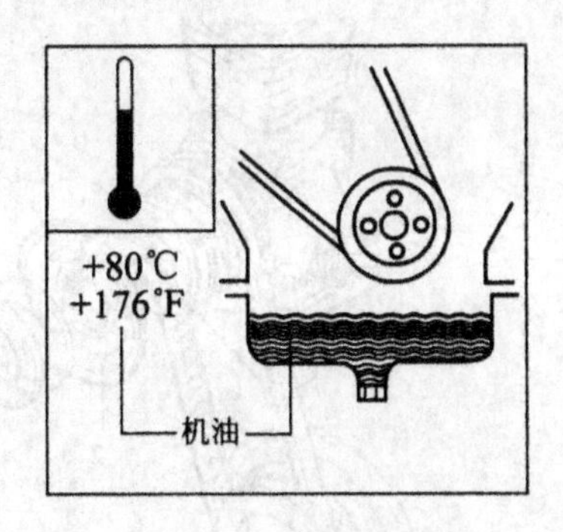

图 12-7　柴油机热机

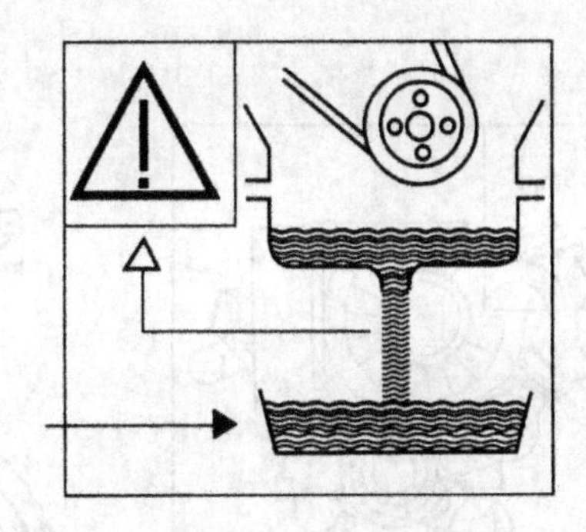

图 12-8　排放机油

(7) 从机油注油口加入新机油，直到机油油面达到油尺上部的点刻度为止。

(8) 启动柴油机怠速运转 2 min 后停机，再次检查油面应达到油尺上部的线刻度为止。

(9) 排放热油时，慎防热机油烫伤。使用适当的容器盛放旧机油并妥善处理，以免造成环境污染。

驾驶室利用机油取暖的车辆柴油机，在放油之前必须将开关转到"Ein"(进入)位置上，使之全部加热，柴油机运转至少 1min，然后停机放油。重新加入新机油并检查油面，确已达到油标尺上面的刻度后，关闭开关，稍停片刻再重新把开关打开，使柴油机再运转 1min，此后再次检查油面，必要时需再次加油。

3. 机油容量

表 12-6 给出了道依茨系列风冷柴油机标准油底壳的参考机油容量，别的变形油底壳的加油量可能有些差别，因此正确的加油量均以油标尺的刻度为准，这也包括标准油底壳。

表 12-6　道依茨风冷柴油机的机油容量

更换条件	更换机油时的大约加油量(L)			
	6 缸	8 缸	10 缸	12 缸
标准油底壳：				
不更换滤清器	13.5	18	17	26
更换滤清器	15	21	20	29
倾斜位置的油底壳：				
不更换滤清器	15.5	18	25	23
更换滤清器	17	21	28	26

四、V 带张紧度的检查与调整

柴油机在初次工作 50 h 及以后每工作 200 h 后，用拇指压紧皮带轮之间的 V 带，检查 V 带的挠度，不得大于 10～15 mm，如图 12-9 所示。

检查 V 带的整个长度，看是否有损坏。更换损坏的 V 带。

1. 空压机 V 带的张紧或更换

空压机用一根 V 带时的再张紧或更换过程，如图 12-10 所示。

(1) 拧下六角螺栓 1。

(2) 取下外半部皮带盘 2。

(3) 如有必要，更换 V 带。

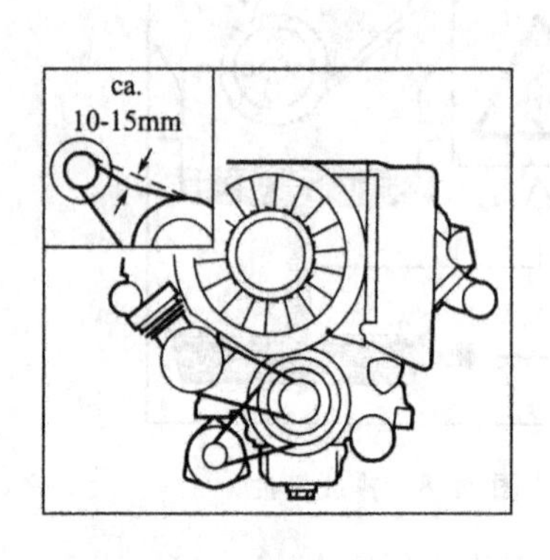

图 12-9　检查 V 带挠度

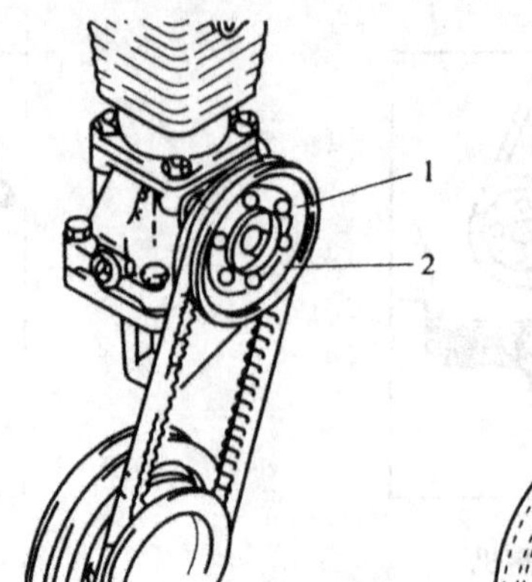

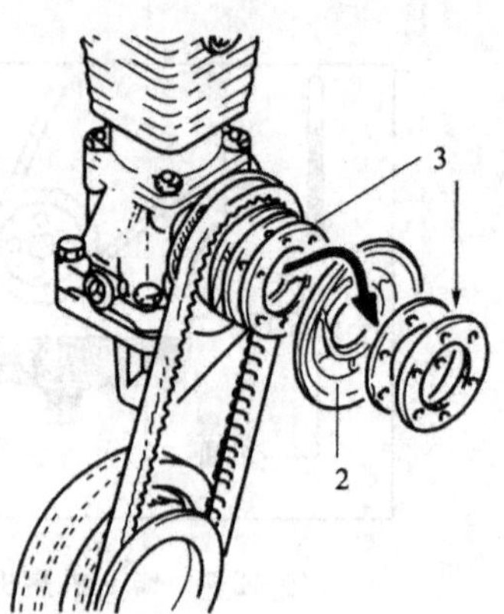

图 12-10　张紧或更换空压机单 V 带

1—六角螺栓；2—外半部皮带盘；3—中间垫片

(4) 要张紧 V 带，可根据需要将一片或几片中间垫片 3，从外半部皮带盘 2 的内侧移到外侧。

(5) 重新拧紧螺栓 1，应边盘动柴油机边拧紧螺栓，以免把 V 带夹住。

空压机用两根 V 带时的再张紧或更换过程如图 12-11 所示。

①拧下六角螺母 1。

②卸下外半部皮带盘 2、前 V 带 3 和垫片组 7。

③卸下中间皮带盘 4、后 V 带 3、垫片组 7 和内半部皮带盘 5。

④如有必要，更换 V 带。

⑤要张紧 V 带，可根据需要从两组中间垫片 6 和 7 中取一片或几片，并将取下的垫片按图 12-11 箭头所示的方法放在内外半部皮带盘的前面或后面，由此来保证 V 带的正确位置。要求从每组取下的垫片数量必须相等。

⑥以相反的顺序进行组装，拧紧螺母 1 时盘动柴油机，以免将 V 带挤压住。

2. 发电机 V 带的张紧或更换

(1) 松开张紧板 4 上的螺母 3(见图 12-12)，稍微松开螺栓 1 和 2 并将电机向外轻轻摆动，直到 V 带的张力正常为止。最后将所有螺栓、螺母重新拧紧。

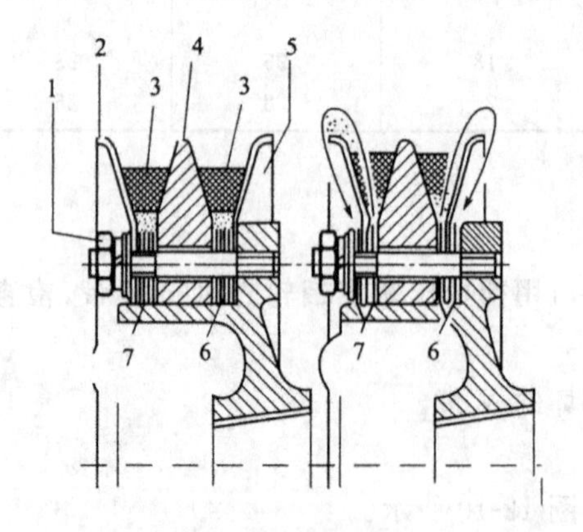

图 12-11　张紧或更换空压机双 V 带

1—六角螺母；2—外半部皮带盘；3—V 带；
4—中间皮带盘；5—内半部皮带盘；6，7—垫片组

图 12-12　张紧或更换发电机 V 带

1，2—螺栓；3—螺母；4—张紧板

(2) 要更换 V 带,则在拧松螺栓、螺母后将发电机向最内部摆动,这样新的 V 带就可容易地安装到位。

3. V 带张紧或更换时的注意事项

(1) 当柴油机正在运转之时,绝不要检查、张紧、更换 V 带。

(2) 在装上新 V 带的情况下,试运转 15～20 min 后就要再次张紧。

(3) 用两根 V 带驱动时,任何一根 V 带磨损或损坏都必须同时更换两根 V 带,并且两根新 V 带的长度差不得大于 0.15%。

(4) 在张紧或更换 V 带时,为了避免损坏发电机和空压机上使用的 V 带,不能用力过猛或使用加力工具。

五、清洗或更换机油滤清器

1. 更换机油滤清器一次性滤筒

如图 12-13 所示,机油粗滤器为全流并联式结构。如果安装纸质滤芯,使用一段时间后连同滤筒一起换掉。这种机油滤清器滤筒的更换周期为柴油机在初次使用 50 h 及以后每工作 200 h 后进行,更换滤筒的过程为:

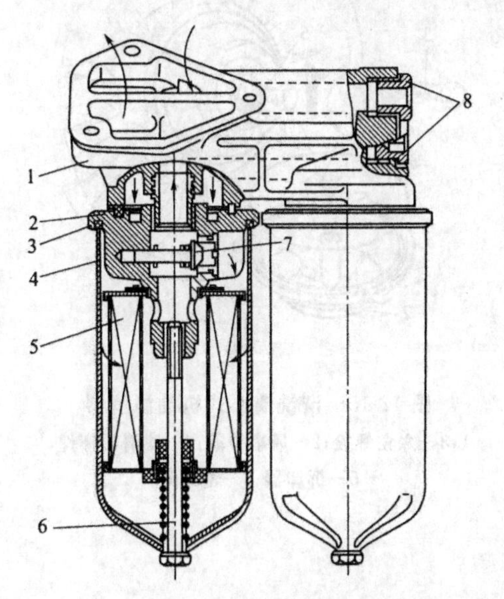

图 12-13 双筒并联机油滤清器

1—支架;2—接盘;3—密封圈;4—滤筒;5—滤芯;6—螺栓;7—旁通阀;8—螺塞

(1) 先将两个滤筒间的卡箍螺栓松开并向下取出卡箍。使用合适的工具拆下滤筒。

(2) 把滤筒中的油盛放在适当的容器内。

(3) 清洗滤筒支架安装面。

(4) 在新滤筒密封圈接触面上抹上一层机油,安装上密封圈。

(5) 用手拧紧滤筒,注意密封圈要平整。

(6) 紧固卡箍。在柴油机试运转后检查油压和滤筒密封是否良好。

2. 清洗机油滤清器金属网滤芯

如果图 12-13 机油粗滤器安装的是可清洗的金属网滤芯时,按下列要求进行更换和清洗。

(1) 柴油机在最初 50 h 的试运行期间,机油滤清器应安装上一次性的纸质滤芯。

(2) 柴油机试运行满 50 h 后,卸下机油滤清器总成,用扳手松开螺栓 6,取出纸质滤芯 5,换上金属网滤芯,拧紧螺栓 6 后,再将机油滤清器总成安装到机体上。

(3) 换上金属网滤芯后,要定期清洗金属网滤芯。一般柴油机每工作 200 h 清洗一次,但应根据使用的机油质量、金属网滤芯的堵塞情况适当缩短或延长清洗周期。

(4) 清洗金属网滤芯也是先卸下机油滤清器总成,用扳手松开螺栓取出金属网滤芯,在柴油中涮洗干净、甩干后重新装上,然后再将机油滤清器总成装到机体上。

(5) 柴油机重新启动后,要注意机油滤清器接触面的密封性。

(6) 在清洗过程中,如发现金属网滤芯已损坏,应更换新的。

3. 更换旁路机油滤清器的滤芯

旁路机油滤清器也即分流式机油滤清器,如图 12-14 所示,一般用作精滤器。每工作

500 h后，或者在柴油机运转时旁路机油滤清器的壳体仍是冷的，即须更换滤芯。

(1) 松开放油螺塞 1 并将油放出。

(2) 将滤盖上的紧固螺栓 2 拧下，取下滤盖。

(3) 取出脏污的滤芯 3 并清洗滤筒。

(4) 检查滤盖的密封圈 4，必要时可更换。

(5) 垫上新密封圈 5，拧紧放油螺塞。

(6) 插入新的滤芯。

(7) 垫上新密封环 6，并拧紧滤盖。

(8) 把旁路机油滤清器安装到机体上。

(9) 柴油机试转时检查密封性和油压。

4. 清洗离心式机油滤清器

柴油机每工作 200 h 后，就要清洗离心式机油滤清器(见图 12-15)。清洗过程如下：

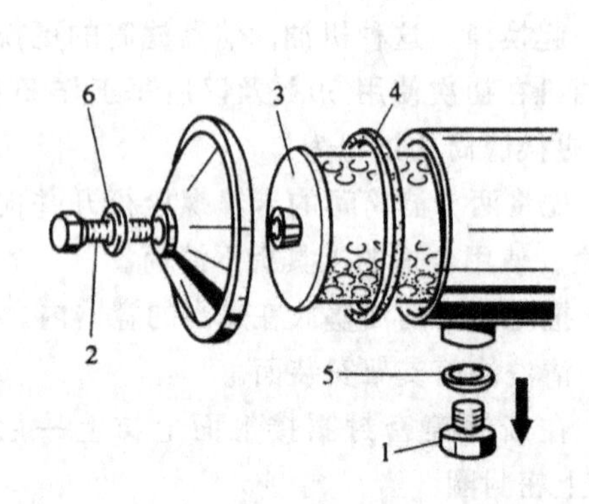

图 12-14　更换旁路机油滤清器滤芯

1—放油螺塞；2—紧固螺栓；3—滤芯；
4，5—密封圈；6—密封环

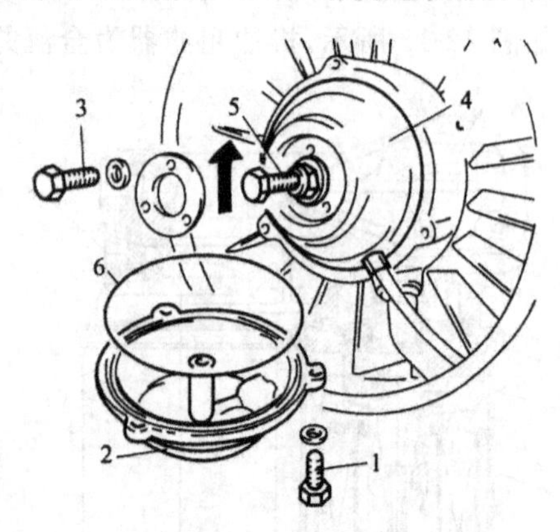

图 12-15　清洗离心式机油滤清器

1，3—六角螺栓；2—风扇护罩；4—滤清器杯件；
5—拆卸器；6—密封圈

(1) 松开六角螺栓 1，取下风扇护罩 2。

(2) 拆下六角螺栓 3，取下加强环。

(3) 用拆卸器 5 拉出滤清器杯件 4，并清洗干净。

(4) 换用新的密封圈 6。

(5) 按拆卸相反的顺序重新组装滤清器。

(6) 在柴油机试运转时检查密封性和滤清器功能是否正常。

六、清洗冷却系统

在恶劣的工作条件下，对散热片(图 12-16)的清洗尤其必要。因为积附在气缸体、气缸盖、机油散热器和中冷器(带有废气涡轮增压器的发动机)上的灰尘，特别是含有柴油和机油的“油泥”将降低冷却效果。

气缸盖垂直散热片的通道始终要通畅，应特别仔细地加以清洗。进、排气道之间的散热片以及机油散热器也要特别注意使其通畅。

清洗散热片，可以采用干式清洗法，例如，用金属丝刷，也可以用压缩空气、常温洗涤剂、高压蒸汽等来清洗。

图 12-16　清洗散热片

1. 用压缩空气清洗散热片(图 12-17)

(1) 卸下冷却空气盖板。

(2) 从柴油机排风侧开始,用压缩空气吹柴油机,除去通风道上的污物。注意不要损坏冷却片和油冷却器。

(3) 装上冷却空气盖板。

2. 用常温洗涤剂清洗散热片(图 12-18)

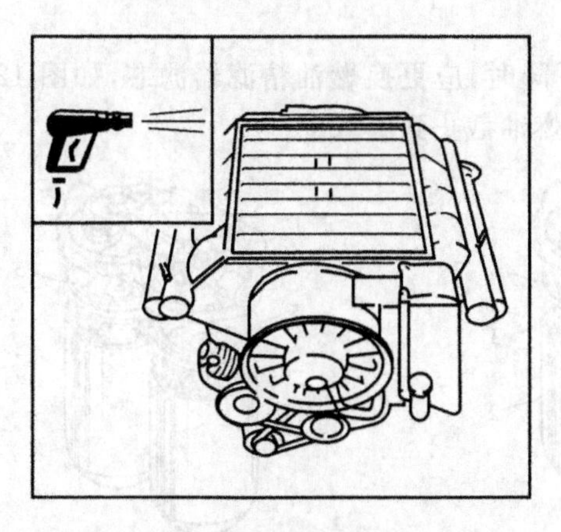

图 12-17　用压缩空气清洗散热片

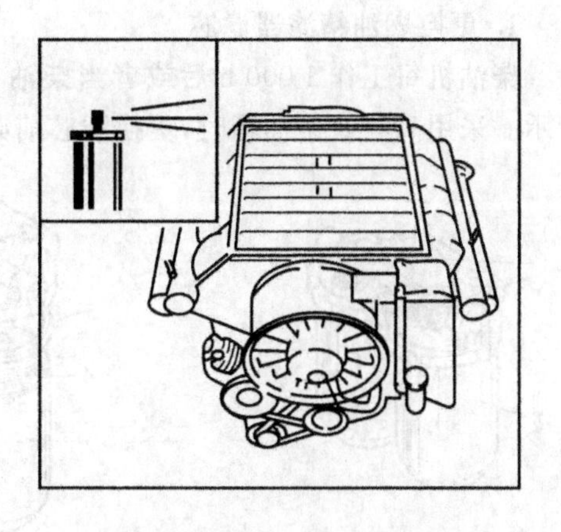

图 12-18　用常温洗涤剂清洗散热片

(1) 卸下冷却空气盖板。

(2) 把洗涤剂喷洒到柴油机上,浸泡约 10 min。

(3) 用高压水把柴油机冲洗干净,注意不要使水柱直接冲击柴油机的敏感部件,如发电机等。

(4) 必要时可重复上述过程。

(5) 装上冷却空气盖板。

(6) 启动柴油机进行热运转,以使残留的水分得以蒸发掉,避免生锈。

3. 用高压蒸汽清洗散热片(图 12-19)

(1) 卸下冷却空气盖板。

(2) 用高压蒸汽清洗柴油机,注意不要用气流直喷柴油机的敏感部件,如发电机、启动电机等。

(3) 重新装上冷却空气盖板。

(4) 启动柴油机进行热运转,以使残留的水分得以蒸发掉,避免生锈。

用蒸气喷嘴进行清洗是最好的方法。常温洗涤剂也可换成柴油清洗。在进行柴油机清洗时应将喷油泵、发电机、启动电机、电压调节器、燃气进气口、绝缘材料等遮盖保护,防止与洗涤剂、柴油或水接触。

图 12-19 用高压蒸汽清洗散热片

增压柴油机的排气总管大部分包有绝热材料,如用易燃剂(柴油)对柴油机进行清洗时,无论如何不得使其与绝热材料接触。因为易燃剂一旦渗入绝热材料,在柴油机再启动运转时,会产生严重的燃烧危险。

冷却系统的清洗周期参见表 12-2 中规定,主要应根据柴油机的工作环境来确定具体的清洗周期。在清洗柴油机的同时,还应检查进气管上的橡胶管和气缸盖上的排气管的密封情况。

七、清洗或更换燃油滤清器滤芯

1. 更换燃油精滤器滤芯

柴油机每工作 1 000 h 后或者当柴油机功率下降时,应更换燃油精滤器滤芯,如图 12-20 所示。采用高置式柴油箱时,更换滤芯前必须关闭燃油截止到旋塞。

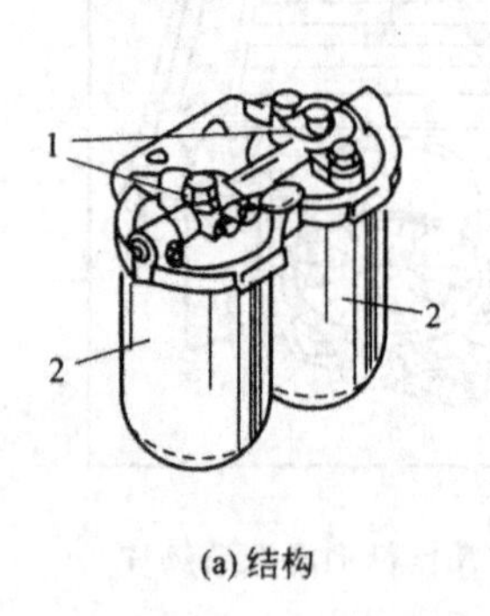

(a) 结构

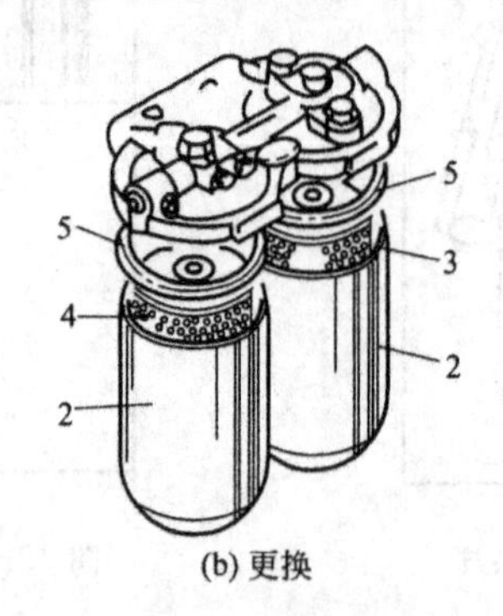

(b) 更换

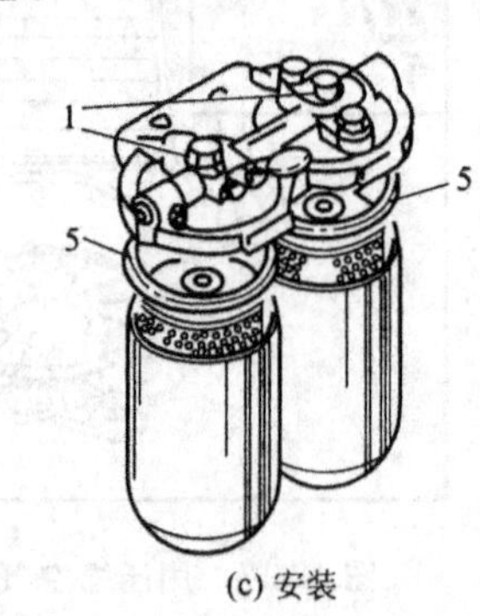

(c) 安装

图 12-20 更换燃油精滤器滤芯

1—紧固螺栓;2—滤清器壳体;3—毛毡滤芯;4—纸质滤芯;5—密封圈

(1) 拧下紧固螺栓 1。

(2) 取下滤清器壳体 2,将油盛放在适当的容器内并收集流出的柴油。

(3) 拿出滤芯 3 和 4。

(4) 取下密封圈 5,清洗滤清器支架的密封面。

(5) 用柴油清洗滤清器壳体 2。

(6) 把新滤芯 3(毛毡滤芯)和 4(纸质滤芯)装入滤清器外壳里。

(7) 在密封圈 5 上涂上少许机油或用柴油蘸湿,安装到位。

(8) 装上滤清器壳体 2,拧紧紧固螺栓 1。

(9) 燃油系统放气。

(10) 装好燃油滤清器后，在柴油机运转时应注意密封是否良好。

2. 清洗燃油粗滤器滤芯

柴油机每工作100 h后，应清洗燃油粗滤器滤芯，如图12-21所示。采用高置式柴油箱时，更换滤芯前必须关闭燃油截止到旋塞。

(1) 拧下紧固螺栓7。

(2) 取下粗滤器壳体5，将壳体中的油盛放在适当的容器内，并收集燃油管流出的柴油。

(3) 取下密封圈3，取出滤芯4。

(4) 用柴油清洗滤清器壳体5、滤芯4和滤清器支架2的密封面。

(5) 在滤清器壳体5的密封圈接触面上抹上一层机油，安装上密封圈3。

(6) 装上滤清器壳体5，拧紧紧固螺栓7。

(7) 燃油系统放气。

(8) 在柴油机试运转后检查滤清器密封是否良好。

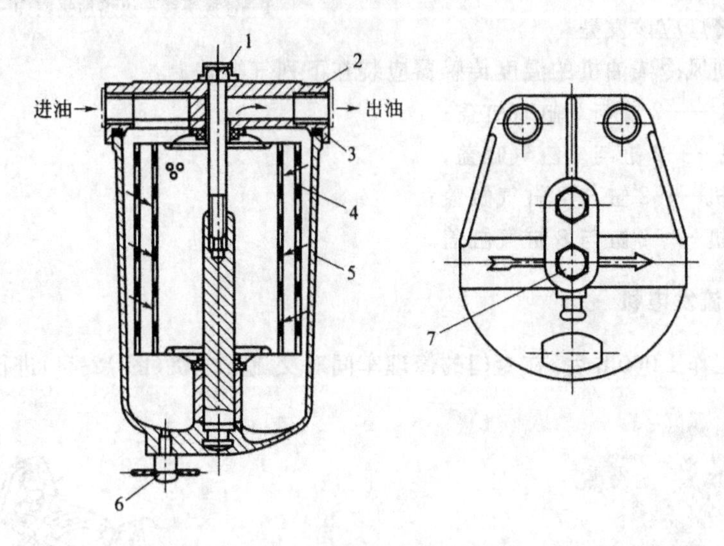

图12-21　清洗燃油粗滤器滤芯

1—放气螺塞；2—滤清器支架；3—密封圈；4—双金属网滤芯；
5—滤清器壳体；6—放油螺堵；7—紧固螺栓

八、火焰加热塞功能检查

在进入寒冷季节之前或者在启动困难的情况下，要检查火焰加热塞的功能。如果功能正常，用预热装置启动柴油机，火焰加热塞2附近的进气管4将变热，可用手触摸感觉到(见图12-22)。

为了检查火焰加热塞电器功能，首先按柴油机启动过程插入启动钥匙，再把启动钥匙向深处推进并顺时针旋转到预热位，预热约1min，预热指示灯必须发亮。否则，火焰加热塞出现故障或电路断路。

为了检查火焰加热塞的柴油供应情况，分两步：

(1) 松开管接头1。柴油机启动钥匙不在预热位停留而直接拧向启动位上，启动电机带动柴油机旋转，在松开的管接头处必须有柴油流出来。否则的话应请专业技术人员检查整个系统和电磁阀3。检查时调速杆应放在“停车”的位置上，以使柴油机不至于启动。

(2) 卸下火焰加热塞2,再将火焰加热塞较松地安装到燃油管路上。柴油机启动钥匙不在预热位停留而直接拧向启动位上,启动电机带动柴油机旋转,在火焰加热塞安装处必须有柴油流出来。如没有柴油流出,说明火焰加热堵塞,应更换新的。最后重新安装火焰加热塞。在安装火焰加热塞时,要施用 DEUTE DW47 密封胶。

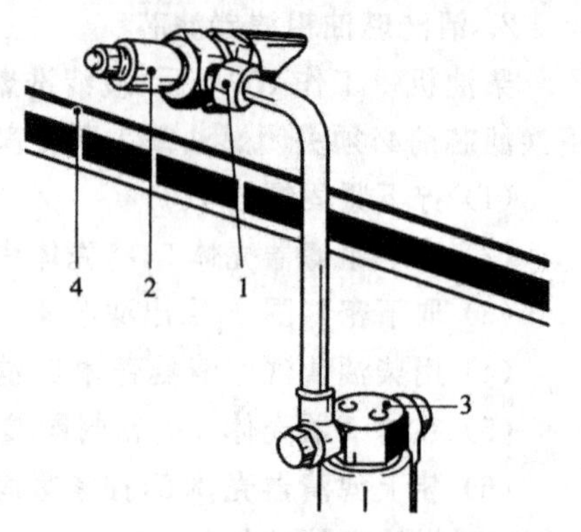

图 12-22 火焰加热塞功能检查
1—管接头;2—火焰加热塞;3—电磁阀;4—进气管

九、检查气缸盖温度报警器

柴油机每工作 1 000 h 后,应从气缸盖 1 里(图 12-23)拆下温度传感器(用于温度表的指示)或者温度报警开关(用于温度报警灯的点亮),并将其浸入 170～175 ℃的热油内,这时温度表的指针应指到红色区域或者报警灯应该发亮。

道依茨系列风冷柴油机的温度传感器应装在下列气缸盖上:

6 缸柴油机——2 缸与 5 缸气缸盖;

8 缸柴油机——2 缸与 6 缸气缸盖;

10 缸柴油机——2 缸与 7 缸气缸盖;

12 缸柴油机——2 缸与 8 缸气缸盖。

十、检查交流发电机

柴油机每工作 1 000 h 后,在专门的修理车间对交流发电机(图 12-24)进行检查。

图 12-23 气缸盖温度报警器
1—气缸盖

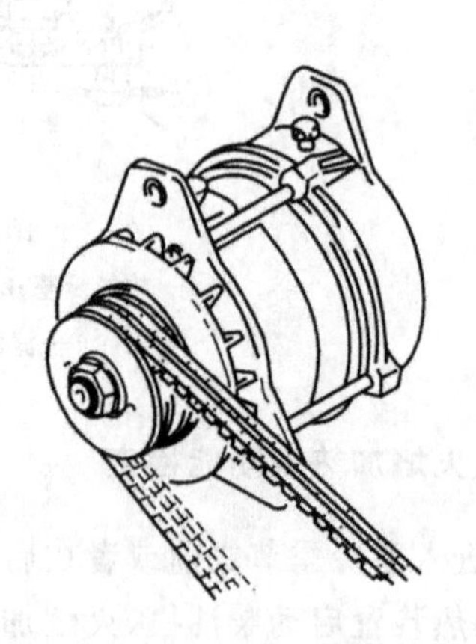
图 12-24 交流发电机

同直流发电机相反,交流发电机在柴油机空转时已经发出功率并因此总能给蓄电池充电。为保养交流发电机,请注意以下几点:

(1) 柴油机运转时,不许断开蓄电池、发电机和调节器之间的连接。

(2) 如果有必要在柴油机启动后把蓄电池拿走,则应在启动前将发电机与调节器开关之间的导线断开。

(3) 蓄电池的接线不得接错。

(4) 充电指示灯损坏后应立即更换。

(5) 清洗柴油机时应将发电机和调节器加以遮盖,以防溅湿。

(6) 对于直流发电机通常使用对地触碰一下的方法来检查导线上是否有电压,但此方法绝不能使用于交流发电机。

(7) 在对机体焊接时,切断发电机的接线,并把焊机的接地线直接接到被焊接的零件上。

十一、清洗废气涡轮增压器

废气涡轮增压器的压气机脏污,可能引起功率降低、柴油机温度较高或者连续排出黑烟等情况。这时应检查柴油机的调整数据(供油提前角、喷油器),并在确实怀疑是由于压气机脏污引起时,再清洗废气涡轮增压器。为此应拆下连通滤清器和增压空气管道的连接套管 1,如图 12-25(a)所示,按其结构或将卡箍 2 拆下或者拧出六角螺栓;将压气机壳体 3 取下,如图 12-25(b)所示。用一种没有腐蚀性的洗涤剂,如柴油、P3 溶液或者冷洗涤剂清洗压气机外壳 3 和压气机叶轮 4。重新安装后,应检查连接套管上的紧固情况。

废气涡轮增压器在清洗时仍同排气管紧固在一起。

废气增压器经常处于高温环境下工作,增压器的转子以极高的转速旋转,因此在使用中易发生故障。使用时,应注意以下事项:

(1) 新启用或维修后的增压器,在使用前必须先用手拨动转子,检查转子转动情况。仔细检查转动时有无卡滞现象和杂音,正常情况下,转子应转动轻快,并无任何异常声音。

(2) 必须保证增压器可靠的润滑。

(3) 保持增压器进、排气系统的正常连接。

(4) 按照技术保养规范要求,定期进行拆检、清洗。

(a)

(b)

图 12-25　清洗废气涡轮增压器

1—连接套管;2—卡箍;3—压气机外壳;4—压气机叶轮

十二、蓄电池使用与保养

蓄电池为铅板式,每只为 12 V,由六个单格组成,主要作为启动电机的直流电源之用,柴油机工作时由充电发电机向它充电;柴油机不工作时可用外拉电源向它充电。蓄电池的正极桩头上刻有“十”或涂有红色等标记;负极桩头上刻有“一”或涂有黑色等标记。由于蓄电池是柴油机重要的启动装置之一,所以,必须正确地掌握蓄电池的使用与保养要求。

1. 蓄电池电解液的配制与充电

(1) 柴油机出厂时,为便于保存和运输,作为随机附件出厂的新蓄电池均不带电解液,因此,用户在使用前应加入电解液,并进行充电。

(2) 电解液应采用蓄电池专用浓硫酸(HGB 1008—59),或选择质量纯净、洁白、透明的工业硫酸与蒸馏水配制成密度为 1.280 g/cm³ 的稀硫酸。配制时可参考以下比例进行,如以体积之比:浓硫酸为 1,蒸馏水为 2.8;如以重量之比:浓硫酸为 1,蒸馏水为 1.7。最后应以实际所测密度为准。

(3) 电解液密度 1.280 g/cm³ 是在环境温度 20 ℃时的标准值。若电解液温度不在 20 ℃时,其密度应按实测得的电解液温度进行修正,即温度每升高或降低 1 ℃,电解液密度应增加或减少 0.0007 g/cm³。

(4) 配制电解液时,应采用铅槽或耐酸、耐高温、不含铁质的陶瓷缸等抗酸容器。配制时先将所需数量的蒸馏水倒入容器内,随后将一定数量的硫酸慢慢地倒入,然后再用塑料棒或包有青铅皮的木棒充分搅拌均匀。切忌将蒸馏水倒入浓硫酸中,以免硫酸沸腾溅射发生事故或伤人。

(5) 刚配制好的电解液温度较高,须待冷却到 30 ℃左右方可注入蓄电池内,电解液的液面应高于极板 10～15 mm。刚注入的电解液易被极板所吸收,应及时给予补充。

(6) 因电解液注入蓄电池内发热,因此,需将蓄电池静置 6～8 h,待冷却到 35 ℃以下方可进行充电,但注入电解液后到充电的时间不得超过 24 h。

(7) 充电时,将蓄电池正极接直流充电电源正极,蓄电池负极接充电电源负极,切不可接错。并必须旋去通气盖,让充电时产生的气体外逸畅通。

(8) 新蓄电池充电,应分两个阶段进行。第一阶段充电当液面均匀起泡或单格电池的端电压上升到 2.4 V 后应进入第二阶段充电,直到端电压和电解液密度在 3h 内基本稳定为止。两个阶段充电电流和充电时间根据蓄电池型号、容量大小不同而不同。

充电期间,电解液温度不可超过 45 ℃,否则应降低充电电流或采取降温措施,以免蓄电池过热影响内部质量。当接近充电终止时,应采用蒸馏水或 1.400 g/cm³ 的稀硫酸调整电解液密度,使其达到(1.280±0.005) g/cm³ (30 ℃),然后再充电 1～2 h,使电解液密度上下均匀为止。

(9) 蓄电池充足电后,即可进行试放电或实地使用。

2. 蓄电池的使用与保养

(1) 蓄电池在使用过程中,靠安装在柴油机上的充电发电机对它进行经常性充电,充入电量由发动机调节器自动调节。

(2) 蓄电池在放电后,应在最短的时间内进行充电,以免发生极板硫酸化。

(3) 蓄电池注液气塞的气孔应保持畅通,充电时均应拧开,充电完毕应拧上。

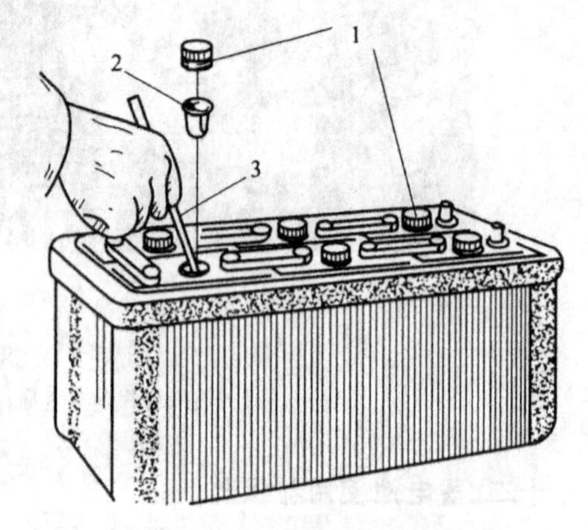

图 12-26　检查蓄电池电解液面

1—螺塞;2—液面检查器;3—木棒

(4) 每工作 100 h,应拧下各单个蓄电池的螺塞 1(如图 12-26 所示)检查电解液面。使用不同深度的液面检查器 2，蓄电池的液面应能达到其底部。假如没有这样的检查器，则可将一根干净的木棒 3 插入碰到铅板的上缘，木棒取出以后，大约有 10～15 mm 的长度必须是湿的，即电解液面一般应高出极板顶面 10～15 mm。当液面太低时，应添加蒸馏水进行调整。切忌加注河水、井水和浓硫酸。

(5) 已充电而搁置未使用的蓄电池，每月最少要补充电一次。

(6) 蓄电池应经常保持清洁，定期洗刷外露表面、通气盖上的通气孔及电线接头等。清洗时应注意别让清洗液进入蓄电池内，并防止杂物进入电解液。严禁将工具和其他金属物品放到蓄电池盖上，防止造成短路。

(7) 蓄电池如经常充电不足、长期用小电流放电、过量放电或放电后未及时进行充电，均会促使电池极板硫酸化，其特征是在极板顶部产生很多白色的硫酸铅层，影响电池正常的充放电性能。

处理方法：将蓄电池以每小时 1/10 容量的电流(10 h 放电率)放电至终止电压，然后将电解液全部倒出，并注满蒸馏水，经 1 h 后按第二阶段充电电流边连续进行充电，待电解液密度上升到 1.150 g/cm³ 左右时，按上述放电至终止电压，再继续以原来的充电电流进行过量充电，直到电解液密度不再上升时，调整电解液密度为 1.280 g/cm³，再按上述放电率放电。当放电容量能达到额定容量的 80%时，表示处理工作基本完成。若放电容量还很小时，则可重复上述放电过程，直到电池性能恢复正常为止。

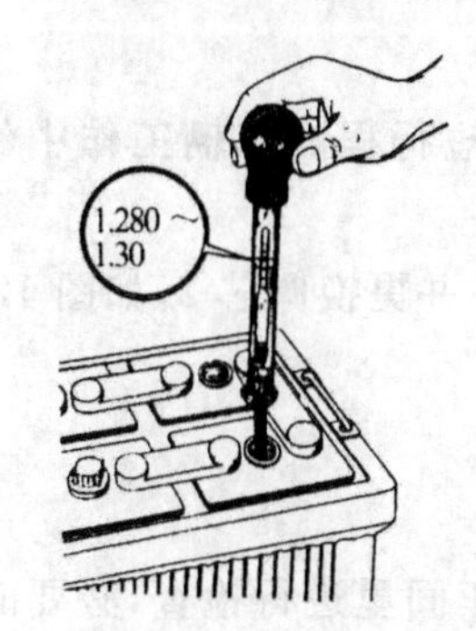

图 12-27　蓄电池电解液密度测量

(8) 蓄电池的充放电程度，可以根据电解液的密度或用放电仪测量端电压等方法来确定。因此，经常用密度计测量电解液密度，如图 12-27 所示，即可大致估量蓄电池的存电情况，见表 12-7。

(9) 使用蓄电池时不要过量放电或大电流放电。带动电动机启动时，持续启动时间不能过长，一般 10 s 左右，若一次启动不着，中间要间隔 1 min 后再启动，但次数不能超过 3 次，以免造成过量放电，使蓄电池使用寿命缩短。

表 12-7　蓄电池密度与存电对应情况

在 20 ℃时电解液的密度(g/cm³)	存电情况	在 20 ℃时电解液的密度(g/cm³)	存电情况
1.280	充足	1.160	75%放电
1.240	25%放电	1.120	100%放电
1.200	50%放电		

(10) 在寒冷地区使用蓄电池时，应注意保温，应适当增加电解液密度，以防止因电解液密度下降而冻结。例如，环境温度低于 -40 ℃时，电解池密度应增加到 1.30～1.32 g/cm³(在 20 ℃时的测量值)。

(11) 当电池的隔离板损坏或导电金属掉入电池内部或底部沉淀物积聚过多，均可使蓄电池出现短路，造成充电时电解液密度几乎不变而温度很高，充电电压很低和放电电压更低的现象。

处理方法：拆开电池找出原因，酌情更换新的隔离板，清除沉淀物和清除夹在正、负极板之间的导电物。当正、负极板活性物质掉落过多而引起电压和容量下降时，则应更换新的极板。

(12) 如发现蓄电池的电池槽、盖有裂痕，可根据实际情况用环氧树脂补上或更换新的；封口处开裂可用火烤或添补。

(13) 蓄电池在低温环境使用时，由于电池的放电性能变差和启动电机的转矩增加，这时如用一对蓄电池放电容量不够时，可采用两对蓄电池并联连接，保持 24V 电压不变，以增加蓄电池的电流容量。

十三、检查各种管道的紧固性

定期检查进气管路的密封性和紧固性，对延长柴油机的使用寿命很重要，尤其是空气滤清器和进气管之间的橡胶波形软管，长时间工作或安装使用不当(拐变太大)，容易产生裂纹。如发现裂纹应及时更换。另外，对各连接部位的紧固密封情况也应随时检查。

带有涡轮增压器的柴油机，每工作 1 000 h 后，应对增压空气管道、排气管道和废气涡轮增压器的进出机油管道的紧固和密封情况进行检查。在检查增压空气管时，应特别注意检查各增压空气管道和废气涡轮增压器之间的连接管的密封和卡箍的紧固情况。

十四、更换曲轴箱通气阀芯

柴油机每工作 2 000 h 后应更换曲轴箱通气阀装置。在满负荷短行程的车辆工作中经 1 500 h后就应更换通气阀装置。

更换曲轴箱通气阀芯时，应将四个六角螺栓拧出，取下呼吸器盖 1 并更换阀芯 2，如图 12-28 所示。组装时按相反次序进行。

十五、检查喷油泵和喷油器

柴油机每工作 3 000 h 后，应拆下喷油泵和喷油器在专门的修理车间里进行检查，必要时进行更换。

1. 喷油器检查

喷油器应在喷油器检验仪上调到正确的工作压力，如图 12-29 所示。B/FL413F 系列柴油机的喷射压力为(175+8) bar，FL513 系列柴油机的喷射压力为(235+8) bar，BFL513/C 系列柴油机的喷射压力为(270+8) bar，如达不到规定的喷射压力，可用调整垫片来修正喷射压力。在低于规定喷射压力 25～30 bar 的条件下，喷射器不得滴油。检查喷油器在喷油器检验仪上的喷射图像，喷射油束必须均匀，无偏喷现象。

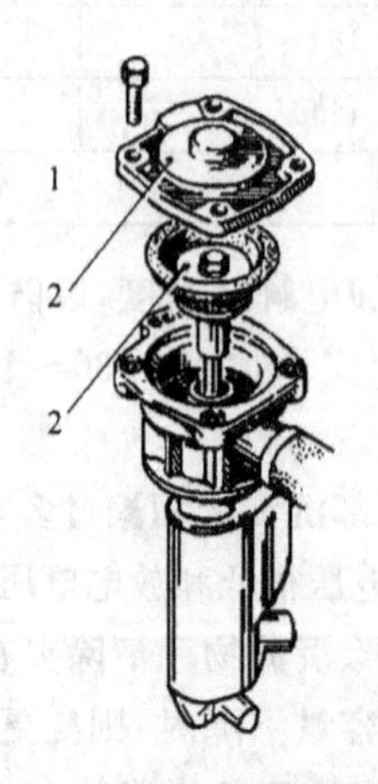

图 12-28　更换曲轴箱通气阀芯

1—呼吸器盖；2—阀芯

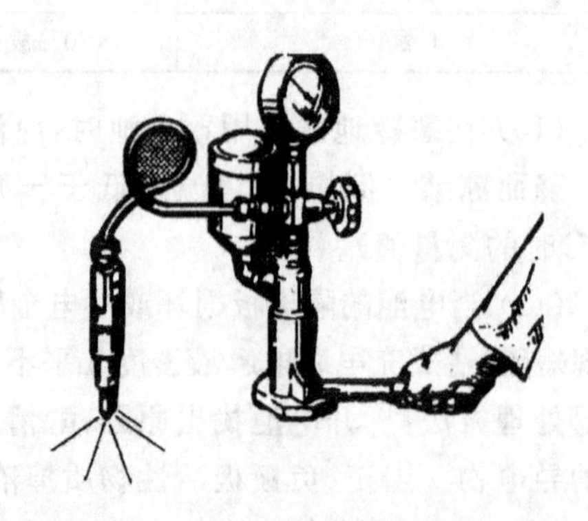

图 12-29　喷油器在检验仪上的检查

喷油器在喷油器检验仪上的检查过程如下:将被测喷油器装在高压油管上,用手动柱塞泵泵油,直到喷油器开始出现喷油,此时可由压力表上读出实际喷油压力,同时注意观察喷油雾化状况。一般出现以下现象时,说明喷油器工作状态不良。

(1) 喷射压力低于规定值。

(2) 喷油不雾化,成明显连续油流喷出。

(3) 燃油喷射不立即切断,出现多次喷射现象。

(4) 各孔油束不匀称,长短不一样。

除了定期地对喷油器进行保养外,仅在柴油机出现异常现象时才进行保养。

2. 喷油泵检查

喷油泵应在喷油泵检验仪上进行检查,按柴油机技术要求调整到正确的工作压力。喷油泵发生故障,应在清洁环境中进行拆检,并进行调整试验。这些工作应由专业人员来进行。

1. 为什么柴油机要定期维护保养?
2. 道依茨风冷柴油机保养项目及周期有哪些?
3. 新柴油机或大修后的柴油机使用保养应注意哪些内容?
4. 检查机油油位应注意哪些内容?
5. 为什么要定期清洗或更换三滤(空气滤清器、机油滤清器、燃油滤清器)?
6. 如何延长蓄电池使用寿命?
7. 如何检查、调整喷油泵和喷油器?

第十三章

柴油机常见故障分析与处理

柴油机的结构较为复杂，它由几千个零部件组成。柴油机运用中产生的故障是多种多样的，造成这些故障的原因也各不相同，所以处理起来比较困难。本章介绍柴油机出现故障的一般症状和故障判断检查的一般方法，对柴油机常见故障的可能原因和排除方法进行简单的讲解，今后在实际工作中还需要积累大量的现场经验综合分析和判断排除。

第一节　柴油机故障症状与判断检查方法

一、柴油机故障症状

由于柴油机故障产生的原因是多方面的，所以不同故障可表现出不同的内在的和外表的特征及征兆。柴油机出现故障的一般症状大概可以分为声响异常、外观异常、运转异常、温度异常、气味异常五类。

1. 声响异常

声响异常是指柴油机在工作时发出不正常的声音。如活塞与缸壁间隙过大产生的碰击声，活塞销座孔磨损松动发生销与座的敲击声等。应结合其部位分析其变化规律。

2. 外观异常

外观异常是指从外表可用眼睛看得出的异常现象。如燃油系、润滑系各部位及管路接头等处漏油，排气管、消声器排黑烟、蓝烟、白烟等。

3. 运转异常

运转异常是指柴油机在启动和运转中发生的异常现象。如启动困难或不易启动，启动后转速异常、怠速不稳，加速不良且易熄火，燃油、润滑油消耗过大，机油压力过高或过低，柴油机功率不足等。

4. 温度异常

温度异常是指能用手触摸感觉出来或用仪表测得的温度异常现象。如柴油机机体过热，排气温度过高，因缺油造成润滑油温度过高等。

5. 气味异常

气味异常是指能用鼻子嗅出的异常气味。如电线烧着时的橡胶皮焦臭味，排气管排出的烟气味等。

柴油机工作时发现异常现象后，必须及时地进行认真周密的分析判断，找出事故发生的原因和部位，并最终排除故障。我们平常只能感觉到柴油机出现故障的一些异常症状，而要通过这些异常症状找出最终的原因和部位，这就要求我们善于分析推理，透过现象抓住事物本质。

柴油机常见主要故障的具体表现有：柴油机不能启动或启动困难；运转时出现不正常的噪

声或剧烈振动;柴油机乏力;排气冒白烟、黑烟、蓝烟;柴油机各指示仪表指示值(如机油温度、机油压力等)异常;柴油机有臭味、焦味、烟味等。

二、柴油机故障判断检查方法

柴油机出现故障后,判断检查的常用方法有很多,这里介绍一些基本的方法。

1. 直观判断法

凭检修人员的实践经验,直观感觉检查和排除故障。如柴油机发出的异响、冒烟、电器系统产生的火花、焦臭味、高温等明显的异常现象,通过人的感觉器官眼看、耳听、手摸、鼻闻判断出故障所在部位,发现和解决一些较为复杂的故障。

2. 按系统分部位逐段判断法

当柴油机出现临时性故障时,应根据故障的异常征兆、声响特征、故障产生的部位、出现时机、变化情况等有步骤地进行检查,寻找出故障的所在。特别应遵循由上向下、先外后内、先易后难,按系统、分部位逐段进行。例如,柴油机不能启动,应先查启动系统,逐段检查电源、各连接导线、点火开关、启动电机以及火花塞等。启动系统没有问题后用同样方法逐段检查燃油供给系,依此类推,最后确定故障所在处所。

3. 搭铁试火判断法

拆下未经过负载(用电设备)之前的某接线头和柴油机金属部分划碰试火,通过火花变化情况判断电路故障。例如,判断点火线圈至蓄电池一段电路是否有故障时,可拆下点火线圈接线柱上的连线头,在柴油机金属部分划碰一下,若出现强烈火花(电流未通过点火线圈,电阻很小、电流较大),表明这段电路良好;若火花微弱,说明这段电路的某个接线柱松动或脏污,电路电阻增大;若无火花出现,证明这段电路断路。

4. 比较鉴别判断法

根据初步分析,怀疑故障为某一零部件所造成的,可将该零部件更换一新件,然后比较柴油机前后工作情况是否有变化,从而找出故障原因。

5. 仪表判断法

根据电流表、电压表、温度表、油压表等仪表指针转动情况,判断柴油机故障出现在哪个组成系统或部位。

6. 部分停止法

经初步分析,怀疑故障由某一工作部分所引起,可将这一部分局部停止工作,观察故障现象是否消失,从而确定故障原因和部位。例如,柴油机冒黑烟,初步分析为某缸喷油器喷孔堵塞,可将该缸停止工作,此时若黑烟消失,则证明判断正确。

7. 试探法

用改变局部范围内技术状态,观察对柴油机工作性能的影响,以判别故障原因。例如,气缸压缩压力不足,怀疑是气缸套与活塞之间密封不良,此时可向气缸内加入少量机油,以改善气缸密封状况,如果气缸压缩压力增大,则证明初步的分析判断是正确的。

8. 通过检测诊断仪器进行测试判断法

利用柴油机综合检测诊断仪、废气分析仪、油耗测试仪、声压频谱分析仪、振动加速度测定仪、喷油器试验仪等对柴油机故障进行单项或多方位的精细准确的判断。

正确分析和判别柴油机故障的原因,是一项重要细致的工作,一定要认真分析,仔细寻找,反复推敲,按系统由简到繁,切不可在未弄清故障原因之前,就乱拆、乱装柴油机,否则不但不能排除故障,反而会造成更大、更严重的故障。

第二节　柴油机启动困难的原因和排除方法

柴油机启动困难的原因和排除方法见表13-1。

表13-1　柴油机启动困难的原因和排除方法

故障部位	可能的原因	排除方法
环境温度	1. 大气温度低 2. 压缩温度达不到要求 3. 冷启动极限温度	1. 采用预热装置启动 2. 检查相应零部件的磨损及气门间隙的正确性 3. 选用的机油黏度应与冷启动极限温度相适应
启动转速	1. 启动电机损坏或转动无力 2. 机油黏度大 3. 机械负载大 4. 蓄电池容量小 5. 蓄电池损坏或电压不足	1. 检查连接线、电磁阀及炭刷功能,并排除故障 2. 选择与环境适应的机油黏度等级 3. 分离开工作机械 4. 更换蓄电池 5. 更换或给蓄电池充电
启动辅助装置	1. 火焰加热塞故障 2. 火焰加热塞不点火	1. 检查火焰加热塞的线路及供油情况 2. 更换新的火焰加热塞
燃油系统	1. 油箱无油或通气装置堵塞 2. 燃油系统中有空气 3. 燃油的清洁度低 4. 燃油预压太低 5. 柴油机停车手柄不在工作位置 6. 调速器加油拉杆不在工作位置 7. 喷油泵调节齿杆卡死 8. 烟度限制器电磁阀损坏 9. 喷油器损坏 10. 喷油泵供油提前角不准确 11. 喷油泵内零件损坏 12. 喷油提前器损坏	1. 及时加油,清洗油箱通气装置 2. 排除空气,注意吸油管路的密封 3. 加油过滤,清洗或更换燃油滤清器 4. 检查和调整溢流阀及低压输油泵 5. 排除故障,将停车手柄放人工作位置 6. 调节加油拉杆放人工作位置 7. 检查修理,使调节齿杆灵活 8. 更换电磁阀 9. 检查喷射压力,必要时进行调整或更换喷油器 10. 重新调整供油提前角 11. 由专业人员检查并更换 12. 更换损坏的零件,重新调整供油提前角
柴油机调整	1. 气门间隙不符合规定值 2. 气缸压缩压力太低 3. 活塞间隙太大	1. 检查气门间隙,必要时调整 2. 检查气门间隙、气门、活塞环及缸套的磨损情况 3. 调整合适的气缸垫或气缸套垫

一、环境温度

为保证能正确地点燃喷射燃油,在压缩行程结束时的燃油和空气混合气体必须达到350℃(最低),即燃油的自燃温度或称最低压缩温度,这个温度又受不同的因素影响。

1. 大气温度

大气温度直接影响进气温度，当气温在 5 ℃以下时，为了顺利启动柴油机，将利用火焰加热塞对进气管进气温度进行预热，当气温在－25 ℃以下时，柴油机必须采取其他预热方式以达到启动顺利的目的。

2. 压缩温度

压缩温度又受启动转速，活塞环的磨损状况，气缸套、气门、气门座圈的磨损状况以及气门间隙的正确性等因素的影响。当压缩温度达不到要求时，应相应检查以上诸因素的影响。

3. 冷启动极限温度

图 13-1 所示为在不同机油黏度下，柴油机启动转速与环境温度的曲线图。

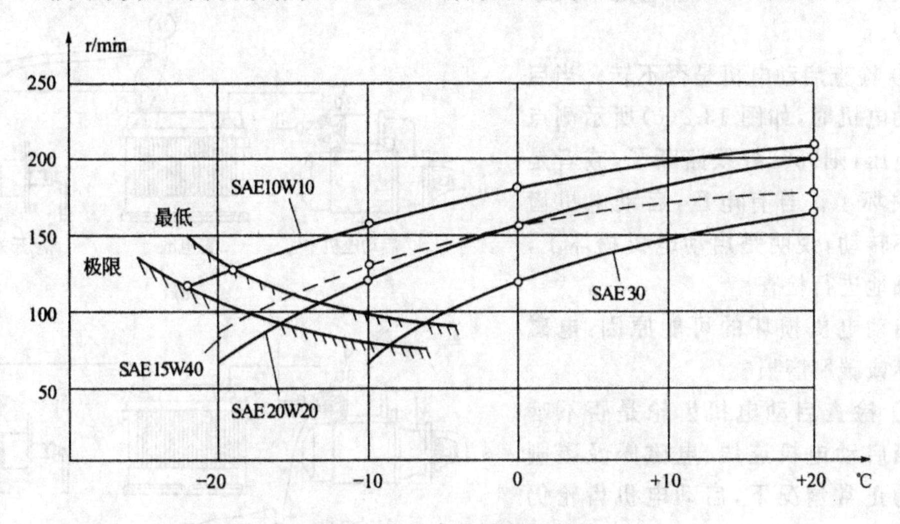

图 13-1　冷启动极限温度图

从图中可以看到，在某一环境温度下需要多大的转速才能启动柴油机(冷启动极限温度)，从图中也可看到，在相同的环境温度下，选用不同黏度的机油与能达到的启动转速的关系。

因此，在冬季启动困难时应首先检查环境温度是否低于最低启动温度，以及有关影响最低启动温度的诸因素。

二、启动转速

1. 启动电机损坏或转动无力

(1) 线路接触不良

检查启动电机连接线是否松动或锈蚀，清理、拧紧电缆线，连接线接头处涂以黄油(无酸油脂)。

(2)启动电机损坏、转动无力

启动电机是否损坏、不能啮合或启动电机转速太低、转动无力，应检查电路系统及蓄电池电压。

① 检查正极线路电压损失及蓄电池电压。如图 13-2(a)所示接上电压表，启动启动电机。

说明：测量电压，须将电压表的一端导线接在蓄电池的“＋”极上，另一端导线接在启动电机的“－”极柱上。

② 检查负极线路电压损失。如图 13-2(b)所示接上电压表，启动启动电机并确定电压损失。

说明：测量点③是“－”极线路的极柱。

电压损失极限值如下：

对12 V蓄电池，“＋”、“－”线路电压损失不大于0.5 V，对24 V蓄电池不大于1.0 V（指在测量时的电压损失）。

对绝缘回路线，两线总电压损失，“＋”、“－”线路电压损失，对12 V蓄电池不大于0.96 V，24 V蓄电池不大于1.92 V。

③ 检查启动电机是否不转。当启动启动电机时，如图13-2(c)所示测点没有电压，则“50”处线路断了，或者是总开关坏了。若有电压，启动电机齿轮仍不转动，说明是启动电机损坏了，应仔细地进行检查。

启动电机损坏的可能原因：电磁阀损坏或碳刷磨损。

④ 检查启动电机齿轮是否不啮合。当启动电机连线、电磁阀及碳刷检查均正常情况下，启动电机齿轮仍不啮合时，必须拆下启动电机，检查其齿轮与飞轮齿圈有无损伤或有毛刺。

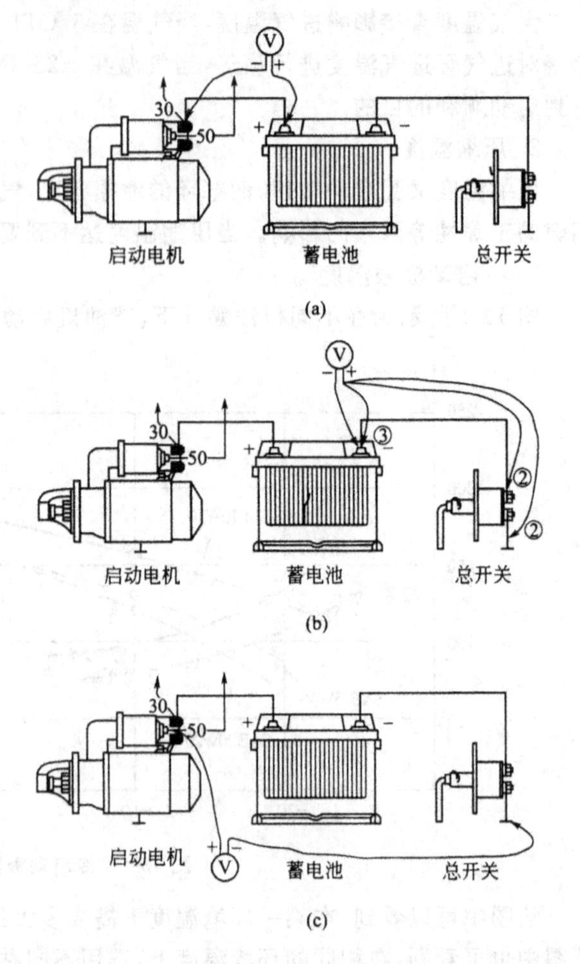

图13-2 启动电机故障检测

2. 机油黏度

检查机油黏度能否满足使用要求。为达到燃油的自燃温度，在启动过程中，柴油机需要有足够高的转速，如果润滑油的黏度太大，转动阻力也就大，从而降低启动电机的转速，导致启动困难。特别是在寒冷季节使用了黏度大的机油，更会造成柴油机启动困难。

正确选择机油黏度的关键是启动过程的环境温度，在不同环境温度条件下机油的规定黏度不同。使用温度范围较宽的机油，可以避免因季节的不同而更换润滑油。

3. 机械负载

工作机械未能彻底分离，因此，转动阻力过大。检查柴油机飞轮以外的各传动部件，如可能的话分离开工作机械。

由于较大的转动阻力，接合有工作机械而降低了启动转速，如在技术上不能分离开工作机械，则必须使用足够容量的蓄电池与足够功率的启动电机，对此，用户必须与生产厂家提出特殊订货要求。

4. 蓄电池

(1) 检查蓄电池容量是否太小

在室外温度很低时，蓄电池的容量太小，检测电流的负效应是很大的。在室外温度为

－20 ℃时，转速损失为30％。一般蓄电池容量未标出低温状态下的电池状态，根据铅板的数目与结构不同。蓄电池的冷启动性能会发生很明显的变化。在－18 ℃时测得的低温检测电流，准确地说明了低温状态下的蓄电池状态，在蓄电池标牌上，应标出低温检测电流。

(2) 蓄电池是否损坏或充电不足

检查蓄电池液位、电解液密度和电压，必要时充电或更换蓄电池(表13-2)。由于蓄电池功率随着温度下降而损失，夜间停车时，在冬季寒冷区有必要将蓄电池保存在有暖气的房间里。将蓄电池加热到20 ℃，可明显地降低最低启动温度。蓄电池电压不足、接线柱松动和氧化，都使得启动电机转速很慢，所以，蓄电池接线柱必需紧固并用黄油(无酸油脂)涂敷。

表13-2　蓄电池充电状态与电解液密度的关系

充电状态	环境状态	20 ℃时电解液密度(g/cm³)
全充	正常	1.28
	热带	1.23
半充	正常	1.20
	热带	1.16
放电	正常	1.12
	热带	1.08

注：电解液密度允差为±0.01 g/cm³。

三、启动辅助装置

1. 检查火焰加热塞的供油情况

松开火焰加热塞连接管上的管接头(如图12-22所示)，在预热开关转至第Ⅱ开关位置，利用启动电机转动柴油机，在松开的管接头处，必须出现燃油。若无燃油出现则按以下次序逐级检查：

(1) 松开加热塞电磁阀进油端的燃油管，启动柴油机，若无燃油出现，说明喷油泵与电磁阀间的管路堵塞，或低压输油泵不供油。

(2) 当电磁阀进油管有燃油出现，则继续检查电磁阀上的电压，若有电压，说明电磁阀坏了，需进行更换。

(3) 当电磁阀上无电压，则继续检查点火开关接线柱的电压。若有电压，说明电磁阀和火焰加热塞的加热电阻间的线路断了，需重新接线。

(4) 当点火开关接线柱上无电压，则继续检查预热开关接线柱的电压。若有电压，说明火焰加热塞加热电阻与预热开关间的线路断了，或电阻坏了，需重新接线或更换加热电阻。

(5) 当预热开关接线柱上无电压，则继续检查点火开关接线柱的电压。若有电压，则说明预热开关坏了，需更换预热开关。

(6) 当点火开关接线柱上无电压，则继续检查点火开关接线柱的电压。若有电压，说明预热开关上的接线柱和点火开关上的接线柱间的线路断了，应重新接线。

(7) 当预热开关接线柱上无电压时，则继续检查点火开关上的接线柱的电压。若有电压，说明点火开关坏了，重新更换点火开关。

(8) 当点火开关上的接线柱无电压时，则继续检查蓄电池与点火开关间的线路是否断了，重新连线或更换线路。

注:以上电压均用电压表进行测量。

2. 火焰加热塞的电器功能

前提条件:必须确认供给火焰加热塞的燃油管路是良好的,并对火焰加热塞的过油情况进行检查。

当柴油机在冷状态下,将预热开关转至第Ⅰ开关位置,保持30～60 s,此时用手触及火焰加热塞体的下端,应有加热的感觉,否则火焰加热塞坏了,应更换。

四、燃油系统

1. 检查燃油箱是否有油,油箱通气装置是否堵塞

当油箱无油或油面太低时,需及时加油。当油箱中燃油全部用光,加油后应对燃油系统进行放气。在油箱通气装置堵塞的情况下,燃油箱内产生一负压,因此,降低了供油泵的功能,不能供给启动柴油机时所需要的加浓油量。为进行检查,须去掉油箱盖,然后启动柴油机,如启动柴油机没有困难则说明通气装置堵塞,必须清洗油箱通气装置。

说明:为避免污物进入油箱,只有在进行这种检查时,才能在没有油箱盖的条件下启动柴油机。

2. 燃油系统中有空气,排除空气

燃油系统中进入空气将使输油泵的供油不连续,造成柴油机启动虽能发火,但启动不起来。

燃油系统排气在燃油滤清器和喷油泵处进行。松开滤清器上的放气螺钉或喷油泵溢流阀螺丝,同时操作手动输油泵,直至在松开的放气螺钉或溢流阀处出现无气泡的燃油为止,重新拧紧放气螺钉或溢流阀,并锁紧手动输油泵手柄。

在放气过程中应用布或棉纱盖住气缸套散热片,以避免被燃油弄湿。

3. 燃油箱与喷油泵之间的吸油管路不密封

虽经多次放气,燃油系统中仍有空气,须进行如下检查并予以排除或更换:

(1) 检查燃油滤清器密封圈是否损伤,配合是否正确。

(2) 检查柴油软管是否有磨损、老化和折叠现象。

(3) 检查刚性柴油管是否有裂纹。

(4) 检查全部柴油管中空心螺丝的铜垫是否变形。

(5) 检查柴油粗滤器罩上的密封圈压紧度。

4. 燃油滤清器及其油管的清洁度

不按规定使用油桶给柴油机加油会使油桶中沉淀物的污粒进入燃油系统,这些污物被留在燃油粗、精滤清器中或柴油滤芯不按时保养,均会造成堵塞。应特别注意纸滤芯的质量状况,当纸滤芯变形时,会导致流通阻力太大。以上故障均会引起燃油流量的减少,致使柴油机功率下降、启动困难和转速波动。

由于燃油箱不好或者未保养,有可能使水进入喷射系统,特别是在室外温度很低的条件下,水就冻结在滤清器中,因此,燃油箱应每星期放水一次。

在室外温度很低的情况下,为避免燃油中的石蜡析出而造成堵塞,必须使用冬季燃油,必要时需添加防冻剂,改变其流动性能。

5. 燃油预压太低

在额定功率条件下,燃油预压应达(1.5＋0.5) bar。这个压力测量,应在额定功率转速下,于喷

油泵进油腔燃油进口处进行。如燃油预压过低，须首先检查溢流阀功能，必要时进行更换。

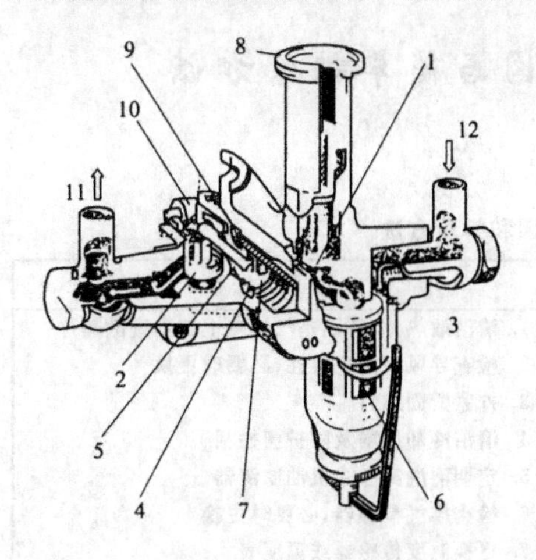

图 13-3　低压输油泵

1—吸油阀；2—压油阀；3—密封圈；4—活塞弹簧；5—活塞；6—滤清器；7—吸油腔；8—手泵；9—压油腔；10—活塞挺杆；11—出口；12—进口

如果燃油预压总是很低，则必须对低压输油泵(图 13-3)进行检查：

(1) 滤清器密封圈的密封性。

(2) 吸油阀或压油阀是否有损伤。

(3) 活塞弹簧是否断裂及活塞的灵活性。

说明：装配低压输油泵时必须注意清洁，在向喷油泵装配输油泵前，转动喷油泵凸轮轴，使驱动凸轮相对于输油泵向“里”，然后将输油泵挺杆放在凸轮轴基圆上，从而使输油泵不产生较大的预紧力。

五、柴油机调整

1. 检查与调整气门间隙

技术要求规定，道依茨 B/FL413、B/FL513 系列风冷柴油机常温时的气门间隙值：进气门 0.2 mm，排气门 0.3 mm。

要说明的是，气门间隙的调整只能在柴油机为冷态时进行，柴油机至少要冷却 7 h 后调整，数值才能准确；在应急情况下，柴油机冷却 2 h 后调整，须将理论间隙放大 0.1 mm。

在调整气门间隙工作之前，应检查摇臂座紧固螺母的拧紧程度，拧紧力矩应为 50 N·m。按照布置的气门间隙调整图，转动曲轴两转，使两个气门相重叠，即可完成全部气门间隙的调整。

2. 检查与调整气缸压缩压力

气缸内压缩压力不足，表现为喷油正常但不发火，排气管内有柴油。

压缩压力检查方法如下：

(1) 使柴油机短时高速空转运行，以形成活塞工作表面油膜，进而保证较好的密封性。

(2) 拆下气缸盖上的喷油器，使加油拉杆位于“停车”位置。

(3) 使用连接元件，装上压缩压力检测仪，转动曲轴，测出压缩压力。

(4) 检测完的缸盖，喷油器 O 形密封圈和调整垫须更换新的装上。

说明：在评价测得的压缩压力时应注意，所测得的压力是与启动转速和柴油机所在地区环境(海拔)条件有关的相对数值，每缸之间的相互偏差不应超过 3～4 bar。否则，需进行如下检查工作：

(1) 检查气门间隙(必要时进行调整)。气门间隙太小，造成气门关闭不严而漏气。

(2) 检查进、排气门和气门座圈是否磨损或损坏。气门密封不严、座合面上积炭、气门杆在导管中卡死、气门弹簧折断，都将造成气门漏气，必要时应更换损坏零件，研磨气门。

(3) 检查活塞环与气缸套的磨损情况及活塞环积炭、胶死或断裂情况。气缸套、活塞环、活塞磨损过度，活塞与气缸套之间的配合间隙、活塞环开口间隙增大，造成气缸漏气。活塞环积炭、胶死、扯断及各活塞环切口位置对口时，也引起气缸套与活塞间漏气。应更换已磨损的机件，清洗活塞环。重新安装活塞环时，将各环切口错开一个角度。

(4) 气缸垫漏气引起气缸漏气，造成气缸压缩压力太低。应按规范拧紧气缸盖螺栓或更换气缸垫。

第三节　柴油机其他故障原因与简单排除方法

一、柴油机温度过高的原因和排除方法(见表 13-3)

表 13-3　柴油机温度过高的原因和排除方法

故障部位(特征)	可能的原因	排除方法
冷却系统	1. 散热片脏污 2. 冷却空气导风板不密封 3. 风压室顶盖板不密封 4. 冷却风扇及防护栅栏板脏污 5. 离心式机油滤清器脏污 6. 排气节温器损坏 7. 温度传感器或温度表损坏 8. 进气温度恶性循环	1. 清洁散热片,特别是气缸盖上的垂直散热片 2. 检查导风板的完整性,必要时更换 3. 拧紧紧固螺钉 4. 清洁冷却风扇及防护栅栏板 5. 定期清洗离心式机油滤清器 6. 检查排气节温器,必要时更换 7. 更换温度传感器或温度表 8. 检查进气道、冷却风道的合理性
燃烧空气	1. 空气滤清器脏污 2. 维护指示器损坏 3. 进、排气管不密封 4. 中冷器脏污 5. 废气涡轮增压器损坏或脏污	1. 定期清洗空气滤清器或更换滤芯 2. 检查维护指示器,必要时更换 3. 重新拧紧法兰盘螺栓 4. 定期清洗中冷器散热片 5. 清洗、修理或更换增压器
排气背压过大	1. 排气总管或消音器堵塞 2. 排气制动阀失灵	1. 清洗排气总管或消音器,更换已损坏的机件 2. 检查、修理排气制动阀
燃油系统	1. 喷油器损坏 2. 喷油器的喷油量调节得不准确 3. 供油提前角不准确 4. 喷油提前器损坏 5. 喷油泵与柴油机安装不匹配	1. 检查喷射压力,必要时进行调整或更换喷油器 2. 重新调整喷油量 3. 重新调整供油提前角 4. 更换损坏的零件,重新调整供油提前角 5. 在喷油泵试验台上修正供油量
润滑系统	1. 冷却导风板缺失或损伤 2. 机油散热器脏污 3. 机油油位太高或太低 4. 机油温度传感器损坏 5. 机油散热器中的温度控制阀损坏	1. 更换导风板 2. 清洗机油散热器散热片 3. 修正油位 4. 更换新的机油温度传感器 5. 更换温度控制阀
操作错误	柴油机长期超负荷运转	降低负荷

二、柴油机功率不足的原因和排除方法(见表 13-4)

表 13-4　柴油机功率不足的原因和排除方法

故障部位(特征)	可能的原因	排除方法
润滑系统	润滑油油位太高	降低油位
调速器故障	1. 柴油机停车拉杆不在工作位置 2. 加油拉杆达不到高速限位螺钉位置	1. 调整柴油机停车拉杆位置 2. 调整曲柄或使挠性轴灵活运动
燃烧空气	1. 进气温度太高 2. 空气滤清器脏污 3. 维护指示器损坏 4. 进、排气管不密封 5. 废气涡轮增压器损坏或脏污 6. 中冷器脏污	1. 找出原因并排除 2. 定期清洗空气滤清器或更换滤芯 3. 检查维护指示器,必要时更换 4. 重新拧紧法兰盘螺栓 5. 清洗、修理或更换增压器 6. 清洗中冷器散热片

续上表

故障部位(特征)	可能的原因	排除方法
排气背压过大	1. 排气总管或消音器堵塞	1. 清洗排气总管或消音器,更换已损坏的机件
	2. 排气制动阀失灵	2. 检查、修理排气制动阀
柴油机调整	1. 气门间隙过大或过小	1. 调整气门间隙
	2. 气缸压缩压力太低	2. 检查气门间隙,气门、活塞环及缸套的磨损情况
燃油系统	1. 油箱通气装置堵塞	1. 清洗油箱通气装置
	2. 燃油系统中有空气	2. 排除空气,注意吸油管路的密封
	3. 燃油滤清器或油管堵塞	3. 清洗或更换燃油滤清器及油管
	4. 喷油器回油管路堵塞	4. 清除堵塞
	5. 燃油预压太低	5. 检查和调整溢流阀及低压输油泵
	6. 烟度限制器损坏	6. 重新调整烟度限制器,更换损坏零件
	7. 喷油器损坏	7. 检查喷射压力,必要时进行调整或更换喷油器
	8. 喷油器调整垫选用不当	8. 选用规定的调整垫
	9. 燃油温度太高	9. 降低燃油温度
	10. 喷油泵供油提前角不准确	10. 重新调整供油提前角
	11. 喷油泵内零件损坏	11. 由专业人员检查并更换
	12. 喷油提前器损坏	12. 更换损坏的零件,重新调整供油提前角
	13. 喷油泵喷油量太小	13. 在喷油泵试验台上调整油量
	14. 喷油泵与柴油机安装不匹配	14. 在喷油泵试验台上修正油量
修理故障	大修柴油机不彻底	按技术条件进行检查装配正确性

测定柴油机功率,必须在柴油机运转进入正常工作温度(主油道机油温度达 80 ℃以上)后进行,按 DIN70020 标准在进气负压不大于 3 kPa、排气背压不大于 7.5 kPa 的情况下测定,柴油机标定功率为标准功率。

三、柴油机没有机油压力或油压太低的原因和排除方法(见表 13-5)

表 13-5　柴油机没有机油压力或油压太低的原因和排除方法

故障部位(特征)	可能的原因	排除方法
润滑油油位和质量	1. 操作错误	1. 冷态柴油机应在加速前进行热机运转
	2. 润滑油位太低	2. 补充油量
	3. 润滑油黏度和质量不对	3. 选用正确黏度和质量的机油
维护保养	1. 机油更换期太长	1. 按规定的时间间隔更换机油
	2. 机油滤清器脏污	2. 清洗机油滤清器或更换机油滤芯
	3. 机油滤清器工作不正常	3. 排除滤清器的装配错误
机油温度	1. 机油散热器脏污	1. 定期清洗机油散热器
	2. 冷却导风板故障	2. 更换导风板
	3. 机油散热器中的温度控制阀损坏	3. 更换温度控制阀
机油循环	1. 机油压力传感器或压力表损坏	1. 更换机油压力传感器或压力表
	2. 柴油机倾斜位置太大	2. 将柴油机调至允许的倾斜位置
	3. 压力调节阀不密封、调节失灵	3. 调整压力调节阀,更换损坏的调节阀
	4. 机油泵连接管不密封	4. 找出原因,排除故障
	5. 机油泵吸油管滤网脏污	5. 清洗滤网
	6. 机油泵吸油管不密封	6. 重新检查并拧紧
	7. 机油泵单向阀不密封	7. 清洗单向阀
	8. 机油泵磨损	8. 更换机油泵
	9. 润滑系统漏油	9. 检查并重新紧固
	10. 油道堵塞	10. 清洗油道并吹净
轴承	主轴承与连杆轴承磨损	大修柴油机

四、柴油机机油油耗太高的原因和排除方法(见表 13-6)

表 13-6　柴油机机油油耗太高的原因和排除方法

故障部位(特征)	可能的原因	排除方法
柴油机负荷	1. 柴油机未进行足够的磨合运转 2. 柴油机长期在低负荷下工作	1. 按规定的磨合时间进行磨合 2. 避免长期怠速运转
润滑油油位和质量	1. 润滑油油位太高 2. 润滑油黏度和质量不对 3. 柴油机倾斜位置太大	1. 降低机油油位 2. 选用正确黏度和质量的机油 3. 将柴油机调至允许的倾斜位置
维护保养	1. 漏油 2. 曲轴箱呼吸器损坏 3. 气门导管磨损 4. 活塞、活塞环和气缸套磨损	1. 检查并处理 2. 检查曲轴箱废气压力,清洗呼吸器阀门 3. 维修缸盖时更换 4. 大修柴油机时更换
涡轮增压器	废气涡轮增压器不密封	更换废气涡轮增压器
空气滤清器	油浴式空气滤清器油池机油过多	倒出多余的机油
操作错误	经常猛加油门或超负荷工作	正确操纵油门,避免经常超负荷运转

五、柴油机冒蓝烟的原因和排除方法(见表 13-7)

表 13-7　柴油机冒蓝烟的原因和排除方法

故障部位(特征)	可能的原因	排除方法
柴油机负荷	1. 柴油机未进行足够的磨合运转 2. 柴油机长期在低负荷下工作	1. 按规定的磨合时间进行磨合 2. 避免长期怠速运转
润滑油油位和质量	1. 润滑油油位太高 2. 润滑油黏度和质量不对 3. 柴油机倾斜位置太大	1. 降低机油油位 2. 选用正确黏度和质量的机油 3. 将柴油机调至允许的倾斜位置
维护保养	1. 曲轴箱呼吸器损坏 2. 气门导管磨损 3. 活塞、活塞环和气缸套磨损	1. 检查曲轴箱废气压力,清洗呼吸器阀门 2. 维修缸盖时更换 3. 大修柴油机时更换
涡轮增压器	废气涡轮增压器不密封	更换废气涡轮增压器
空气滤清器	油浴式空气滤清器油池机油过多	倒出多余的机油
操作错误	经常猛加油门或超负荷工作	正确操纵油门,避免经常超负荷运转

六、柴油机冒白烟的原因和排除方法(见表 13-8)

表 13-8　柴油机冒白烟的原因和排除方法

故障部位(特征)	可能的原因	排除方法
冷态启动	1. 柴油机未进入工作温度 2. 火焰加热塞或电磁阀故障	1. 对柴油充分预热 2. 检查火焰加热塞供油或电磁阀工作情况,必要时更换
燃油系统	1. 燃油箱进水 2. 喷油器损坏 3. 喷油器调整垫选用不对 4. 供油提前角不准确 5. 喷油提前器损坏 6. 怠速工作时熄火	1. 定期清洗油箱,排除油箱中的水 2. 检查喷射压力,必要时进行调整或更换喷油器 3. 选用规定的调整垫 4. 重新调整供油提前角 5. 更换损坏的零件,重新调整供油提前角 6. 检查喷油泵油量均匀性及喷油器的喷射压力
柴油机调整	1. 气门间隙不符合规定值 2. 气缸压缩压力太低	1. 检查气门间隙,必要时调整 2. 检查气门间隙、气门、活塞环及缸套的磨损情况
烟度限制器	烟度限制器电磁阀损坏	更换电磁阀

七、柴油机冒黑烟的原因和排除方法(见表 13-9)

表 13-9　柴油机冒黑烟的原因和排除方法

故障部位(特征)	可能的原因	排除方法
燃烧空气	1. 进气温度过高 2. 空气滤清器脏污 3. 维护指示器故障 4. 中冷器脏污 5. 进、排气管不密封 6. 增压器故障	1. 检查进气道布置,找出原因,予以排除 2. 定期清洗空气滤清器或更换滤芯 3. 更换维护指示器 4. 定期清洗中冷器散热片 5. 拧紧法兰盘螺钉 6. 清洗、修理或更换废气涡轮增压器
排气背压	1. 排气总管或消音器堵塞 2. 排气制动阀失灵	1. 清洗排气总管或消音器,更换损坏的机件 2. 检查、修理排气制动阀
燃油系统	1. 火焰预热装置的电磁阀不密封 2. 喷油器损坏 3. 供油提前角不准确 4. 喷油提前器损坏 5. 喷油泵与柴油机安装条件不匹配	1. 更换电磁阀 2. 检查喷射压力,必要时进行调整或更换喷油器 3. 重新调整供油提前角 4. 更换损坏的零件,重新调整供油提前角 5. 在喷油泵试验台上修正供油量
柴油机调整	1. 气门间隙不符合规定值 2. 气缸压缩压力太低	1. 检查气门间隙,必要时调整 2. 检查气门间隙、气门、活塞环及缸套的磨损情况
润滑系统	机油油面太高	放出多余的油,降到标尺上刻度
烟度限制器	烟度限制器故障	检查并重新调整

八、柴油机工作状态不正常的原因和排除方法(见表 13-10)

表 13-10　柴油机工作状态不正常的原因和排除方法

故障部位(特征)	可能的原因	排除方法
在满负荷时工作转速太低	1. 柴油机停车杆不在工作位置 2. 加油拉杆达不到高速螺钉位置 3. 转速调节不对 4. 柴油机过载 5. 柴油机功率不足	1. 调整停车杆放入工作位置 2. 调整拉杆,使挠性轴动作灵活 3. 由专业人员重新调整转速 4. 减去超载负荷 5. 按本章第四节进行检查,排除出现的故障
柴油机转速下降太快	1. 燃油箱通风装置堵塞 2. 燃油滤清器或油管堵塞	1. 定期清洗燃油箱通风装置 2. 定期清洗燃油滤清器或油管,燃油系放气
柴油机转速波动	1. 怠速调整不对 2. 由于熄火而使柴油机运转不起来 3. 调速器机件磨损或调速齿杆不灵活	1. 按规定调整怠速工作 2. 热机运转柴油机,燃油系放气,检查喷油器,检查供油均匀性 3. 由专业人员修理调速器或喷油泵
柴油机振动	1. 柴油机支架松动 2. 使用的柴油机弹性支架不对 3. 离合器故障 4. 柴油机曲轴中心与被驱动机械不同心 5. 附加上去的输出装置未平衡 6. 零部件加工精度或装配不合格	1. 拧紧紧固螺栓 2. 装人规定的弹性支架 3. 更换损坏的离合器机件,检查柴油机找正情况 4. 检查并重新调整 5. 平衡所有附加安装的输出装置 6. 根据相应的原因,采取解决办法
各缸工作不均匀,有间断爆发现象	1. 天气太冷,柴油机预热不够 2. 燃油系中有空气 3. 柴油质量不好或燃油中有水 4. 个别气缸压缩压力不足 5. 各缸供油不均匀 (1)喷油泵与各缸供油不一致 (2)个别喷油泵质量不好或喷油器针阀卡死 (3)喷油泵个别柱塞卡死 (4)喷油泵个别柱塞弹簧、出油阀弹簧损坏	1. 中速暖机至机油温度达 313~318 K(40~45 ℃) 2. 用手动输油泵排出油路中的空气 3. 清洗油箱、油路,更换合格机油 4. 检查并排除故障 5. 检查喷油泵及喷油器 (1)在喷油泵试验台上调整各缸供油量 (2)顺序停止各缸喷油,以判断喷油器质量,再清洗、修理或更换 (3)修理或更换 (4)更换弹簧

九、柴油机运转时有不正常杂音的原因和排除方法(见表 13-11)

表 13-11　柴油机运转时有不正常杂音的原因和排除方法

故障部位(特征)	可能的原因	排除方法
运动件磨损过大	1. 气门间隙过大。低速运转时可听到“吧嗒、吧嗒”的轻微金属敲击声	1. 检查并调整气门间隙
	2. 活塞与气缸套间隙过大。在气缸套上部能听到暗哑的敲击声,在低速、大负荷、转速变化及冷机启动更为显著	2. 更换磨损的活塞或气缸套
	3. 活塞环与环槽间隙过大。沿气缸套上下各处都能听到类似于小锤敲击铁錾的声音	3. 更换活塞环,必要时同时更换活塞
	4. 活塞销与连杆小头铜套间隙过大。在改变柴油机转速,特别是从高转速突然降到低转速时,在气缸套上部可听到“当、当、当”的尖锐撞击声	4. 更换活塞销或连杆小头铜套
	5. 连杆轴瓦与连杆轴颈间隙过大。在负荷突然变化时,在曲轴箱附近可听到钝哑的敲击声,无负荷时则不明显	5. 立即停机,检查与更换连杆轴瓦
	6. 主轴瓦与主轴颈间隙过大。在曲轴箱下部可听到钝哑的敲击声,在高负荷时更加显著	6. 立即停机,检查与更换主轴瓦
	7. 齿轮间隙过大。在齿轮室处可听到强烈的噪声,当柴油机突然降低转速时,可听到撞击声	7. 检查并调整齿轮间隙,必要时更换齿轮
	8. 增压器轴承磨损,噪声增大	8. 更换轴承
调整不当,工作不协调	1. 喷油时间过早。燃烧室内发出有节奏的、清脆的金属敲击声	1. 检查并按规定调整喷油正时
	2. 喷油时间过迟。燃烧室内发出低沉不清晰的敲击声	2. 检查并按规定调整喷油正时
	3. 气门间隙过大。在气门室盖旁可听到轻微的金属敲击声,在柴油机低速、空载运转时,较容易听出这种声音	3. 检查并按规定调整气门间隙
	4. 活塞与气门相碰。在气缸盖处发出沉重而均匀的、有节奏的敲击声	4. 检查碰撞原因,调整气缸余隙和气门间隙
零件损坏	1. 连杆螺栓松动或屈服变形。连杆轴承发出强烈冲击声,同时产生活塞顶撞击气缸盖和气门声,柴油机发生强烈振动	1. 紧急停车,更换连杆螺栓
	2. 主轴承烧毁。气缸套下部听到清晰的敲击声	2. 更换主轴承
	3. 连杆轴承烧毁。在低速大负荷下,气缸体内发出清晰的敲击声,但难以听出响声出现部位	3. 更换连杆轴承
	4. 气门弹簧断裂。活塞碰击气门发出“当、当”的响声,同时柴油机功率显著下降,出现冒烟和振动	4. 更换气门弹簧
	5. 有关连接松脱。紧固连接件松动后与各运动件碰撞,发出刺耳的金属摩擦声或敲击声	5. 检查并紧固各处连接

十、柴油机不能启动的原因和排除方法(见表 13-12)

表 13-12　柴油机不能启动的原因和排除方法

故障部位(特征)	可能的原因	排除方法
启动电机不转	1. 启动电路接线错误或接触不良	1. 检查线路,紧固连接,保持良好的接触
	2. 蓄电池电压不足	2. 重新充电或更换蓄电池
	3. 启动电机碳刷与整流子接触不良	3. 修正更换碳刷,用木砂纸清理整流子表面并吹净灰尘
	4. 启动按钮损坏或接触不良	4. 修理或更换启动按钮
	5. 启动机损坏	5. 修理或更换

续上表

故障部位(特征)	可能的原因	排除方法
燃油系统	1. 燃油箱无油	1. 加油并排气
	2. 油路开关未打开	2. 打开油路开关
	3. 燃油管路堵塞	3. 检查并清洗燃油管路
	4. 燃油滤清器阻塞	4. 清洗或更换滤清器滤芯
	5. 在冬天燃油滤清器由于石蜡析出被阻塞	5. 更换燃油滤清器并排除空气,使用冬季燃油
	6. 燃油管不密封	6. 检查所有燃油管接头的密封性,必要时拧紧管接头
	7. 输油泵不供油或断续供油	7. 检查进油管是否漏气,进油管接头上的滤网是否堵塞,输油泵是否损坏
	8. 喷油很少、喷不出油或喷油不雾化	8. 将喷油器在试验台上检查并调整,清洗或更换喷油器偶件
	9. 喷油提前角过早或过迟	9. 重新调整喷油提前角
气缸内压缩压力不足	1. 活塞环过度磨损	1. 更换活塞环,视磨损情况更换气缸套
	2. 气门漏气	2. 检查气门间隙、气门弹簧、气门导管及气门座的密封性,密封不良应修理或研磨
环境温度低	柴油机太冷,启动时间长不发火	采取低温启动措施,检查低温启动装置功能正常

十一、柴油机运转时的其他故障的原因和排除方法(见表 13-13)

表 13-13 柴油机运转时的其他故障的原因和排除方法

故障部位(特征)	可能的原因	排除方法
柴油机飞车	1. 调速器工作失常	1. 检查、调整、修复
	(1)飞锤脱落	
	(2)调整弹簧断裂	
	(3)限位螺钉变动,转速过高	
	2. 喷油泵故障	2. 检查修理并重新调整
	(1)调节齿杆或油门拉杆卡死在最大供油位置	
	(2)调节齿杆和拉杆连接销脱落	
	(3)拉杆螺钉脱落	
	(4)调节齿杆与齿轮啮合位置装错	
	(5)柱塞弹簧折断	
	(6)调节齿圈紧固螺钉松动	
柴油机突然停车	1. 燃油箱内燃油用尽	1. 添加规定的柴油
	2. 燃油系统进入空气或油管破裂、接头松脱	2. 排除空气,更换油管,拧紧接头
	3. 燃油中有水	3. 清洗油箱,更换为合格的柴油
	4. 燃油滤清器或油路堵塞	4. 检查并清洗,必要时更换燃油滤清器滤芯
	5. 进气管或空气滤清器堵塞	5. 去除异物,清洗或更换空气滤清器
	6. 喷油泵柱塞卡死	6. 修理或更换柱塞偶件
	7. 喷油泵柱塞弹簧断裂	7. 更换柱塞弹簧
	8. 调速器调速弹簧断裂	8. 更换调速弹簧
	9. 气门弹簧断裂	9. 更换气门弹簧
	10. 气门卡死在气门导管中	10. 用煤油或柴油清洗或更换
	11. 主轴承与连杆轴承烧瓦,活塞卡死在气缸中	11. 拆检有关零件,修理或更换
	12. 机油压力过低,自动停车装置起作用	12. 检查油压过低的原因并排除
	13. 气门间隙过大或调整螺钉松动	13. 检查并重新调整气门间隙,拧紧调整螺钉
柴油机工作期间充电指示灯突然发亮	1. 发电机转速太低	1. 检查并调整 V 带的张紧
	2. 发电机或电压调节器有问题,发电机不向蓄电池充电	2. 检修发电机或电压调节器

柴油机工作过程中，转速突然自动升高失去控制，并超过最高转速产生巨大噪声，称之为柴油机飞车。飞车时柴油机转速往往达到标定转速的110%以上。

一旦发生柴油机飞车，必须立即采取有效措施紧急停车，否则将造成整机损坏，甚至发生人身伤亡事故。

控制飞车的主要措施是使柴油机熄火。可以采用以下方法：

(1) 抬起油门踏板和搬动操纵拉杆，使喷油泵停止供油。

(2) 堵塞空气滤清器进气口，切断进气通道使气缸窒息。

(3) 松开全部高压油管或其他输油管路，迫使供油中断。

柴油机停机后，必须进行全面检查，更换或修理故障处。

第四节　道依茨柴油机故障诊断表

道依茨柴油机的操作手册中都带有一张帮助柴油机使用人员进行故障诊断的故障分析对照表，如表13-14所示。

表 13-14　柴油机故障分析对照表

措施	
检查	1
调整	2
更换	3
清洗	4
补充	5
降低	6

故障：启动困难或不能启动	启动后，转速不稳或熄灭	过热报警	功率不足	所有缸不工作	无机油油压或油压太低	机油耗量太高	排烟为-蓝色	排烟为-白色	排烟为-黑色	原因	节	措施
●										离合器未脱开，要尽可能脱开	发动机的操作	1
●								●		低于极限温度启动	发动机的操作	1
●			●							停车杆在停车位置	发动机的操作	1
		●			●					机油对油位太低	发动机的操作	5
		●	●			●	●			机油油位太高	发动机的操作	6
					●	●	●			发动机倾斜度太大	发动机的操作	1
●					●	●				机油等级和质量不对	介质	3
●	●		●					●		柴油质量与使用说明书不符	介质	3
		●	●						●	空气滤清器脏污/增压器故障	燃烧空气	3
		●	●						●	空气滤清器的维修指示器有故障	燃烧空气	3
									●	烟度限制器有故障	燃烧空气	1
			●						●	增加进气密封不严	燃烧空气	1
			●						●	中冷器脏污	燃烧空气	1/4
		●								机油散热器/散热片已脏污	冷却系统	4

续上表

启动困难或不能启动	启动后，转速不稳或熄灭	过热报警	功率不足	所有缸不工作	无机油油压或油压太低	机油耗量太高	排烟为-蓝色	排烟为-白色	排烟为-黑色	原因	节	措施
		●								冷却风扇故障/皮带断/松	冷却系统	4/3
		●								冷却空气变热/热路短路	冷却系统	1
●										蓄电池有故障或者没充电	电气	1
●										电缆接头启动马达电路断开	电气	1
●										启动马达有故障或者小齿轮不动作	电气	1
●	●		●					●	●	气门间隙不对	电动机	2
	●		●	●						高压油管密封不严	电动机	1
●	●	●	●	●				●	●	喷油嘴有故障	电动机	1/3
●								●		火焰预热塞有故障	电动机	1
●	●		●					●		柴油系统中有空气	电动机	1
●	●		●	●						柴油滤清器/柴油初滤器脏污	电动机	1/4

措施	
检查	1
调整	2
更换	3
清洗	4
补充	5
降低	6

1. 柴油机故障一般症状可以分哪些？各有何特点？
2. 柴油机故障判断、检查常用方法有哪些？
3. 简述柴油机启动困难的原因和排除方法。
4. 简述柴油机温度过高的原因和排除方法。
5. 简述柴油机功率不足的原因和排除方法。
6. 简述柴油机没有机油压力或油压太低的原因和排除方法。
7. 简述柴油机机油油耗太高的原因和排除方法。
8. 简述柴油机冒蓝烟的原因和排除方法。
9. 简述柴油机冒白烟的原因和排除方法。
10. 简述柴油机冒黑烟的原因和排除方法。
11. 简述柴油机工作状态不正常的原因和排除方法。
12. 简述柴油机运转时有不正常杂音的原因和排除方法。
13. 简述柴油机不能启动的原因和排除方法。

参 考 文 献

[1] 董华林，刘显林(华北柴油机厂科学技术委员会). B/FL413F 风冷柴油机原理、构造、使用、维修、故障分析. 北京：机械工业出版社，1987.

[2] 魏春源，何长贵. B/FL413F/513 和 FL912/913 系列风冷柴油机. 北京：机械工业出版社，1999.

[3] 道依茨公司. B/FL413F、B/FL513F 系列风冷柴油机操作手册.

[4] 华北柴油机厂. B/FL413F 系列风冷柴油机修理手册. 1992.

[5] 马云昆，毛必显. 道依茨风冷柴油机的使用与维修. 成都：西南交通大学出版社，2004.

[6] 毛必显，蒋红晖. 道依茨风冷柴油机的构造与原理. 成都：西南交通大学出版社，2008.